RAUMZEITTHEORIE

ELEMENTAR NEU BEGRIFFEN

Spezielle Relativitäts-Cosmographicum

BRIAN COLEMAN

BCS

Aus der englischen Originalausgabe
Spacetime Fundamentals Intelligently (Re)Learnt
vom Autor übertragen.

ISBN 978-1-9998410-2-7

Webseite: **https://spacetimefundamentals.com**

PUBLIZIERT VON B C S
bjc.sys@gmail.com
VelChronos, Ballinakill Bay
Moyard
County Galway H91 HFH6
Irland

Lizensiert unter Apache Lizenz, Version 2.0
(⇒tufte-latex.googlecode.com)
Vorlagen modifiziert vom Autor

Vierte Auflage, April 2022
Auf der Webseite aufgeführte frühere Korrekturen, sowie geringfügige Verbesserungen, sind eingeschlossen.

Vorwort

UNAUSSPRECHLICHES BEIM STREBEN NACH UNVORSTELLBAREM

„Die Geschichte der kosmischen Theorien ... kann ohne Übertreibung als eine Geschichte kollektiver Obsessionen und kontrollierter Schizophrenien bezeichnet werden."
Arthur Koestler   *Die Nachtwandler* 1955

[1,2] Die epochale neuliche Detektion von Gravitationswellen, die vor über einer Milliarde Jahren durch das Verschmelzen von Schwarzen Löchern über 80 Millionen Millionen Mal entfernter als unsere Sonne ausgelöst wurden, stellte ein Meilenstein in der fortlaufend herausfordernden Entwicklung der Raumzeittheorie dar. Überraschenderweise scheinen sich Wissenschaftler weltweit der *ursprünglichen* Voraussage solcher Wellen durch *Henri Poincaré*, lange vor Einsteins tiefgreifenden Einblicken in die allgemeine Relativitätstheorie, immer noch nicht bewusst zu sein: *„Die Ausbreitung der Gravitation erfolgt nicht augenblicklich, sondern setzt sich mit Lichtgeschwindigkeit fort."*[3,4].

Viele mögen diese ‚Post-Wahrheits'-Nachlässigkeit als bloße akademische Nonchalance abtun. Wenige aber werden begriffen haben, dass solch ein globales scholastisches Debakel unheimlich durch parallele endemische Missverständnisse widergespiegelt wird, nicht allein in Bezug auf andere historische Präzedenzfälle, sondern auch was *Teile* der eigentlichen Theorie der Relativität betrifft, wie sie immer noch weit verbreitet werden.

Dieses Buch, das vor mehr als zehn Jahren auf der Suche nach einem kohärenteren Verständnis der grundlegenden Raumzeittheorie konzipiert worden ist, zeigt wie grundlegende Schultrigonometrie und Elementarkalküle ausreichen, um tiefe Einblicke in die überwiegend ‚makroskopische' Natur[5] des ‚Speziellen Relativitätshintergrunds' unseres Universums zu ermöglichen. Einige seiner neuartigen minimalistischen Ansätze wurden teilweise in vier Aufsätzen im IOP[6] *European Journal of Physics* und in zwei kürzlich erschienenen Aufsätzen in *Elseviers* Forschungsjournal *Results in Physics* dargelegt. Zur Überbrückung der gähnenden Kluft in der Relativitätstheorie zwischen ma-

---

[1] Arthur Koestler. *The Sleepwalkers*. Hutchinson / Penguin, 1959
[2] Arthur Koestler. *Die Nachtwandler - Die Entstehungsgeschichte unserer Welterkenntnis*. Suhrkamp, 1988

[3] *„... la propagation de la gravitation n'est pas instantanée, mais se fait avec la vitesse de la lumière.":*
[4] Henri Poincaré. *Sur la dynamique de l'électron*. Académie des sciences, Paris, 1905

[5] Im Gegensatz zur ‚mikroskopischen' Welt der Quantenmechanik und faszinierender Fragen der Dunklen Materie.
[6] Institute of Physics

[7] Mittels *PoVRay* Freeware: *Persistence of Vision*, Raytracer Ltd. Victoria, Australia. http://www.povray.org

[8] Kapitel und Abschnitte, denen ein Stern (*) vorangestellt ist, können ohne Kontinuitätsverlust übersprungen werden.

[9] Diese sollte, wie sogar Einstein später zustimmte, $E = m\gamma c^2$ lauten.

[10] Im Englischem konventionell *‚proper' acceleration* genannt.

[11] Ein Großteil der Inhalten von Kapiteln 15–17 ist bereits in jenem Papier erschienen.

[12] Traditionell wird dieses als „starre Bewegung" („rigid motion") bezeichnet, was aber eine *unterschiedliche Bedeutung* in der Differentialgeometrie hat.

[13] Im Gegensatz zu den *komplexen Variablen* der Minkowski-Metrik.

[14] B.C. Relativity Acceleration's Cosmographicum and its Radar Photon Surfings—A Euclidean Diminishment of Minkowski Spacetime, February 2012. URL http://www.dpg-verhandlungen.de/year/2012/conference/goettingen/part/gr/session/4/contribution/4

thematischer Gelehrsamkeit und physikalischer Intuition, wurde eine spezielle Software[7] entwickelt, um eine Reihe von Raumzeitgeometriemodellen zu erstellen, die hoffentlich bei gewöhnlichen Lesern Gefallen finden und auch von besonderem Interesse für Relativitätsphysiker sind. Ihre aufschlussreiche Grafiken führen eine 1907 heilige Kuh der Relativitätstheorie – die *überverallgemeinerte* Minkowski-Raumzeit – aufs Eis. Auch führen sie zu der Lösung der sechs Jahrzehnte alten Frage bekannt als *‚Bellsches Raumschiffparadoxon'* : Wie *‚expandiert' ein beschleunigendes Medium ?*

Das *Prolog Kapitel 0 vermittelt eine Zusammenfassung des Buchs für Physikern, die an konventionelle Ansätze der Raumzeittheorie gewöhnt sind. Es könnte tatsächlich (in der ersten Lesung) von Neulingen umgangen werden, die nicht von solchen offenen Kontroversen verwirrt worden sind.[8] Die Kapitel 1–7 behandeln die Relativität nicht beschleunigender Objekte. Kapitel 8–10 befassen sich mit der relativistischen Beschleunigung und insbesondere mit der ikonischen jedoch *unkorrekt formulierten* $E = Mc^2$ Gleichung.[9]

Kapitel 11–14 stellen innovative, scheinbar völlig übersehene *Sphärische Geometrie* Einblicke in die Physik der *konstanten Eigenbeschleunigung*.[10] Obwohl diese Grundgeometrie sehr elementar ist, wird sie denjenigen, die die Relativität auf traditionelle Weise gelernt haben, zweifellos fremd erscheinen.

In Kapitel 15 wird das schwierige ‚Abschaltungs-Szenario' von Zwillingsraketen genauer untersucht. Kapitel 16 wiederholt die Ableitung der Zwischen-Raketen-Radar-Formeln des 2016 *Results in Physics*[11] Papiers. Diese eigentlich unkomplizierte Formeln sind kurioserweise – und sehr bedenklicherweise – *gänzlich abwesend in der Literatur*, selbst in gegenwärtigen Lehrbüchern.

In den Kapiteln 17 und 18 wird die häufig missbrauchte ‚Minkowski-Metrik'-Gleichung im Zusammenhang mit der wichtigen, aber notorisch verwickelten Relativitätsthematik eines ausgedehnten ‚starren' Mediums neu beleuchtet: *die ‚Rigor Mortis'-Beschleunigung*.[12] Eine äquivalente *Reellvariablen-Metrik*[13] entsprechend dem ‚Rigor Mortis' Fall wird auf einer elementaren Ebene eingeführt, die selbst für diejenigen, die mit Metriken und grundlegenden Vektorgleichungen nicht vertraut sind, hoffentlich selbsterklärend ist, zusammen mit ihrer *visualisierbaren* ‚eigenmetrischen' Fläche, die die bemerkenswert einfache Form eines Handfächers aufweist.

In den Kapiteln 19–21 geht es um den lange Disput um das *Bellsches Raumschiffparadoxon* (seit 1959 in Streit). Die überraschend einfache Lösung einer ‚nichtinertialen' Eigenlänge wurde 2012 auf einem Symposium der *Deutschen Physikalischer Gesellschaft* in Göttingen kurz vorgetragen,[14] und in dem erwähnten 2017 Forschungsjournalpapier vertieft dargelegt. Kapitel 21 zeigt, wie Radartrajektorien, die auf die (metrische) ‚Eigenfläche' eines gleichmäßig expandierenden Mediums projiziert werden, alle notwendigen Bedingungen erfüllen.

[15]Das abschließende Epilog-Kapitel bietet einen kurzen historischen Hintergrund der Minkowski-Zeitraum ‚Saga‘ und des verwandten rätselhaften Bellsches Raumschiffparadoxons. Es skizziert auch Erfahrungen mit zögerlichen Redakteuren, Rezensenten und anderen Buchautoren. Viele von ihnen haben sich als sehr widerwillig erwiesen, sich damit auseinanderzusetzen oder sogar Stellung zu nehmen bezüglich Schlussfolgerungen, die unvereinbar mit ihrer eigenen gewohnten Sicht der Dinge sind. Physiker wie *David Bohm* haben in der Vergangenheit versucht sich gegen solche vorherrschenden Lethargien zu wenden, mit begrenztem Erfolg:[16]

> *„Nur wegen der ganzen Breite seiner Implikationen … die Relativitätstheorie hat tendenziell zu einer gewissen Verwirrung geführt, in der die Wahrheit mit nichts mehr identifiziert wird als mit dem, was bequem und nützlich ist.“*

Arthur Koestlers Einschätzung der Sagen der kosmischen Theorien von 1955 klingt immer noch wahr.

Spezieller Hinweis

Ein Physik-Hintergrund wird für dieses Buch nicht vorausgesetzt, das sich ausschließlich der Speziellen Relativität in einer Dimension widmet und sich auf das Wesentliche konzentriert. Es werden nur Schulkalkül und Trigonometrie benötigt, und in den letzten Kapiteln die Bereitschaft, sich mit leicht erklärbaren Vektoren zu befassen. Neben der Literaturrecherche behandeln die Randnotizen gebräuchliche *aber sehr irreführende* Redewendungen wie „ein sich bewegender Stab wird kontrahiert“ oder „eine sich bewegende Masse wird schwerer“, und dysfunktionale Fehlbezeichnungen wie (im Englischem) ‚proper time‘, die ersetzt werden muss durch ‚*own-time*‘.[17] Solche unorthodoxen Terminologien sind im *Glossar* des Buches enthalten.

   Obwohl vielleicht im Widerspruch zu den ersten Eindrücken einiger Physiker, stimmt der Inhalt des Buches voll und ganz mit der aufgeklärten Speziellen Relativitätstheorie überein. Dies gilt auch für die abschließenden Kapitel, die sich mit dem Begriff der ‚*nichtinertialen Eigenlänge*‘ eines beschleunigten ausgedehnten Mediums befassen, ein viel diskutiertes Thema, das nach Ansicht des Verfassers bisher in der Relativitätsliteratur sehr mangelhaft behandelt worden ist. Sehr überraschend ergibt sich seine Lösung im Kontext einer völlig übersehenen, aber leicht zu visualisierenden sphärischen Geometrie.

---

[15] Neben der Darstellung des Inhalts der Kapitel 19 und 21 dieses Buches, zeigt das 2017 Papier des Autors wie, <u>ohne</u> relativistische Voraussetzungen, die reelle metrische Eigenfläche rein mathematisch als einzigmögliche, sich seitlich ausdehnende Oberfläche, *die keine ‚Inflektionen‘ aufweist*, etabliert wird.

[16] David Bohm. *The Special Theory of Relativity*. Routledge, 1965, 1996

[17] Das ambivalente englische Adjektiv ‚proper‘ ist in der Tat dysfunktional, da anstatt ‚*eigen-*‘, eher – fälschlicherweise – ‚*korrekt*‘ verstanden wird.

iv

[18] Wie im *Prolog und Epilog näher geschildert.

[19] David Mermin. Relativity Without Light. *American Journal of Physics*, 52:119–124, 1984

[20] Wesley Mathews. Relativistic velocity and acceleration transformations from thought experiments. *American Journal of Physics*, 73: 45–51, 2004

[21] Dragan Redžic. Relativistic Length Agony Continued. *Serb. Astron. J.*, 188:55 – 65, 2014

[22] Lev Okun. *Energy and Mass in Relativity Theory*. World Scientific, 2009

[23] F Sears and R Brehme. *Introduction to Special Relativity*. Addison Wesley, 1968

[24] *Lebedev Physical Institute*

[25] S. A. Podosenov, J. Foukzon, and E. Menkova. *Difficulties in the Interpretation of the Einstein's Relativity Theory*. Lampert Academic Publishing, 2017b

[26] Brian Coleman. *Spacetime Fundamentals Intelligibly (Re)Learnt.* BCS, 2017

Danksagungen

Während des längeren Schreibens dieses Buches wurden Schwierigkeiten beim Einreichen von unorthodoxen Thesen an akademische Zeitschriften[18] erheblich gemildert durch Ermutigungen von mehreren Personen. Darunter waren *David Mermin*,[19] *Wesley Mathews*,[20] *Dragan Redžic*,[21] *Lev Okun*,[22] *Robert Brehme*,[23] *Changbiao Wang* (Yale), *Volker Bach* (Gauß Institut, Braunschweig), *Gerhard Wortmann* (Paderborn), *Masud Chaichian* (Helsinki), *Valery Morozov* (*Russischen Akademie der Wissenschaften*)[24] und die Dublin-Akademiker *Ian Elliott*, *Roy Johnston*, *Gerald O'Sullivan*, *Annraoi de Paor* und *Kevin Hutchinson*. Hilfreich waren auch *Liam* und *Maura Connolly Little*, *Rory Harrington*, *Hugh Evans*, *Victor Hamilton* (Belfast Verwandter von *Joseph Larmor*), and *Nikolai Demidenko* für russische Übersetzungen.

Obwohl eine 2009 Korrespondenz mit dem russischen Physiker *Stanislav Podosenov*[25] (geboren in Archangelsk und Mitglied der *Russischen Akademie der Wissenschaften* als auch der *New York Academy of Sciences*) nicht schlüssig war, hat er freundlicherweise eine Zusammenarbeit bezüglich der Beschleunigungsthematik (nochmals) vorgeschlagen, wie im Epilog dieses Buches beschrieben. Weitere Details dazu finden Sie auf der speziellen Website dieses Buches: https://spacetimefundamentals.com .

Ein besonderer Dank gilt LaTeX Pionieren *Donald Knuth* und *Leslie Lamport* für ihr ausgezeichnetes Desktop-Publishing-Programm, und *Edward Tufte* für sein vorbildliches Buchdesign. *Tibor Tómács* Buchcover-Vorlagen und *Kevin Godbys* ‚Workarounds' waren ebenfalls von unschätzbarem Wert. Die *PoVRay Grafiksoftware* erwies sich als hervorragendes synergetisches Werkzeug für die geometrische Modellierung von relativistischen Beschleunigungsszenarien.

Zu den ehemaligen Kollegen, denen der Autor zu Dank verpflichtet ist, gehören Brian Sweeney (Siemens Dublin), Reinhard Fleischer(†) (Oberingenieur, Siemens Erlangen) und Anthony Mason (Siemens Medical Division). Maßgeblich unterstützt haben auch Paul von Tucher(†) (Gründer der Erlangen *Franconian Society*), Michael Keller, James Connelly(†) und Renate O'Brien (Erlangen) sowie Thomas O'Connelly(†) (Nürnberg/Galway).

Die deutsche Version des Buchs

Die Geschichte der Raumzeittheorie ist durch anachronistische Terminologien geprägt die spezielle Herausforderungen an jeden Autor stellen, unabhängig der gewählten Sprache. Die Übertragung dieses Buchs aus dem englischem[26] ins deutsch brachte auch zusätzliche Aspekte in Spiel. Viele Vorschläge bezüglich sprachlicher Optimierungen, brachten *Stefan von Fragstein*, *Hans-Peter Otto*, *Rudolf Dann* und *Felix Albrecht*.

Über den Autor

Als er in den 1960er Jahren ein Ingenieurstudium an der *University College Dublin* absolvierte, wurde der Autor von Maxwells Gleichungen des Elektromagnetismus fasziniert, blieb jedoch verwirrt über die ‚Behandlung' grundlegender Raumzeitfragen durch die Literatur. In den siebziger Jahren arbeitete er für Siemens und entwickelte Prozesssteuerungsmodule für Stahlwerke in Deutschland, Österreich, Russland und Norwegen. Mitte der 1980er Jahre (damals mit eigener Firma *BC Systems GmbH*, Erlangen) entwarf er die Logistiksoftware für ein Bosch-Zellensteuerungs-Aggregat in Moskau und nahm sie in Betrieb. Lebhafte Erinnerungen an die Bedeutung von konzeptioneller Klarheit als Grundvorraussetzung künstlicher Intelligenzsystemen, haben im Buch die Darstellung der Relativitätstheorie als ‚Raumzeit-Prozess' stark inspiriert. Auch sind ihre Strukturierung und didaktische Herangehensweise beeinflusst von den Erfahrungen des Autors, in den 1990er Jahren, als Verfasser (in englischer Sprache) einer ganzen Reihe von medizinischen Bedienungsanleitungen für Siemens *Somatom* Computertomographen.

 Als er 1998 nach Irland zurückkehrte, wurde sein Interesse an der Relativitätstheorie wieder erwacht. Gänzlich unerwartet, entstanden eine Reihe von Artikel, die im *European Journal of Physics* in 2003, 2004, 2005 und 2006 veröffentlicht wurden. Ein Artikel über ein viel diskutiertes ‚Sagnac-Effekt'-Thema (das Hafele-Keating *Zeit-Ausdehnungsexperiment*) erschien 2015.[27] Die beiden jüngsten Artikel im Forschungsjournal *Results in Physics*, die allein in den USA mehrere tausend Downloads verzeichneten, stellten das innovative Material der drei letzten Abschnitte dieses Buches vor.

[27] B.C. Orbiting Particles' Analytic Time Dilations Correlated with the Sagnac Formula. *Vixra.org*, May 2015. http://vixra.org/pdf/1505.0041v8.pdf

Widmungen

Dieses Buch ist der geschätzten Erinnerung an meine Eltern *Liam* und *Noelle* und der Zukunft meiner Enkelin *Méabh* gewidmet. Eine besondere Würdigung verdienen vier nicht mehr lebende Dubliner Freunde: *Ian Elliott*, der über ein Jahrzehnt mit nützlichen Ratschlägen geduldig zur Verfügung stand; *Roy Johnston*, ein Physiker von herausragendem politischem Mut; *Noel Cummins*, ein inspirierender Maestro der (auch für dieses Buch) bedeutenden Kunst des *minimalistischen Theaters*; und *Liam Little*, dessen intensive Neugierde, Enthusiasmus und vielfältige Unterstützung entscheidend für die anfängliche Konzeption des Buches und seine endgültige Vollendung waren.

B.C. *VelChronos*, Ballinakill Bay, Moyard, County Galway
März 2018

Inhaltsverzeichnis

Abbildungsverzeichnis

PRÄAMBEL

Der *optionale* *Prolog erklärt, warum dieses Buch geschrieben wurde und gibt einen umfassenden Überblick darüber, wie die Spezielle Relativitätstheorie in seinen sieben Hauptteilen behandelt wird. Leser, die bereits einige Kenntnisse des Themas erworben haben, werden vielleicht überrascht sein zu erfahren, dass einige ihrer Darstellungen in Büchern und Zeitschriften – sowohl populären als auch akademischen – nicht nur in mehrfacher Hinsicht umständlich, sondern häufig ziemlich irreführend verfasst worden sind. Andererseits mögen Anfänger, die sich nicht unnötig in solche historischen Wirrnissen verstricken wollen, oder diejenigen, die ungeduldig sind und ‚mit der Sache anfangen‘ wollen, es vorziehen, direkt zum ersten Kapitel von Teil I – ZEITSCHISMATA zu gehen: Eine elegante Raumzeit-Unterlage. Das beginnt gleich ‚am Anfang‘ der Theorie.

Umseitig: *Abstrakte Graphik* einer Abbildung zwischen mathematischen Flächen.

0

*Prolog

„Froh in hoher Halle wohnen,
Glücklich wir, die Epigonen.
Bleibt der Geist auch meistens fort,
Fehlt doch nie das grosse Wort…
Wer da Greuelmärchen dichtet,
Grimmig wird von uns gerichtet.
Wenn er gar die Wahrheit spricht,
Dann verzeihen wir's ihm nicht."

Dokumente eines Lebenswegs
Albert Einstein

"Euphoric in our ivory towers,
How blissful we, the ancients' heirs;
The intellect rests oft abroad,
Yet ever there – the solemn word…
Who dares to verse his gruesome yarns,
Our grimmest retribution earns.
And should he rudely truthful be,
We'll damn him for Eternity."

Documents of a Life's Pathway
(Auszüge vom jetzigen Autor übertragen.)

[1] UM SEINEN AUSSTIEG AUS DER IM JAHR 1933 TRAGISCH USURPIERTEN *Preußischen Akademie der Wissenschaften* ZU MARKIEREN, verspottete ALBERT EINSTEIN die reaktionäre Opposition gegen die Revolution in der Physik, in der HENRI POINCARÉ und er die Hauptrollen gespielt hatten. Die Hauptschlussfolgerungen ihrer neuen Raumzeittheorie, deren nichtgravitatorische Basis als *Flache Raumzeit* oder *Spezielle Relativität* bekannt ist, wurden nun durch ein Jahrhundert der Beobachtung und des Experiments konsolidiert.

Der anspruchsvolle Mathematiker Poincaré und der außerordentlich intuitive Physiker Einstein, die bei der *Solvay Conference* 1911 in Belgien zusammenkamen, hatten eine bessere Ahnung als die meisten von den Herausforderungen und Missverständnissen, die die Relativitätstheorie betrafen. Obwohl die beiden die jeweilige Beiträge des anderen zur Physik sehr schätzten, redeten sie unglücklicherweise kaum miteinander.

Abbildung 1: Albert Einstein mit Satirikerkumpel Charlie Chaplin

[1] Albert Einstein. *Dokumente eines Lebenswegs/Documents of a life's pathway.* WILEY-VCH, 2005

Abbildung 2: 1st Solvay Conference. Hotel Metropole Brussels
1911. *Albert Einstein* hinter *Henri
Poincaré* und *Marie Curie, Hendrik
Lorentz* 4. links, *Arnold Sommerfeld* stehend 4. links.

Zu der Zeit, als er durch die anfängliche Nichtbeachtung seiner ersten bahn-brechenden Aufsätze beunruhigt war, und er unter erheblichem persönlichen Stress stand, hatte Einstein es versäumt, überraschenderweise, in seinem 1905er Aufsatz auf wichtige Einsichten hinzuweisen, die zuvor von seinem französischen Kollegen veröffentlicht worden waren. Später äußerte er oft seine tiefe Bewunderung für Poincaré, der jedoch 1912 einer Krankheit erlegen war.

Hätten die beiden Pioniere in angemessener Kommunikation gestanden, wäre ironischerweise das heutige Verständnis der Relativitätstheorie nicht zum Teil durch die Verwirrungen beeinträchtigt, auf die in dem Vorwort dieses Buches verwiesen wird. Unbegründete Ablehnungen der Speziellen Relativitätstheorie, etwa durch den Mitentwickler der weltweit ersten praktischen Atomuhr *Louis Essen*,[2,3] sind längst Geschichte. Wie verwirrend andererseits *einige* Aspekte der Theorie noch bleiben, wird in einem 1997 Buch *Requiem für die Spezielle Relativität* gezeigt,[4] die zwar mit fraglichen, *nicht* vom jetzigen Autor geteilten ‚Schlußfolgerungen' argumentiert, aber andernseits viele historisch interessanten Details darlegt. Die unorthodoxen Herangehensweisen dieses jetzigen Buches an das Thema entsprangen dem Eindruck, dass, wie die 2005 Symposien der Hundertjahrfeier der Speziellen Relativität unwissentlich bezeugten, das fesselnde GENESIS – die Offenbarung – der zugrunde liegenden *Theorie der ‚Flachen Raumzeit'*, noch immer auf einer Art und Weise propagiert wird, die makaberweise daran erinnert, wie in AMBROSE BIERCES *Teufels Wörterbuch* der Begriff ‚BILDUNG' definiert worden ist:[5]

„DAS WAS DEN KLUGEN IHREN MANGEL AN VERSTAND OFFENBART, UND IHN DEN TÖRICHTEN VERBIRGT."

Paradoxerweise scheinen sich nicht alle, die sich in der Sache für klug halten, einiger der noch bestehenden Unklarheiten der Theorie bewusst zu sein.

[2] Louis Essen. *The Special Theory of Relativity: A Critical analysis.* Clarendon Press Oxford, 1971

[3] Essen bezeichnete ein ‚Gedankenexperiment' als *,ein Widerspruch in Begriffen'.*

[4] Georg Galeczki and Peter Marquardt. *Requiem für die Spezielle Relativität.* Haag and Herchen Frankfurt, 1997

[5] Ambrose Bierce. *The Devil's Dictionary.* Neale, New York, 1911

Domaine der Speziellen Relativitätstheorie

Obwohl einige Formulierungen und Ansätze des österreichischen Physikers *Wolfgang Rindler* in diesem Buch und auch anderswo umstritten sind, sind seine Lehrbücher oft aufschlussreich. Ein Beispiel ist seine Beschreibung des *Umfangs* der Speziellen Relativitätstheorie:[6]

> „Spezielle Relativitätstheorie ist die Theorie einer idealen Physik, die sich auf einen idealen Satz von unendlich ausgedehnten schwerkraftfreien Inertialsystemen bezieht. … [Die Theorie] würde existieren, selbst wenn Licht und Elektromagnetismus irgendwie aus der Natur eliminiert würden. Es ist in erster Linie eine neue Theorie von Raum und Zeit und erst sekundär eine Theorie der Physik in diesem neuen Raum und dieser neuen Zeit."

Dies deutet auf eine reine ‚Raumzeit-Kontinuum'-Theorie hin, die mit der Vorstellung ‚paralleler' Universen kompatibel wäre.[7] Zum Zwecke der Klarheit ‚entwickeln' wir in diesem Buch eine solche Theorie *rein eindimensional* und beschränken unsere Überlegungen auf die Relativitätstheorie ohne Schwerkraft, ‚ein Kinderspiel' laut Einstein, verglichen mit der hochmathematischen Gravitationstheorie der *Allgemeinen Relativität*.

Das redundante zweite Postulat

Eine große Hürde, die einem schulmathematisch gebildeten Publikum – und vielen Physikern – *den sonst erreichbaren Zugang* zur Speziellen Relativitätstheorie verwehrt, ist eine endemische Denkweise, die als ‚PRÄSENTISMUS' bekannt ist, ein Erbe der Newtonschen Physik. Die Annahme, dass physikalische Phänomene von einem *gegenwärtigen* Zeitpunkt her erklärbar sein müssen, die unbewusst adoptierte Geißel vieler Relativitätstexte selbst von versierten Autoren, hat dazu geführt, dass die Relativitätstheorie in der Regel durch eine tatsächlich überflüssige ‚Zwangsfütterung' eingeleitet wird: *das aufgezwungene Postulat* der Lichtgeschwindigkeit als einer Grenzgeschwindigkeit.

Im Gegensatz zum allgemeinen Konsens genügt allein die Annahme der kosmischen räumlichen Homogenität (‚Gleichheit'), wie sie in [8]Poincarés klassischer 1902 Studie *La Science et l'Hypothése* classic 1902 *La Science et l'hypothèse* dargelegt wurde, um eine (zunächst) hypothetische endliche Grenzgeschwindigkeit λ (lambda) vorherzusehen.[9] Die Kerngleichungen der Theorie entstehen dann auf viel elegantere Weise als auf dem ‚normalen' Weg,[10,11] wie der unglückselige russische Physiker VLADIMIR IGNATOWSKI (in Georgien geboren) in Berlin 1910 beschrieb:[12]

> „Das Relativitätsprinzip, welches von A. Einstein aufgestellt wurde, hat eine solche eingreifende Bedeutung erhalten, wie vom physikalischen, so auch vom erkenntnistheoretischen Standpunkt aus, dass es nicht unnütz erscheint,

[6] Wolfgang Rindler. *Introduction to Special Relativity.* Oxford Universtiy Press, 1982, 1991

[7] Nicht notwendigerweise ‚eine Fantasie' angesichts der außerordentlich esoterischen Natur gegenwärtiger Spekulationen bezüglich ‚dunkler Materie'.

[8] Henri Poincaré. *Wissenschaft und Hypothese.* Xenomoi Verlag, Berlin, 1902/1904

[9] David Mermin. Relativity Without Light. *American Journal of Physics*, 52:119–124, 1984

[10] Vladimir Von Ignatowski. Das Relativitätsprinzip. *Arch. Math. Phys.*, 17/18:1/17, 1910

[11] Aleksander Solzhenitsyn. *Der Archipel Gulag.* Scherz Verlag, Bern, 1973/1974

[12] ⇒Abschnitt 6.3 Vladimir Ignatowskis Vermächtnis und tragisches Schicksal.

die Grundlagen derselben noch einmal zu revidieren und möglichst strikt diejenigen Konsequenzen nachzuvollziehen, welche dieses Prinzip ergibt: erstens um sich eine klare Vorstellung von diesem Prinzip zu verschaffen, denn diesbezüglich herrscht noch viel Willkür, und zweitens, um eine Richtschnur zu haben, aufgrund deren man Gewißheit erlangen kann, das Prinzip nicht unterschätzt, aber auch nicht überschätzt zu haben."[13]

Im *Teil I* – ZEITSCHISMATA des Buches fuhrt ein auf einer symmetrischen Raumzeit-Karte bezogener *Weltlinien-Ansatz* zum Kern der Sache: die Vorstellung, dass die Raumzeit eine Disparität von Simultanitäten räumlichgetrennter Uhren, die mit der Geschwindigkeit zunimmt, intrinsisch einbezieht. Eine gegenseitig wahrgenommene, distanzbewertete ‚*Geschwindigkeit der zeitlichen Ungleichzeitigkeit*, (‚Chronosität' ψ[14]) ergibt sich als gleichwertig zu einer gegenseitig wahrgenommenen zeitlichen ‚*Geschwindigkeit der räumlichen Distanz*' (Geschwindigkeit v) – dividiert durch das Quadrat eines zunächst nicht quantifizierten Kausalitätsgrenzegeschwindigkeitsfactors λ. Gegenseitige ‚*Fata Morgana*'-Interpretationen (Miragen) von ‚Längenkontraktionen' und ‚Zeitdilatationen' sind direkte Konsequenzen dieser sehr einfachen Beziehung. Ihre richtige Interpretation als *subjektive wahrgenommenen Perspektive* statt als objektive (*Objekt-bezogene*) Phänomene, unterstreicht die Absurdität konventioneller, in der Literatur noch häufig anzutreffender Ansätze des ‚Präsentismus'. Ein Schlüsselparameter ist hier der ‚VELCHRONOS'-Winkel ϕ, dessen Sinus die skalierte Relativgeschwindigkeit zwischen zwei Objekten wiedergibt, d.h. $\sin\phi = v/\lambda = \psi.\lambda$.

Begegnungen mit der Grenzgeschwindigkeit

In *Teil II* – RAUMZEIT-TRIADEN fuhrt die kernphysikalische *Geschwindigkeit-Chronositätsbeziehung*, direkt zu den ‚*Larmor-Lorentz*'-Transformationen sowie zu der ebenfalls wichtigen Gleichung für relativistische *Geschwindigkeitskomposition* (Addition). Mit Hilfe dieser Beziehung der Geschwindigkeitsaddition genügt ein kleines ‚Querdenken', um eine bestimmte *Instanz* der Grenzgeschwindigkeit λ *logisch zu identifizieren* – die Lichtgeschwindigkeit c.

[15,16]Auf der basis einer speziellen Doppler-Gleichung bezogen auf eine *willkürliche* Signalgeschwindigkeit, entsteht darüber hinaus eine tatsächliche explizite Formel zum *Messen* (zumindest theoretisch) des λ/c-Verhältnisses, ohne dass man annehmen muss, dass λ und c identisch sind. Dies stellt die Lichtgeschwindigkeit auf eine Stufe mit den nun nachgewiesenen Gravitationswellen als *eine Instanz* der kosmischen Grenzgeschwindigkeit.[17,18] Die äquivalente einfachere Doppler-Gleichung für ein *Grenzgeschwindigkeitssignal* erlaubte Edwin Hubble in den 1920er Jahren zu folgern, dass sich unser Universum kontinuierlich ausdehnt.

---

[13] Teilweise vorgetragen im Dezember 1909 auf der *Versammlung der Russischen Naturforscher und Ärzte* in Moskau, im Februar 1910 in der *Berliner Mathematischen Gesellschaft*, und auf der 82. *Naturforscher-Versammlung* in Königsberg 1910.

[14] Griechisch Ψ – *psi*

[15] B.C. A dual first-postulate basis for special relativity. *European Journal of Physics*, 24:301–313, May 2003

[16] B.C. An elementary first-postulate measurement of the cosmic limit speed. *European Journal of Physics*, 25:L31–L32, 2004

[17] Wie in Kapitel 6 *Messung der kosmischen Grenzgeschwindigkeit* erläutert.

[18] http://www.zb math.org/?q =an%3A1046.83001

Isaac Newtons 3. Gesetz umformuliert und so gerechtfertigt

Wie selbst Einstein, mit wenig Erfolg, 1948 betonte, ist die ikonische $E = Mc^2$-Gleichung der Relativitätstheorie tatsächlich unangemessen,[19] eine Angelegenheit, die selbst in akademischen Kreisen weithin immer noch missverstanden wird. Dies liegt sowohl an der vorherrschenden Präsentismusmentalität als auch an der Dominanz des (erkenntnistheoretisch gesprochen) unklug gewählten Konzepts der ‚relativistischen Masse' ($\Rightarrow$Abschnitt 9.2 Entthronung des ‚Relativistischen Masse'-Oxymorons) – durch *Lev Okun* treffend verurteilt[20] als „*...eine Art pädagogisches Virus, das sehr effektiv neue Generationen von Studenten und Professoren ansteckt und keine Anzeichen eines Niedergangs aufweist.*".

Dieser Fehlbegriff tauchte z.B. in einem populären Werk von *Richard Feynman* auf, dessen renommierte Intuition und legendäre Gründlichkeit ihn in dieser Angelegenheit im Stich liessen.[21,22,23] Eine typische Folge ist die unzutreffende Behauptung in einem Standardtextbuch:[24] „*...Ideen der Impetus-Erhaltung versagen [in der Relativität]. .. .. [die richtigen Gleichungen] müssen erraten werden.*". Dementsprchend wird die Schlüsselrolle des Newtonschen *Aktion-Reaktion-Prinzips* in der Relativität im allgemein immer noch falsch interpretiert: „*Logisch wie das dritte Gesetz auch sein mag, so gibt es doch ein Schlupfloch darin ...*".[25] Erst nach der Säuberung des Fehlbegriffs der relativistischen Masse[26,27] kann Newtons wichtiges Prinzip ihre vollständige Gültigkeit erlangen.

Teil III – KRAFT, MASSE UND ENERGIE konzentriert sich auf zwei Gleichungssätze höchster Relevanz. Erstens: *die primären Beschleunigungsbeziehungen* assoziieren eine (evtl. variierende) *Eigenbeschleunigung* α einer Rakete in ihrem sich ständig *mitfahrenden inertialen Bezugsrahmen* der Eigenraumzeit, mit der von der Rakete selbst wahrgenommenen ‚Retro-Beschleunigung' β von Objekten die ‚verankert' d.h. stationär in den jeweiligen mitfahrenden Rahmen liegen. Umgekehrt, aus der Sicht jedes Heimrahmen-Objekts hat die Rakete selbst einen anderen Beschleunigungswert a.

Zweitens: zwei ebenfalls bekannte, wenn auch vorher wenig geschätzte ‚*Apokalyptische Identitäten*', abgeleitet mit wenig Aufwand aus elementarem Kalkül, bringen dann die wahren Kräfteverhältnisse *korrekt* hervor. Folglich, und ohne den Fehlbegriff der relativistischen Masse, entsteht Newtons wegweisendes, sonst allgemein (in der Relativität) falsch beurteiltes dritte Gesetz – *Reaktion ist gleich Aktion* – in einem völlig neuen Licht, in Zusammenhang mit der *richtigen* Kerngleichung $E = m\gamma c^2$, wobei γ (griechisches *gamma*) ist gleich $1/\sqrt{1 - v^2/c^2}$.

---

[19] Korrekt ist:
$$E = mc^2 / \sqrt{1 - \tfrac{v^2}{c^2}}.$$

[20] Lev Okun. The mass versus relativistic and rest masses. URL http://isites.harvard.edu/fs/docs/icb.topic1214842.files/11lev-okun-on-mass.pdf

[21] Richard Feynman. *Six Not So Easy Pieces - Einstein's Relativity, Symmetry, and Space-Time.* Addison-Wesley, 1997

[22] So anziehend sie auch sein mögen, Feynmanns weniger philosophische Ansätze („Der einzig sinnvolle Weg ist der bequemste Weg ...") wurden in *Marc Langes* Buchvorwort von 2002 verunglimpft:

[23] Marc Lange. *An Introduction to the Philosophy of Physics.* Blackwell, 2002

[24] James H Smith. *Introduction to Special Relativity.* Dover, 1965, 1996

[25] Bernard Schulz. *Gravity from the ground up.* Cambridge University Press, 2003

[26] B.C. Special relativity dynamics without a priori momentum conservation. *European Journal of Physics*, 26:647–650, 2005

[27] B.C. A five-fold equivalence in special relativity one-dimensional dynamics. *European Journal of Physics*, 27:983–984, 2006

Relativistische Modelle aus der sphärischen Geometrie

Der Rest des Buches konzentriert sich auf Objekte *mit konstantem Schub*. Wie es sich herausstellt, hat eine Konstante-Eigenbeschleunigungs-Rakete *zwolf* relativistische Parameter, die alle Funktionen des *Velchronos-Winkels* sind, dessen Sinus die skalierte Geschwindigkeit der Rakete widerspiegelt.

Im Jahr 2004 entdeckte der Autor überraschenderweise eine außergewöhnliche Verbindung zwischen den drei Velchronos-Winkeln einer relativistischen Geschwindigkeitsaddition und *den drei Winkeln einer speziellen Kategorie von sphärischen Dreiecken*. Diese Einsicht – die ihren tatsächlichen Ursprung in der *Islamischen sphärischen Geometrie des 10. Jahrhunderts* hat, ermöglicht es in dem Buch *Teil IV* – SPHÄRISCHE ÜBERRASCHUNGEN, mehrere scheinbar noch nie dagewesene visuelle Einblicke in die faszinierende Mathematik der relativistischen Geschwindigkeitszusammensetzung sowie des Szenarios einer Zeitreise in einer beschleunigenden Rakete (ganz anders als das vereinfachte ‚Zwillingsparadoxonszenario' wobei ein Raumschiff seine Geschwindigkeit nur umkehrt.[28]).

Obgleich sie der im frühen 16. Jahrhundert entdeckten LOXODROME-Spiralkurve unheimlich ähnelt, aber dennoch anscheinend unbekannt ist,[29] zeichnet eine bemerkenswerte sphärische HEMIX-Kurve die (skalierte) Eigenzeit einer Einheitsschubrakete auf, deren Geschwindigkeitswinkel (Velchronos-Winkel) durch die meridianische Neigung der Kurve wiederspiegelt wird. Diese wahrhaft grundlegende Geometrie spielt im letzten *Teil VII* des Buches eine weitere sehr wichtige Rolle.

Verlorene und gewonnene Zeit – À la recherche du temps perdu

[30] Wenn zwei identisch beschleunigende Raketen ihre Geschwindigkeit erhöhen, würden zufällig vorbeiziehende Heimraumzeitbeobachter gleichzeitig beide Raketenuhrzeiten identisch aufzeichnen. Beobachter, die zufälligerweise mit den beiden Raketen in einem sich bewegenden Rahmen der Raketen momentan stationär wären, würden jedoch berichten, dass die Heimraumzeitbeobachter die zwei Raketenuhren *zu unterschiedlichen Zeiten registrierten*.

Was ‚passiert', wenn die Raketen *gleichzeitig aufhören zu beschleunigen*,[31,32,33] wird anhand einer symmetrischen Raumzeit-Karte im Kapitel ‚Zeitdispersion' und ‚Retrotrennung' von *Teil V* – EIN OCCAMESQUE-RENNEN analysiert. In dem Abschaltraumzeitrahmen wird zuerst die Frontrakete gestoppt, aber die Heckrakete fährt *rückwärts* fort, bis sie schliesslich zum Stillstand kommt. Abschaltraumzeitrahmenbeobachter würden die eigenen Uhren der zwei dann stationären Raketen als *nicht mehr synchronisiert* aufzeichnen, d.h. als ‚zeitdispergiert'.

[28] Im letzteren Fall fährt das Raumschiff die meiste Zeit auswärts und anschließend rückwarts ohne Beschleunigung.

[29] Eine vielleicht noch offene Frage.

[30] *À la recherche du temps perdu* ist eine klassische Romanserie von *Marcel Proust*.

[31] vom Heimraumzeitrahmen betrachtet. Ein Szenario diskutiert in:

[32] F Sears and R Brehme. *Introduction to Special Relativity*. Addison Wesley, 1968

[33] Dragan Redžic. Note on Dewan&Beran Bell's spaceship problem. *Eur.J.Phys.*, 29:N11–9, 2008

Der seltsame Fall von Gleichungen, die nicht in der Nacht bellen

Teil V zweites Kapitel Zwei verblüffende Radarintervalle betrifft ein *ausgedehntes* Medium, das eine unendliche Anzahl infinitesimaler Inkremente zwischen zwei Festschubraketen umfasst. Alle Inkremente, die feste, möglicherweise aber unterschiedliche Eigenschübe haben, werden durch hyperbolische Weltlinien des *Heimatraumzeitrahmens* dargestellt. Diese bilden zusammen eine Heimrahmen-bezogene ‚Weltfläche'. Eine bemerkenswerte Einsicht, die normalerweise nur selten angesprochen wird, taucht direkt auf: Eine Rakete, die sich permanent schneller als 1g beschleunigt, sieht niemals ein Ereignis weiter als ein Lichtjahr entfernt – ihren ‚asymptotischen Horizont'.[34]

Radarintervalle zwischen Einheitsschubraketen, die in Relativitätsfachbüchern seltsamerweise völlig fehlen, werden dann in demselben Kapitel für hinteren und vorderen Raketen mit *identischen* Schüben abgeleitet. Sehr signifikant ist es, DASS SOLCHE INTERVALLE TATSÄCHLICH VARIIEREN.[35] Nachdem diese eigentlich unkomplizierten Radargleichungen in einem eingereichten Aufsatz[36] als „unentbehrlich … und korrekt anerkannt" wurden, erlaubt sich jedoch der Rezensent eines Mainstream-Forschungsjournals einen *Non Sequitur*:

> „…der ganze Aufsatz basiert auf speziell-relativistischen Gleichungen und daher auf dem zweiten Postulat. Wenn man am Ende eine Bedingung vorbringt, die die zweite Position verletzt, führt das natürlich zu einem Widerspruch, aber würde sich irgendjemand gezwungen fühlen, die Schlussfolgerungen des Autors auf der Grundlage einer solchen Argumentation zu akzeptieren ?"

[37]Offensichtlich bleiben die Relativisten durch die naive Illusion gebannt, dass das Grenzgeschwindigkeitsprinzip für Inertialraumzeitrahmen auch für identische Raketen mit festem Schub gelten soll, deren Radarintervalle dabei konstant sein müssten. Eine ähnlich auswegslose Sackgasse ist der weit verbreitete Mangel an Bewusstsein, dass die so genannte *Minkowski-Raumzeit* (die später im letzten *Teil VII* dieses Buches behandelt wird) *ebenfalls überverallgemeinert ist*. Solche Post-Wahrheits-Unnachgiebigkeiten in der Grundlagenphysik haben angesichts des klaren Beweises des Gegenteils einen vier Jahrhunderte alten Präzedenzfall: die legendären Weigerungen geozentrischer Akademiker in Pisa, Galileis Aufforderung, durch sein Teleskop zu schauen, anzunehmen. Nach dem Tod eines der ersteren bemerkte dieser ironisch:[38]

> „Er wollte nie die Jupitermonde auf Erden sehen, vielleicht wird er sie auf dem Weg zum Himmel sehen."

[34] Zufälligerweise entspricht ein solcher asymptotischer Horizont knapp unter einer Lichtjahrdistanz.

[35] ⇒ Seite 122s Abschnitt Die Heimraumzeitrahmen-Weltfläche des Einheitsschubmediums.
[36] Springer reference PLUS-D-15-01123. Eingereicht August 2015, der Aufsatz wurde nachher in January 2016, in Elseviers *Results in Physics* veröffentlicht.

[37] Die dennoch inkonsequente rhetorische Frage des zweifelsohne aufrichtigen Rezensenten ist an sich ein Spiegelbild dafür, wie tief diese einfache fundamentale Radarintervall-Fehlannahme bei fast allen Physikern verankert ist.

[38] Galileo. *Le Opere di Galileo Galilei*, volume XI. Firenze, Tip. di G. Barbera, 1900

Ein nützliches Gedankenexperiment

Ein verwandtes Thema, gleichfalls normalerweise als Sache der Allgemeinen Relativitätsphysik betrachtet, wird im gleichen Kapitel behandlet. Ein ‚Gedankenexperiment‘, bei dem ein Radarphoton aus der Heckrakete die Einheits-Schubinkremente des kontinuierlichen Mediums durchkreuzt, wobei jedes Inkrement entsprechend seiner Startentfernung l von der Heckrakete identifiziert werden kann und eine Eigenzeit-τ [39]Uhr besitzt.

[39] Griechisch *tau*.

Die REELL-*Variablen metrische Fläche*

Teil VI – DAS PFARRERS-RELATIVIÄTSEI behandelt zuerst im Kapitel Die Rigor Mortis Beschleunigung, ein ausgedehntes Medium zwischen zwei Raketen, deren einzelne konstituierende Inkremente *unterschiedliche* feste Schübe haben könnten. Die für diesen allgemeinen Fall hergeleitete Zwischen-Raketen-Radarintervalle weisen sofort auf die Schlüsselgleichung für ein spezielles Szenario hin, das in der Relativitätstheorie als ‚*starre Bewegung*‘ bekannt ist. Das darauffolgende Kapitel Zwei Reell-Metrische-Eigenflächen präsentiert einen einfachen metrischen Ansatz für dieses Szenario *mit reellen Variablen*, dessen ‚Eigenfläche‘ *visualisierbar* ist – in der überraschend einfachen Form eines Handfächers. Das Szenario wird im Zusammenhang mit einem *Rigor Mortis ‚Gravitätionszug‘* näher erläutert, wo Passagiere die Wahl hätten langsamer oder schneller als ihre Mitpassagiere älter zu werden.

Im Nachhinein ist das Rigor Mortis Szenario der starrer Bewegung keineswegs kompliziert, doch wurde es bisher in zeitgenössischen Relativitätslehrbüchern sowohl durch unnötige Mathematik als auch durch irreführende ‚Präsentismus‘-Formulierungen ganz obskur dargestellt. Der im Jahr 2016 veröffentlichte[40] und im jetzigen Buch wiederholter Radaransatz ermöglicht eine kurze Ableitung der relevanten Theorie, ohne Benutzung einer komplexvariablen Metrik,[41,42] und verkörpert das relativ vernachlässigte Gebiet der Relativitätsradarphysik, dessen überraschende Einfachheit den Relativisten offenbar bisher entgangen zu sein scheint.

[40] B.C. Minkowski spacetime does not apply to a homogeneously accelerating medium. *Results in Physics*, 6:31–38, January 2016
[41] Eine historische Darstellung von Minkowskis Beiträgen zur Relativitätstheorie erscheint in:
[42] Scott Walter. Minkowski, Mathematicians, and the Mathematical Theory of Relativity. *Einstein Studies*, 7:45–86, 1999

Das Enigma des Bellschen Raumschiffparadoxons gelöst

Part VII – ACHTERBAHN-RAUMZEITENs erste Kapitel Die Eigenfläche des Einheitsschubmediums beantwortet die Frage, die 1959 erstmals gestellt wurde und in *John Bells* Beitrag von 1976 eigentlich inkonsistent behandelt worden ist:[43]

WIE GEHEN INDIVIDUELLE INKREMENTE EINER HOMOGEN BESCHLEUNIGENDEN AUSGEDEHNTEN MEDIUMS AUSEINANDER ?

[43] John Bell. *Speakable and Unspeakable in Quantum Mechanics*, chapter How to teach special relativity (1976), pages 67–68. Cambridge University Press, 1987

Im Jahr 2008 beschäftigte der Autor sich mit diesem Rätsel und mit den problematischen Versuchen in bisherigen Beiträgen, die das Problem gelöst zu haben glaubten aber keinen Bestand hatten. Nachdem er sich den 2004 entdeckten sphärischen Geometrieerkenntnissen (behandelt in *Teil IV*) zuwandte, ergab sich die überraschende Lösung:[44] Eine Helikoide, erzeugt durch die ‚Hemix'-Kurve eines beschleunigten Punktobjekts – eine viel einfachere Schlussfolgerung verglichen mit den angedeuteten fehlerhaften Lösungen in der Literatur.

Diese Geometrie wird im Kapitel Die Reell-Metrik des Relativitäts-Cosmographicums verkörpert.[45] Der Abschnitt Ein Helikoidales Sextett der Relativität beschreibt ein ‚*Pseudo-Expansions*'-Helikoid, eine ‚*Pseudokontraktions*'-Helikoide und eine ‚*hemikoidale*' *Eigenfläche*, die von einer ‚*Distanzen-Regelfläche*' ‚durchgestrahlt' werden, dessen Schwenkungswinkel den Sinus der augenblicklichen skalierten Geschwindigkeit des ausgedehnten Mediums (bezüglich des Heim-Raum-zeitrahmens) darstellt. Jeder solche ‚Strahl' schneidet die Hemikoide durch ihre *Helixkurven*, die die Hemices durchqueren. Die gekrümmten Längen dieser jeweiligen Helix-Kurven entsprechen den expandierenden nichtinertialen Eigenlängen des beschleunigten Mediums.

In der Tat deutet die völlige Inkompatibilität der entsprechenden ‚Metrikgleichung' dieser Eigenfläche mit der *Minkowski-Metrik* unmißverständlich auf die *allgemeine Ungültigkeit* der Minkowski-Raumzeit *auch* in der Speziellen Relativitätstheorie hin – eine für manche Physiker vielleicht sehr unwillkommene Schlußfolgerung. Im optionalen Kapitel *Das Abbild der Heimrahmen-Weltfläche auf der Eigenfläche* Υ , werden, mit Hilfe einer ausgeklügelten Grafiksoftware, hyperbolische Weltlinien, überquert von aufwärts und abwärts Radardiagonalen aus der Weltfläche des Heimrahmens des beschleunigenden Mediums, auf einer *reellen* Eigenfläche, der eigentlichen ‚*Hemikoide*', abgebildet.

Neben den erfüllten Bedingungen für die Überquerungsraten ‚asymptotischer' Photonen, getaktet nach Inkrementuhreigenzeiten, entscheidend ist, dass auch die Raketentrajektorienabschnitte auf der Eigenfläche des Mediums zwischen jeder Photonemission und seinem Rückehr, den vorwärts und rückwarts Radarintervallen jeweils *metrisch exakt* entspricht. Ein analoges Beispiel dazu wären die Rückprojektionen bekanntlich verzerrten Breitengradlinien der flachen Mercator-Weltkarte, auf metrisch realistischen Weltkugelkreisen.

Eine À LA CARTE Büchse der Pandora

Kurz bevor das Thema eines beschleunigenden ausgedehnten Mediums in den 1950er Jahren in den Vordergrund rückte, vollendete der weltbekannte Dublin-Physiker *John Lighton Synge*[46] zwei klassische Relativitätsbücher. Im zweiten bemängelte er Engstirnigkeiten bei seinen Physikkollegen:

[44] B.C. Bell's twin rockets non-inertial length enigma resolved by real geometry. *Results in Physics*, 7:2575–2581, July 2017

[45] Wie im Anhang des Autorenwerks 2017 in *Results in Physics* ausführlich dargelegt, etabliert die Differentialgeometrie die auftauchende ‚Hemikoide'-Fläche als die einzige mögliche euklidische Fläche, die sich lateral monoton und gleichmäßig ausdehnt und *auch keine zwischenliegende Krümmungswendung* aufweist. Die zuvor erwähnten Bedingungen des Expansionsfaktors werden selbstverständlich eingehalten.

[46] Neffe des Autors des oft neu adaptierten Theaterstücks *The Playboy of the Western World* aus dem Jahr 1907.

> „Wenn ich in einer relativistischen Diskussion versuche, die Dinge durch eine Raumzeit-Karte klarer zu machen, betrachten die anderen Teilnehmer es mit höflicher Distanziertheit, und nach einer Pause der Verlegenheit, als ob etwas kindisches Unanständiges ausgestellt worden wäre, setzen sie die Debatte ihren eigenen Vorstellungen entsprechend fort."

Nichtsdestotrotz erklärte Synge in seinem früheren Buch[47] die Minkowski-Raumzeit als einen wahren Kern der Speziellen Relativitätstheorie, ohne sich explizit mit dem Thema eines beschleunigenden *ausgedehnten* Mediums zu befassen – eine unwissende Unterlassung, die damals wie heute der meisten Relativitätsliteratur gemein war. Ein weiteres Problem liegt darin, dass formell korrekte, aber obskur formulierte Lehrbuchbehandlungen des Themas der ‚starren Bewegung' der Minkowski-Raumzeit eine unangemessene *allgemeine* Rechtfertigung erteilt haben, mit fatalen Folgen für die Theorie eines ausgedehnten Mediums in der Relativitätsphysik.

Minkowskis pseudo-euklidische postulierte *à la carte*-Metrik ist nicht nur in der Allgemeinen Relativität (wie gelegentlich anerkannt) unanwendbar. Was einem beschleunigenden ausgedehnten Medium betrifft, ist sie *nur* für den so genannten starren Bewegungsfall gültig. Physiker, die von dieser Behauptung überrascht sind, möchten vielleicht die 2016 und 2017 *Results in Physics* Journalpapiere des Autors oder den abschließenden Epilog lesen, bevor sie mit diesem Buch fortfahren.

Noch herrschende Verständnisprobleme

Ungeachtet seiner eigenen bedauerlichen Fehleinschätzung der überverallgemeinerten Minkowski-Raumzeit, hat Synge selbst im selben ersten Kapitel seines Spezielle Relativitäts-Buches das Präsentismusproblem elegant aufgezeigt, das noch immer einige wichtige Aspekte der Relativitätstheorie verdeckt.

> „In modernen Arbeiten zur theoretischen Physik wurde die Axiomatisierung weitgehend aufgegeben. Stattdessen ist der Einstieg in ein neues Thema der sogenannte ‚Kuckuck-Prozess'. Die Eier werden gelegt, nicht auf den nackten Boden, um im klaren Licht der griechischen Logik ausgebrütet zu werden, sondern im Nest eines anderen Vogels, wo sie vom Körper einer Pflegemutter erwärmt werden, was im Falle der Relativitätstheorie der Fall ist – die Newtonsche Physik des neunzehnten Jahrhunderts. Der Student wird zuerst mit der Newtonschen Physik indoktriniert, und er akzeptiert seine Konzepte als der physischen Realität getreu. Dann werden Schritt für Schritt die Konzepte modifiziert, bis er schließlich den Kopf seiner Pflegemutter abbeißt und aus dem Nest als ein vollwertiger Relativist fliegt.
>
> Dieser Kuckucksprozess folgt der wahren Reihenfolge der historischen Entwicklung in der Wissenschaft und hat den Vorteil, dass der Lernende in jeder Phase der Transformation von einer vertrauten Umgebung unterstützt wird.

Abbildung 3: John Lighton Synge, 1897-1995 Irischer Physiker

[47] John Lighton Synge. *Relativity: The Special Theory*. North-Holland, Amsterdam, 1956

Wenn jede Unterstützung wegfällt, wird sie durch eine andere ersetzt, die dem neuen Muster entspricht. Aber es ist verwirrend. Die Konzepte der Newtonschen Physik greifen ineinander (z. B. Kraft, Beschleunigung, Trägheitsmasse und Gravitationsmasse), und bis man schließlich alle Newtonschen Konzepte überprüft hat, besteht immer der Verdacht, dass dasselbe Wort mit Bedeutungen verwendet wird, die sich unterscheiden je nach Kontext. In diese Leere fügen wir sofort den ganzen Körper der *reinen Mathematik* zu, oder wenigstens diejenigen Teile der reinen Mathematik, die wir vielleicht später zu gebrauchen haben. *Angewandte Mathematik* hingegen ist ausgeschlossen, denn fast alle angewandten mathematischen Abhandlungen befassen sich mit der Newtonschen Physik, und die darin verwendeten Wörter rufen Newtonsche Konzepte hervor, und diese sind wir bereit, nur einzeln unter die Lupe zu nehmen. …

Dieses Embargo der angewandten Mathematik ist ernst,[48] es schließt die Dynamik von Teilchen und von starren Körpern, die Himmelsmechanik, die Lagrange- und Hamilton-Methode, Hydrodynamik, Elastizität und Elektrodynamik aus.

Das Problem mit diesen Themen ist, dass sie alle das Newtonsche Zeitkonzept mit einbeziehen, und das … ist eines jener Newtonschen Konzepte, die wir nicht in die Relativität übernehmen werden."

Die Kapitel 8–16 des vorliegenden Buches befassen sich epistemologisch und analytisch mit dem Thema Dynamik, wie bereits 2005 und 2006 in *European Journal of Physics* Aufsätzen vorgelegt. Die ‚Starre Bewegung', die in dem 2016 *Results in Physics*-Aufsatz behandelt worden ist, wird in den Kapiteln 17 und 18 ausführlich beschrieben. Die Frage der ‚Elastizität', die im Folgepapier von 2017 im gleichen Journal erläutert wurde, ist das Hauptthema der Kapiteln 19–22.

Das folgende erste Hauptkapitel des Buches erklärt wie man von Anfang an davon ausgehen kann dass, DIE ZEIT MÖGLICHERWEISE UNTERSCHIEDLICH GETEILT WIRD, wobei ein Großteil der von Synge angesprochenen ‚Probleme' einfach umgangen werden kann.

[48] Unterstreichungen des jetzigen Autors.

I
ZEITSCHISMATA

[49] 1881 in Potsdam, Berlin and in 1887 in Cleveland, Ohio mit *Edward Morley*.

[50] In 1899/1900 in Dublin, mit *Frederick Trouton*

[51] Michel Janssen. The Trouton Experiment and E = mc2

[52] Bevor dieselbe Idee vom niederländischen Physiker *Hendrik Lorentz* unabhängig verfaßt wurde.

[53] ⇒Kapitel 4, Larmor-Lorentz-Transformationen und Geschwindigkeitsaddition.

[54] Ursprünglich geschrieben ‚Chronocity' in:

[55] B.C. A dual first-postulate basis for special relativity. *European Journal of Physics*, 24:301–313, May 2003

Gegen Ende des 19. Jahrhunderts wurden Versuche, die Geschwindigkeit unserer Erde durch den ‚Äther' zu messen, von dem in Polen geborenen Amerikaner *Albert Michelson* (optisch)[49] und dem irischen Physiker *George FitzGerald* (elektrodynamisch)[50,51] durchgeführt. Es wurde mit Zuversicht erwartet, dass ‚Interferenz-Streifen' monochromatischer Lichtwellen wegen der axialen Rotation der Erde und ihrer Umlaufbahn um die Sonne, variieren müßten. Doch, zur Bestürzung der meisten Physiker, wurden keine nennenswerten Streifenverschiebungen beobachtet und die Experimente schienen gescheitert. FitzGerald selbst schlug in 1889 eine mögliche Erklärung vor:[52] *Bewegende Objekte ‚kontrahieren sich'*. Dieser Vorschlag übersah jedoch das entscheidende überragende Phänomen der Relativitätstheorie – ‚DIE ZEIT-DILATATION', die ironischerweise ein Jahrzehnt später im Jahr 1898 von FitzGeralds Belfaster Freund *Joseph Larmor* erstmals ernsthaft ins Betracht gezogen wurde.[53]

Durch Zufall entstand im gleichen Zeitraum ein grafischer Zugfahrplan in französischen Bahnhöfen, der einen idealen Ausgangspunkt für die Lösung des Dilemmas darstellt. Durch eine Modifierung dieses Diagramms, weist *Teil I* erstes Kapitel Eine elegante Raumzeit-Unterlage auf eine *mögliche* einfache grundlegende Eigenschaft der Natur hin. Zwei getrennte *nichtbeschleunigende – inertiale –* ‚Heimrahmen'-Beobachter würden gleichzeitig feststellen, dass Uhren von zwei vorbeilaufenden ebenfalls inertialen Objekten nicht synchron laufen, obwohl die beobachteten Objekte in *ihrem* Eigen-Bezugsrahmen relativ stationär wären und ihre eigenen jeweiligen Uhren als synchronisiert betrachteten. Ein solches ZEITSCHISMA, das wir CHRONOSITÄT[54,55] nennen, hat eine außergewöhnliche, aber unausweichliche Konsequenz: EINE ‚KAUSALITÄTS'-GRENZGESCHWINDIGKEIT, die die relative Bewegung aller Objekte in unserem Universum maßgeblich bestimmt.

Das Kapitel Die Dual-Raumzeit-Karte und ihre Weltlinien zeigt wie dieses *natürliche Phänomen* auf der Grundlage einer angenommenen Homogenität (Gleichheit) von Raum und Zeit, durch *eine zutiefst fundamentale Kernbeziehung der Relativitätstheorie* ausgedrückt werden kann: ‚CHRONOSITÄT' IST GLEICH GESCHWINDIGKEIT DIVIDIERT DURCH DAS QUADRAT EINER GRENZGESCHWINDIGKEIT. Das Kapitel ‚Miragen' von Länge und Zeit befasst sich mit den direkten *unvermeidbaren Folgen* dieser Beziehung: den *gegenseitigen Wahrnehmungen* von sogenannten ‚Längenkontraktionen' und ‚Zeitdilatationen', die von relativ stationären Beobachtern in einem inertialen Bezugsrahmen bezeugt werden, die den relativen Abstand zwischen räumlich getrennten sich bewegenden Objekten als auch deren jeweiligen Uhrzeiten wahrnehmen.

Das Kapitel schließt mit einem einfachen Szenario einer Zeitreise.

1

Eine elegante Raumzeit-Unterlage

IMPLEMENTIERUNG EINER GRENZGESCHWINDIGKEIT

„…δῆλον γὰρ ὡς ὑμεῖς μὲν ταῦτα (τί ποτε βούλεσθε σημαίνειν ὁπόταν ὂν φθέγγησθε) πάλαι γιγνώσκετε, ἡμεῖς δὲ πρὸ τοῦ μὲν ᾠόμεθα, νῦν δ᾽ ἠπορήκαμεν νν …“
Πλάτων   Σοφιστής
„…Denn offenbar seid Ihr doch schon lange mit dem vertraut was Ihr eigentlich meint, wenn Ihr den Ausdruck Seiend gebraucht. Wir jedoch glaubten es einst zwar zu verstehen, jetzt aber sind wir in Verlegenheit gekommen.…“
Plato SOPHISTES 340 BC   (Vorwort, zu Heideggers SEIN UND ZEIT 1927)

[1] DIE THEORIE DER BEWEGUNG IN DEM INTUITIV VORGESTELLTEN ‚EXISTENZIALEN HINTERGRUND‘ UNSERES UNIVERSUMS‘, ein schwerkraftfreies ‚Raum-Zeit-Kontinuum‘, wird als ‚Flache Raumzeit‘ oder *Spezielle Relativität* bezeichnet. Zwar hat sich das Rampenlicht auch jenseits der Gravitationsarena der *Allgemeinen Relativitätstheorie* (‚Gekrümmte Raumzeit‘) zur esoterischen Quantenmechanik subatomarer Teilchen und zu den bisher ungelösten Geheimnissen der ‚Dunklen Materie‘ verschoben, doch spiegelt sich ihre Relevanz lebhaft in der immer noch ominösen Bedrohung der Menschheit durch eine thermonuklearen Feuersbrunst wieder wie auch in der heute unverzichtbaren Nutzung globaler Positionierung mittels Satelliten.

Von einem seiner ersten Pionieren, Albert Einstein, als ‚Kinderspiel‘ bezeichnet, wird die spezielle Relativitätstheorie von den meisten Menschen als unverständlich aufgefaßt. Dieser *vermeidbare* Zustand ist entstanden durch die unglückliche Übernahme der kosmischen Grenzgeschwindigkeit als *Hauptausgangspunkt* für eine Auseinandersetzung mit der Theorie. Doch die Vorsehung hat elegant eine solche Grenzeschwindigkeit gesetzt als EINE UNAUSWEICHLICHE KONSEQUENZ EINER TIEFGREIFENDEN EIGENSCHAFT DER NATUR, DIE SEHR EINFACH FORMULIERT WERDEN KANN.

[1] Martin Heidegger. *Sein und Zeit.* Max Niemeyer Verlag Tübingen, 1927

Abbildung 1.1: Der Tagesplan einer französischen Eisenbahnlinie zeigt 25 Züge die 13 Stationen zwischen Paris und Lyon verbinden. Wie in einem Buch von *Edward Tufte* erwähnt, erschien dieses Diagramm in *E.J. Mareys* 1885 Buch *La méthode graphique* und wurde dem französischen Ingenieur *Ibry* zugeschrieben.

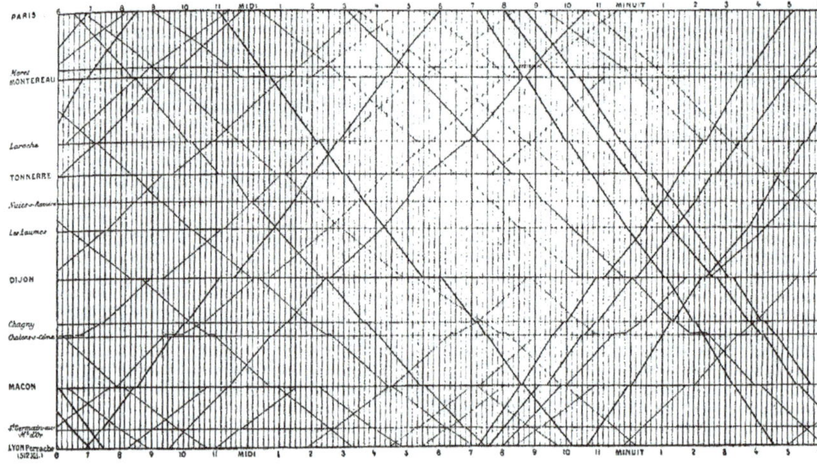

Abbildung 1.2: Raumzeit-Karte von jeweiligen Zugabteilen

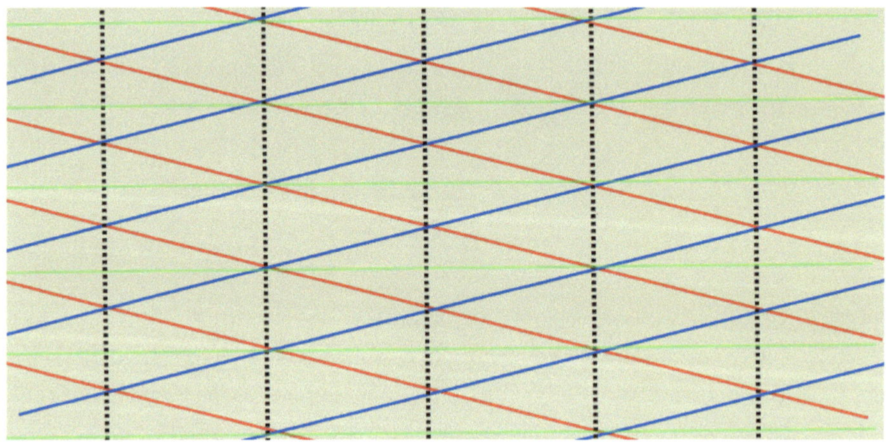

1.1 ‚Wo-Linien' und ‚Wann-Linien' in Dual-Raumzeit–Karten

In den 1880er Jahren erschienen in französischen Bahnhöfen Zugfahrpläne wie in Abb. 1.1. Ein einfachere *Raumzeit-Karte* ist in Abb. 1.2 dargestellt, die Abteile eines roten Zugs und die eines identischen blauen Zugs zeigt. Beide Züge reisen mit der gleichen festen Geschwindigkeit in entgegengesetzte Richtungen. Dementsprechend werden die jeweiligen Abteile gleichen Abstands durch symmetrisch gedrehte rote und blaue ‚Wo-Linien' dargestellt. Jeder Zug besitzt seinen ‚Eigenraum' in dem seine Abteile mit ihren jeweiligen Passagieren als lokal und stationär angesehen werden.

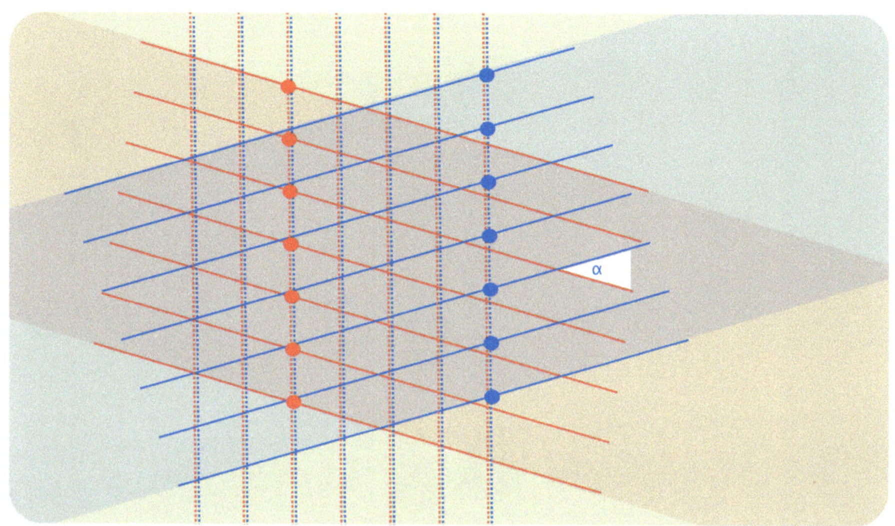

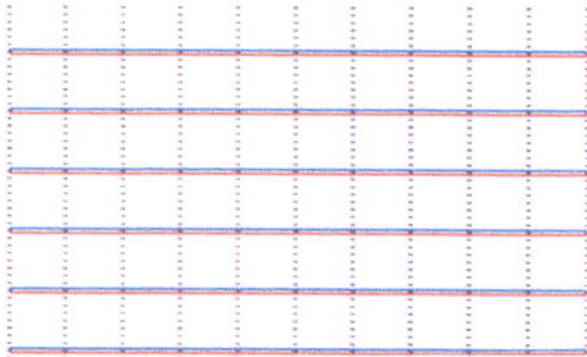

Abbildung 1.3: Raumzeit–Karte einer klassischen Wahrnehmung jeweiligen Abteilen von Weltraumstationen im ‚leeren Raum'

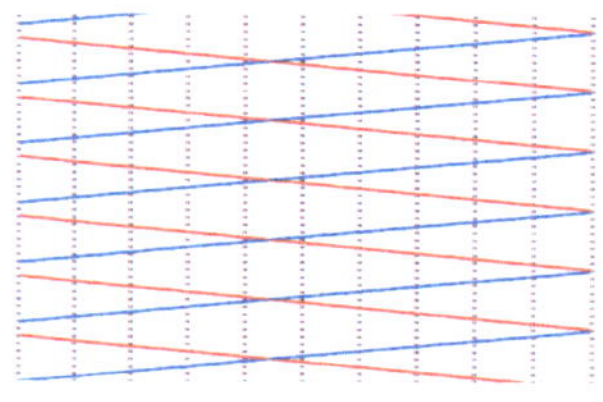

Abbildung 1.4: Nullgeschwindigkeit

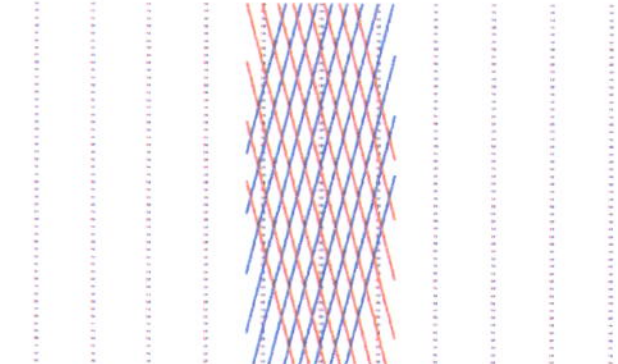

Abbildung 1.5: Moderate Geschwindigkeit

Die horizontalen, durchgehenden, grünen Linien zeigen den ‚Hintergrund'-Raum an – die vorbeiziehende Landschaft. Vertikale schwarzpunktierte ‚Wann-Linien' repräsentieren einzelne Zeitinstanzen für den gesamten (eindimensionalen) Raum und sind daher *Linien der Zeitsimultanitäten*.

Eliminierung des ‚Hintergrundraums'

Wir wechseln jetzt die Szene zu zwei langen, nicht beschleunigenden identischen *Raumstationen*, die, fern von allen Sternen und Planeten, aneinander vorbeilaufen. Die Raumstationen empfinden den Hintergrundraum nur als *ein unsichtbares ‚konzeptionelles Gefäß'*, das keine Ankerpunkte hat. In der Grafik von Abb. 1.3 entfernen wir diesen ‚absoluten Raum' einfach, indem wir die grünen Hintergrundlinien der früheren Abbildung *einfach weglassen*. Da die zwei Vehikel aus unterschiedlichen Zeitzonen stammen könnten, ersetzen wir die schwarzen vertikalen Zeitlinien durch *überlagerte* rote und blaue Zeitlinien, die gleichzeitige Ereignisse für die beiden Raumstationen *separat* markieren. Beide Raumstationen empfinden sich selbst als ‚stationär' in ihrem jeweiligen *eigenen* relativ stationären Bezugsrahmen und betrachten die andere Raumstation als ‚sich bewegend' – mit einer festen relativen Geschwindigkeit. Jeder Satz von Raumstationsabteilen ist *ein Spiegelbild* des anderen.

Abb. 1.3 stellt somit eine klassische *symmetrische* Raumzeit–Karte dar, wobei sich die roten und blauen *Weltlinien*[2] in einem Winkel α (griechisches *alpha*) kreuzen, der proportional zu der relativen Geschwindigkeit ist. Die Randbilder zeigen, wie die jeweiligen Weltlinien mit zunehmender relativer Geschwindigkeit immer mehr aufeinander zusammengedrängt wären.

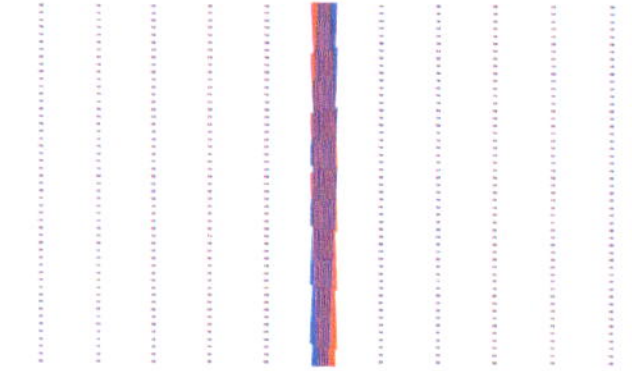

Abbildung 1.6: Hohe Geschwindigkeit

Abbildung 1.7: Beinahe unendliche Geschwindigkeit

[2] Für Passagiere eines Bezugrahmens, werden *Wo-Linien* des <u>anderen</u> Rahmens als *Weltlinien* bezeichnet.

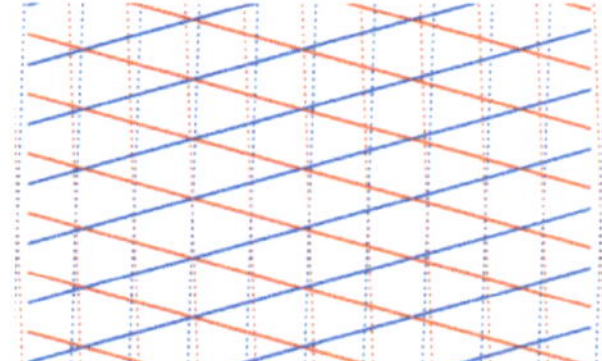

Abbildung 1.8: Dualrahmen-Chronosität

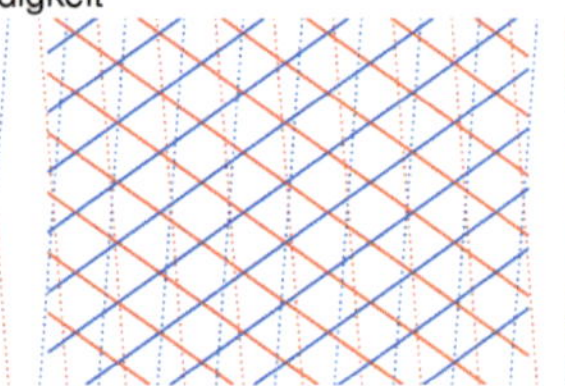

Abbildung 1.9: Niedrige Geschwindigkeit

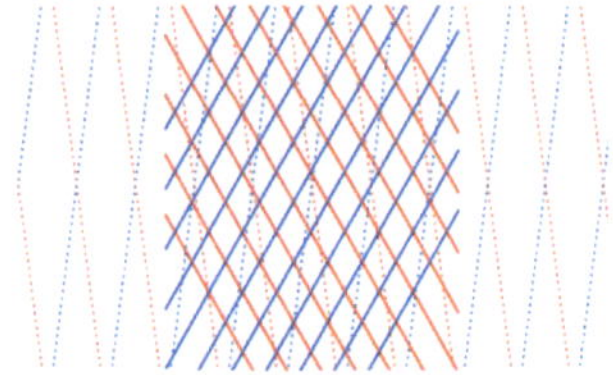

Abbildung 1.10: Moderate Geschwindigkeit

Abbildung 1.11: Hohe Geschwindigkeit

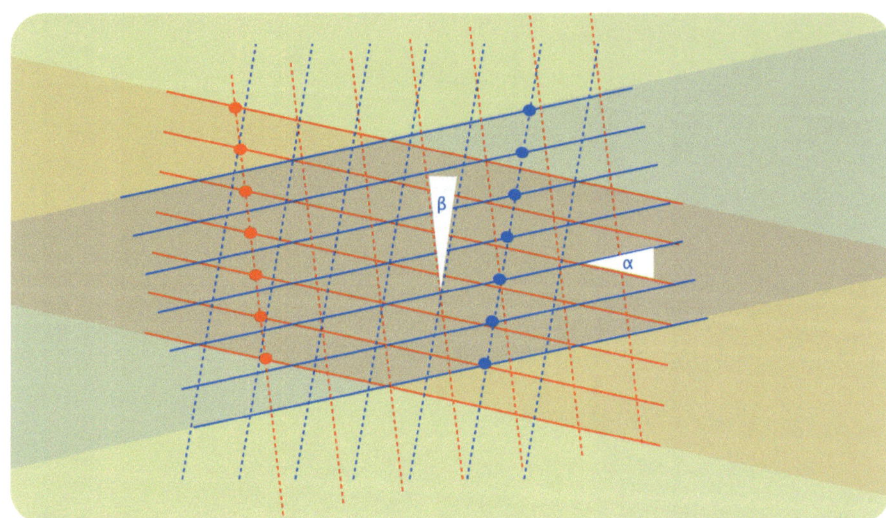

Obwohl diese einfache Karte lediglich die Bewegung von Abteilen einer Raumstation relativ zu denen der anderen Station abbildet, fuhrt sie unmittelbar zu einer einfachen jedoch sehr entscheidenden Fragestellung:

> Welche charakteristische ‚Eigenschaft' im ‚Schema der Dinge' der Natur könnte vielleicht solchen Geschwindigkeiten eine Grenze setzen, ohne dass gleichzeitig die Äquivalenz – d.h. die Gleichheit – von Raum-Zeit-Bezugsrahmen geändert werden müßte, wie sie von jeweiligen inertialen Objekten wahrgenommen werden, die selbst relativ stationär sind ?

1.2 Eine räumlich-zeitliche Schwenkung – ‚Chronosität'

DIE ÜBERRASCHEND EINFACHE ANTWORT liegt in der ‚Vorsehungs-Anordnung' eines außergewöhnlichen, aber leicht zu beschreibenden ‚Naturphänomens': einer Divergenz der *Zeitdisparität über die Distanz*, die mit der relativen Geschwindigkeit d.h. einer zeit-getakteten Distanzverschiebung, ‚verbunden' ist. Wie in Abb. 1.8 dargestellt und wie wir später *beweisen* werden, wenn die Relativgeschwindigkeit zwischen zwei Bezugsrahmen-‚Plattformen' größer Null ist, stehen nicht nur die jeweiligen Wo-Linien in einem Geschwindigkeitswinkel α zueinander, sondern auch die jeweilige Wann-Linien weisen einen ‚Chronositäts'-Winkel β [3] auf, der *irgendwie proportional* zum Winkel α sein wird, obwohl er so winzig ist, dass er normalerweise nicht bemerkt wird.

Abweichende rote und blaue Bezugsrahmen

Passagiere im roten Bezugsrahmen teilen sich jetzt nicht mehr Gleichzeitigkeiten mit Personen des blauen Bezugsrahmens auf. DAS GEGENWARTS-

[3] Griechisches *beta*.

TEMPUS JEDES SEPARATEN BEZUGSRAHMENS IST STRIKT EXKLUSIV – außer *momentan* für die Passagiere beider Bezugsrahmen, die aneinander vorbeigehen. 'Ereignisse' simultan im blauen Bezugssystem, wie z. B. die blauen Punktereignisse von Abb. 1.8 entlang einer blauen Wann-Linie, aber auf getrennten blauen Wo-Linien, wenn sie vom roten Bezugssystem aus gesehen werden, zeigen *Gleichzeitigkeitdisparitäten*, die mit größeren räumlichen Entfernungen zwischen solchen Ereignissen sich erhöhen.

Diese *gegenseitig beobachtete* distanzierte Disparität der zeitlichen Simultanität ist der räumlich-zeitliche *Gegenpart* der Geschwindigkeit, der selbst eine zeitbewertete Disparität der räumlichen Position darstellt. Wir weisen dieser traditionell ausgegrenzten *Relativität der Gleichzeitigkeit* eine zentrale Rolle zu, und geben ihr eine längst überfällige *Benennung* – ‚CHRONOSITÄT‘:[4] eine räumliche Trennungs-proportionierte Divergenz zeitlicher Simultanität. [5]Eine solche Zeitdivergenz zwischen Bezugsrahmen bezeichnen wir mit der Variablen ψ (griechischer *psi*,[6] der dem durchgestrichenen Buchstaben v ähnelt). Die Chronosität ist *in irgendeiner Weise* proportional zur Geschwindigkeit v, wobei sie immer mit zunehmender Geschwindigkeit *größer wird*, d.h. die Beziehung ist *monoton*.

1.3 *Zusammenfügen von Wo-Linien und Wann-Linien*

Schließlich betrachten wir eine ‚extreme‘ Situation. Wie in den Abbildungen 1.9-1.11 gezeigt, nimmt der Winkel zwischen jeweilegen roten Wann-Linien und roten Wo-Linien *ab*, in dem Maße wie die Winkel α und β zusammen größer werden. Dasselbe trifft zu bei den Winkeln zwischen blauen Wann-Linien und blauen Wo-Linien. Unabhängig von den tatsächlich involvierten Winkeln bleiben rote Wo-Linien bzw. rote Wann-Linien jeweils Spiegelbilder von blauen Wo-Linien bzw. Wann-Linien. Abb. 1.12 zeigt den Fall, in dem sich die jeweiligen Wo-Linien und Wann-Linien tatsächlich überdecken würden. Die relative Geschwindigkeit v hätte dann einen bis jetzt unbekannten GRENZWERT erreicht, dem wir ein spezielles Symbol zuweisen: λ (*lambda*).

Aufgrund der Chronosität nehmen rote Raumstationsabteile im Allgemeinen die Uhren entgegengesetzter blauer Abteile als ‚nicht synchron‘ wahr. Wenn bei der Grenzgeschwindigkeit $v = \lambda$ jeder blaue Abteilpassagier von einem roten Abteil zum nächsten vorbeigeht,[7] würde jeder rote Passagier dann melden, dass die vorbeifahrenden blauen Abteile *nacheinander* immer dieselbe Uhrzeit zeigten, d.h. Blaue Wann-Linien würden blaue Wo-Linien überdecken. Die Zeit der blauen Raumstation würde *als eingefroren erscheinen*.

Solche Wahrnehmungen wären natürlich aufgrund der Gleichheit (Homogenität) der beiden Bezugsrahmen reziprok, d.h. rote Wo-Linien wären von den blauen Raumstationspassagieren ebenfalls so wahrgenommen, dass sie

[4] Ein Anspielung auf DEN GRIECHISHEN GOTT DER ZEIT Χρόνος (Chronos).

[5] Hinweis: ‚Chronosität‘ (ein Begriff, der im Artikel des European Journal of Physics 2003 eingeführt wurde, aber dort als „Chronocity“ buchstabiert wurde) ist nicht mit dem (englischen) medizinischen Begriff ‚Chronicity‘ zu verwechseln.

[6] Strikt gesehen, wäre der griechische Buchstabe χ—chi—wie in Χρόνος, geeigneter. Später aber wird χ benutzt um den retrospektiven Abstand eines Objekts zu bezeichnen.

[7] Wie in Abb. 1.12 durch die zwei weissen Ereignispunkte repräsentiert. Zwei Sätze dieses Paragraphs im englischem Buch sind auf der Buchwebseite korrigiert worden.

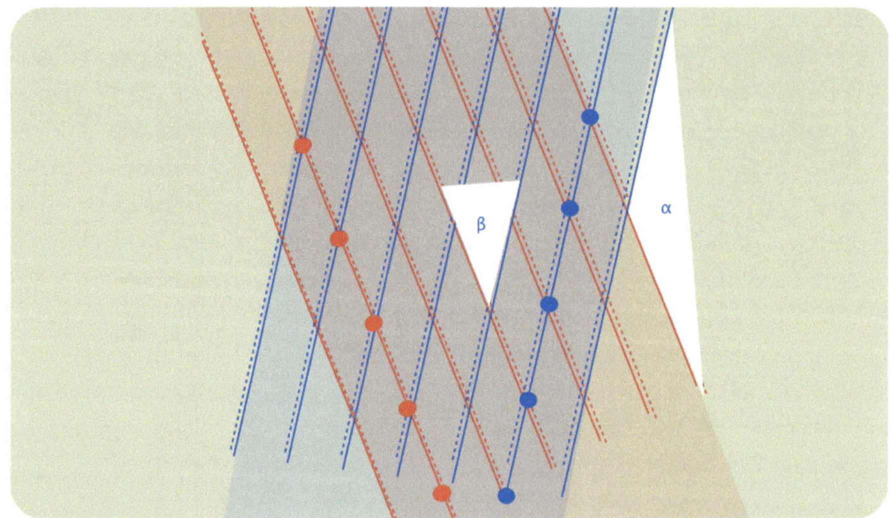

Abbildung 1.12: Dual-Bezugsrahmen-Karte bei einer hypothetischen Grenzgeschwindigkeit

rote Wann-Linien bei dieser Grenzgeschwindigkeit ebenfalls überdecken. Die Beobachter jedes Bezugsrahmens würden somit einzelne vorübergehende Objekte des anderen Bezugsrahmens als SCHEINBAR ZEITLOS betrachten. Solche *Wahrnehmungen* wären natürlich *subjektiv*, denn für die jeweilige ‚Bewohner' jedes Bezugsrahmens, steht *ihre* Eigenzeit nicht still.

1.4   *Ein kosmische Grenzgeschwindigkeit*

Obwohl wir an dieser Stelle noch nicht bestimmen welchen Wert eine solche Grenzgeschwindigkeit λ haben sollte, dürfen wir voraussetzen, *dass sie nicht unendlich sein müsste*. Unsere Überlegungen erlauben auch den Fall, in dem die Chronosität nicht existierte, d.h. $\lambda = \infty$ und der Winkel β immer Null wäre. Sollte im Rahmen der Speziellen Relativitätstheorie eine Relativgeschwindigkeit *größer* als λ tatsächlich erreichbar sein, so würden rote und blaue Passagiere (nach unserem Schema der Dinge) vorbeifahrende Uhren beobachten, die fortlaufend *eine rückwärts gerichtete Zeitrichtung* aufweisen würden !

Auch bestimmen wir noch nicht, ob λ eine *nicht zu übertreffende* Grenzgeschwindigkeit darstellt oder nicht. Der tatsächliche Wert von λ und welche Art von Objekten (‚Entitäten') sich mit einer solchen Geschwindigkeit ausbreiten könnten sowie die Frage, ob sich irgendwelche Objekte sogar mit Geschwindigkeiten jenseits von λ ausbreiten können, sind separate Themen, die wir im nächsten *Teil II* behandeln werden, sowie in dem späteren Kapitel 10: Das $E = m\gamma c^2$ Pentagon. Einstweilen halten wir nur fest, dass, falls unsere Grenzgeschwindigkeit tatsächlich eine endliche ist und auch eine unerreichbare Grenze darstellt, dann werden rote und blaue Wann-Linien niemals ihre jeweiligen Wo-Linien überdecken können.

Die Vorsehung hätte dann das unausweichliche Chaos sehr elegant vermieden, wobei Entitäten sich in unserem Kosmos mit uneingeschränkten relativen Geschwindigkeiten bewegen würden, *indem sie einfach die Chronosität als eine inhärente universelle Eigenschaft in die Natur der relativen Bewegung miteinbezieht.*

1.1.

Indem die Vorsehung der Natur eine Chronosität verleiht, fügt sie sehr geschickt eine kosmische *Grenzgeschwindigkeit* in unser Universum ein.

Wie die Vorsehung es schafft, Simultanitätsdisparitäten zwischen räumlich getrennten Ereignissen in relativ bewegten Raumzeit-Bezugsrahmen ‚zu weben', liegt natürlich jenseits unseres gegenwärtigen Vorstellungsvermögens. Wie wir jedoch bald sehen werden, sind die Fragen nach *der Verifizierung* des Chronositätsphänomens sowie nach seinen *außerordentlichen Schlußfolgerungen* keineswegs schwer zu diskutieren und klarzustellen.

2

Die Dual-Raumzeit-Karte und ihre Welt-linien

> *„…Abhandlungen über Mechanik unterscheiden nicht deutlich zwischen dem, was experimentiert wird, was mathematisches Denken ist, was Konvention ist und was Hypothese ist. Das ist nicht alles.*
>
> *1. Es gibt keinen absoluten Raum, und wir denken nur an relative Bewegung; und doch werden in den meisten Fällen mechanische Tatsachen so ausgesprochen, als gäbe es einen absoluten Raum, auf den sie sich beziehen können.*
>
> *2. Es gibt keine absolute Zeit. Wenn wir sagen, dass zwei Perioden gleich sind, hat die Aussage keine Bedeutung [im ‚absoluten' Sinn] und kann nur durch eine Konvention eine Bedeutung erlangen.*
>
> *3.Wir haben nicht nur keine direkte Anschauung von der Gleichheit zweier Perioden, wir haben auch nicht die direkte Anschauung von der Gleichzeitigkeit zweier Ereignisse an zwei verschiedenen Orten. Ich habe dies in einem [1898] Artikel mit dem Titel „Mesure du Temps" erklärt.…"*
>
> Henri Poincaré *Wissenschaft und Hypothese* 1902/1904

POINCARÉS ERKENNTNISSE IM JAHR 1902 BILDEN DIE GRUNDLAGE FÜR UNSERE ‚OCCAMS-MESSER'-HERANGEHENSWEISE, UM DAS HYPOTHETISCHEN KONZEPT EINER ZEITLICHEN DIVERGENZ DER RAUMZEIT ZU GELANGEN. Dieses Kapitel beschreibt wie aufgrund des Chronositätsphänomens einer beliebigen relativen Geschwindigkeit entsprechend, räumlich getrennte Ereignisse, die simultan in einem Bezugsrahmen sind, von Passagieren eines anderen Bezugsrahmen sowohl als nicht gleichzeitig wie auch als scheinbar weniger voneinander getrennt liegend wahrgenommen werden.

Abbildung 2.1: Henri Poincaré, 1854-1912.

Abbildung 2.2: Dual-Bezugsrahmen–Karte bei skalierter Grenzgeschwindigkeit

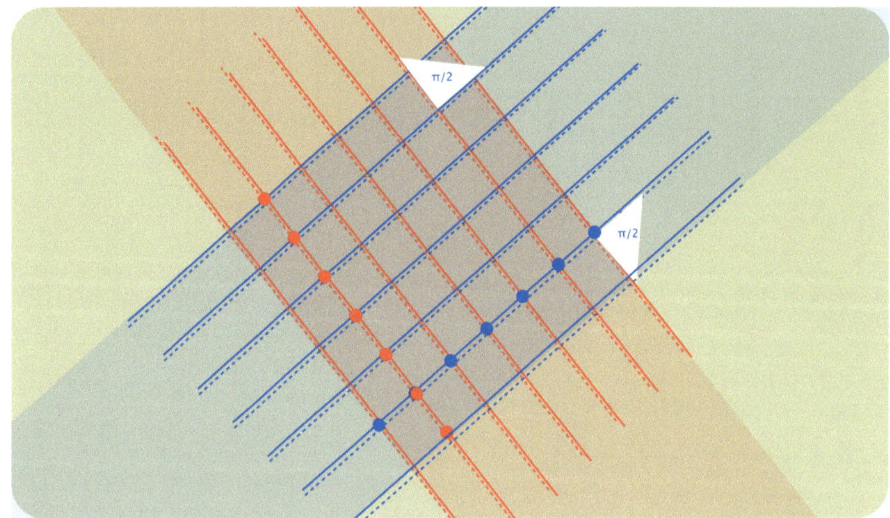

2.1   Grenzgeschwindigkeits-Neuskalierung

Wir nehmen Bezug auf das Grenzgeschwindigkeits-*Gedankenexperiment* geschildert auf Seite 22s Abb. 1.12,[1] und skalieren die Zeit so, *dass unsere Grenzgeschwindigkeit λ gleich Eins wäre*. Dabei wird unsere Raumzeit-Karte sowohl vertikal als auch horizontal *symmetrisch*.

Da der Geschwindigkeitswinkel α und der Chronositätswinkel β nun beide *rechtwinklig* sind ($\pi/2$ Radianten), STELLEN IHRE SINUSWERTE DIE SKALIERTE EINHEITSGRENZGESCHWINDIGLEIT DAR. Wie in Abb. 2.2 gezeigt, würden überdeckende rote Wann-Linien und Wo-Linien dann überdeckende blaue Wann-Linien und Wo-Linien jeweils *senkrecht* kreuzen, in beiden Fällen um ± 45 Grad zur Horizontalen. Diese skalierte Grenz-Chronosität wird dann auch gleich eins sein. Beobachter jedes Bezugsrahmens würden den anderen Rahmen als einen ‚Grenzbezugrahmen' sehen, dessen vorbeifahrende Abteilenuhren ständig *die gleiche* unveränderte Zeit zeigen. Jede blaue Wo-Linie, die den roten Bezugsrahmen bei Grenzgeschwindigkeit überquert, erstreckt sich über einen roten Wann-Linienabstand *der einem geometrisch identischen roten Wo-Liniensegment entspricht*. Da die skalierte Grenzgeschwindigkeit daher gleich *eins* ist, wird die unskalierte Begrenzungsgeschwindigkeit v_λ *dividiert durch die Zeit-Skalenfaktor λ auch gleich eins sein* d.h. $v_\lambda/\lambda = 1$. Darüber hinaus ist die skalierte Einheits-Grenzchronosität[2] gleich der nicht skalierten Grenzchronosität ψ_λ *multipliziert* mit λ d.h. $\psi_\lambda.\lambda = 1$.

Dies ergibt unser erstes – bisher ‚hypothetisches' – Schlüsselergebnis:

[1] Ein Gedankenexperiment muss nicht physikalische nachvollziehbar sein. Wichtig dabei sind mögliche entstehende Konzepte und ‚Grenzfall'-Schlußfolgerungen.

[2] Mit ψ_λ und $v_\lambda (= \lambda)$ werden die respektive Chronositätswerte und Geschwindigkeitswerte bei Grenzgeschwindigkeit λ gemeint.

2.1.

Grenzchronosität unskaliert ist gleich Grenzegeschwindigkeit unskaliert, geteilt durch sein eigenes Quadrat:

$$\psi_\lambda = \frac{1}{\lambda} = \frac{\lambda}{\lambda^2} = \frac{v_\lambda}{\lambda^2}.$$

Natürlich hat eine Null-Relativgeschwindigkeit auch einen Nullchronositäts-wert zur Folge. Daher dürfen wir auch schreiben:

$$\psi_0 = 0 = \frac{v_0}{\lambda^2}. \tag{2.2}$$

2.2 *Die Beziehung zwischen Chronosität und Geschwindigkeit*

Die beiden vorhergehenden identischen Gleichungen beziehen sich auf eine Grenzgeschwindigkeit als auch auf eine relative Nullgeschwindigkeit. Sollte[3] dieselbe Gleichung *nicht* auf einen bestimmte relative skalierte Geschwindig-keit zwischen einem Beobachter und einem beobachteten Körper in Relativbe-wegung angewendet werden können, d.h. für ein beliebiges Distanzintervall über ein beliebiges skaliertes Zeitintervall – und somit auch für ein beliebi-ges Verhältnis solcher Intervallen – würde dies dem Prinzip der Homogenität (Gleichmässigkeit) der Natur über alle Regionen des leeren Raums, das tradi-tionelle ‚erste Postulat' der Speziellen Relativitätstheorie, widersprechen.[4]

Wir können daher vernünftigerweise annehmen, dass die Gleichungen (2.1) und (2.2) ebenfalls für jede *dazwischenliegende* Geschwindigkeit gelten. Ein ‚in-formeller' mathematischer Beweis für diese Schlußfolgerung wurde im 2003 EJP-Aufsatz des Autors im Zusammenhang mit den *Larmor-Lorentz-Transformationen* erwähnt, die, wie wir später zeigen werden, äquivalent zu unserer Geschwindigkeit-/Chronositätsbeziehung sind.

[3] Ohne vorhandene Schwerkraftein-flüße.

[4] Das ‚*zweite Postulat'* – gleiche Grenzgeschwindigkeit in allen inertialen Rahmen – wird sich als *überflußig* erweisen.

2.3.

Die kinematische Kernbeziehung der Speziellen Relativitätstheorie: Für zwei Körper in relativer gleichförmiger Bewegung gleicht die Chronosität der relativen Geschwindigkeit dividiert durch das Quadrat der Grenzgeschwindigkeit:

$$\psi = \frac{v}{\lambda^2}.$$

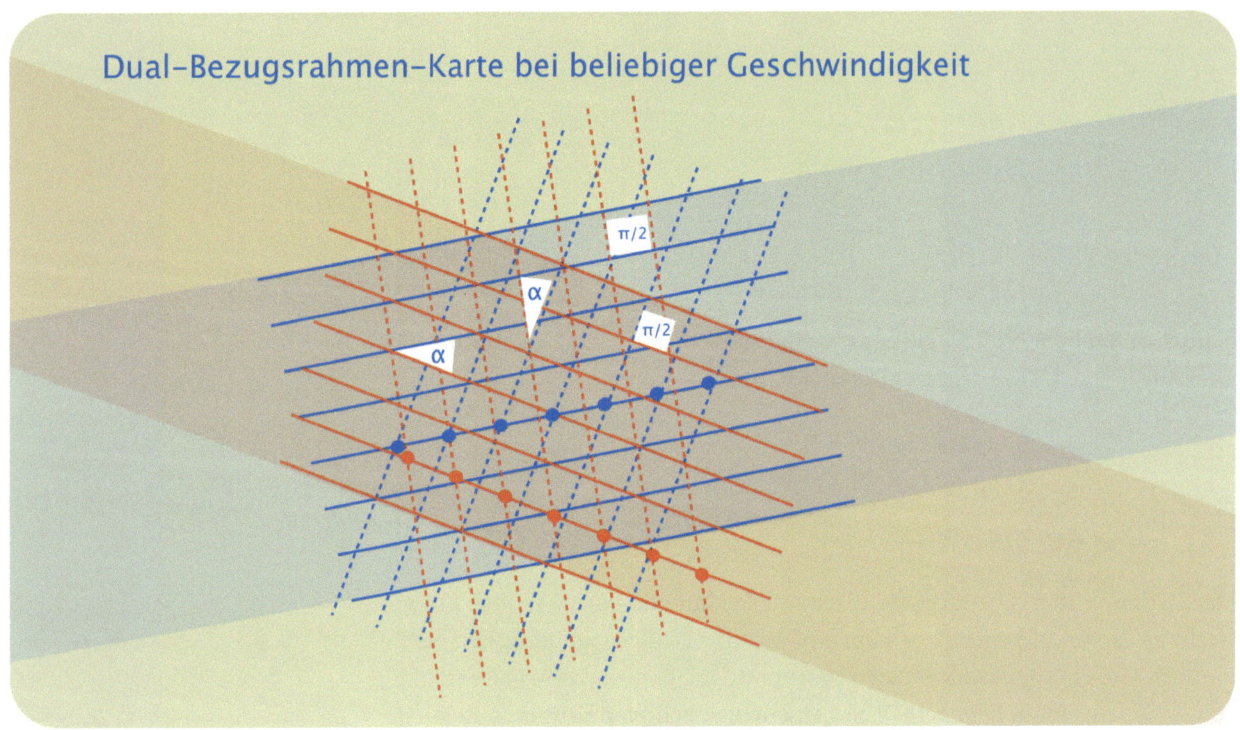

Abbildung 2.3: Dual-
Bezugsrahmen-Karte bei beliebiger
skalierten Geschwindigkeit

Abbildung 2.4: Enrique Loedel,
1901-1962.

  Foto überreicht von *Cecilia von
Reichenbach*, Direktorin, *Museo
de Física*, Universidad Nacional de
La Plata, Argentinien, wo Loedel
Professor war.

[5] Enrique Palumbo Loedel. Aberración y Relatividad. *Anales de la
Sociedad Científica Argentina*, 145:
3, 1948

2.3   *Die Dual-Bezugsrahmen–Karte*

Abb. 2.3 zeigt DIE ALLGEMEINE DUAL-BEZUGSRAHMEN–KARTE, worin *die roten Wo-Linien senkrecht zu den blauen Wann-Linien und die blauen Wo-Linien senkrecht zu den roten Wann-Linien liegen*. Dies folgt, da bei $\alpha = 0$ rote und blaue Wo-Linien parallel sind und rechtwinklig zu ebenfalls parallelen roten und blauen Wann-Linien liegen, und mit zunehmendem Geschwindigkeits-winkel α, die Wann-Linien und Wo-Linien gleichmäßig in entgegengesetzten Richtungen *symmetrisch* gedreht werden.

Eine *äquivalente* Raumzeit-Karte erschien erstmals 1948 in dem argentini-schen Physikjournal *Anales de la Sociedad Científica Argentina* in einem 1948 papier *Aberración y Relatividad*.[5] Es wurde von *Enrique Loedel Palumbo* ver-faßt, einem in Uruguay geborenen Physiker, der in Berlin studiert hatte. Über-raschenderweise wird das Loedel–Karte-Konzept selten in Lehrbüchern ver-wendet. (Ausnahmen: *Sears&Brehme* (1968), *Shadowitz* (1988) und *Sartori* (1996).) Die symmetrischen Dual-Bezugsrahmen-Karten in diesem Buch, die sich nur in den vertauschten Raum- und Zeitachsen von der Loedel–Karte unterschei-den, dienen als das Hauptinstrument zur Analyse relativistischer Beziehun-gen, in einer räumlichen Dimension, zwischen Objekten in Relativbewegung – von zwei Bezugsrahmen aus betrachtet.

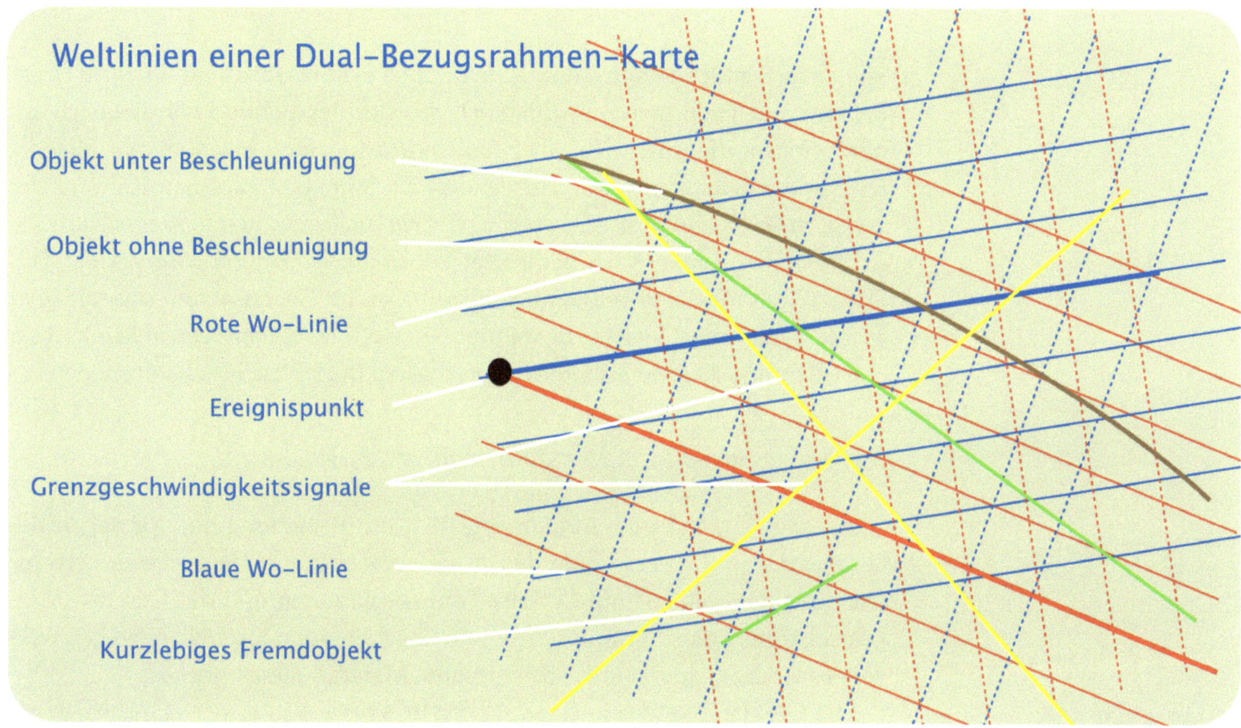

Abbildung 2.5: Allgemeine Weltlinien einer Dual-Bezugsrahmen-Karte

WELTLINIEN UND EREIGNISSE

[6]Unsere Dual-Bezugsrahmen enthalten Wo-Linien und Wann-Linien der jeweiligen Bezugsrahmen. Was als *Weltlinien* bezeichnet wird, stellt die ‚Geschichte' von Punktobjekten dar, die i. A. in keinem der beiden Bezugssystemen stationär sind. Auch würde jeder Bezugsahmen *die Wo-Linien des anderen Rahmens* als Weltlinien betrachten.

Wie in Abb. 2.5 gezeigt, wird ein beschleunigendes (‚nichtinertiales') Punktobjekt oder ‚*Partikel*' durch eine *gekrümmte* Weltlinie dargestellt, während die Weltlinie eines nichtbeschleunigenden – inertialen – Objekts (die auch ein gleichförmig bewegtes *Signal* repräsentieren könnte) gerade ist. Ein ‚Ereignis' wie die Kreuzung der blauen und roten Weltlinien der jeweiligen Raumstationsreferenzpunkte (als schwarzer Punkt gezeigt) stellt einen einzelnen Punkt auf der Karte dar. Andere gezeigte Beispiele sind: ein gleichmäßig bewegtes (inertiales) Objekt und ein ‚kurzlebiges' Objekt (beide in grün), sowie ein beschleunigendes Objekt (braun) dessen Weltlinie gekrümmt ist. Ebenfalls enthalten sind zwei (skalierte) Grenzgeschwindigkeits-Weltlinien (in Gelb), die aufgrund der Symmetrie der Wann-Linien und Wo-Linien der Karte immer als *Diagonalen* bei $\pi/4$ Radianten (45 Grad) Neigung zur Horizontalen liegen.

[6] Der Begriff *Weltlinie* wurde 1907 von *Hermann Minkowski* geprägt. ‚Welt' deutet auf ‚Raum über Zeit' hin.

Die Heimrahmen-Karte und eine Variante

Später verwenden wir eine nützliche Raumzeit-Karte für einen *einzelnen Heim-Rahmen*, um Weltlinien ausschließlich aus der Perspektive von Beobachtern darzustellen, die relativ zu einer Raketenstartposition alle stationär bleiben. Eine in der Literatur häufig verwendete Variante einer solchen Karte ist *das asymmetrische ‚Minkowski-Diagramm' für ein duales Bezugsrahmensystem*. Eine solche Dual-Rahmen-Karte beinhaltet jedoch *unterschiedliche Distanz- und Zeit-Skalierungen* für die jeweilgen Bezugsrahmen, im Gegensatz zu unserer *symmetrisch skalierten* Dual-Bezugsrahmen–Karte. Die *asymmetrische* Minkowski Dual-Rahmen-Kartenvariante wird in diesem Buch absichtlich vermieden.

2.4 Eine universelle Konstante mit vielen Rollen in der Natur

Gleichung (2.3) stellt die fundamentalste Kern-Beziehung der Speziellen Relativität dar und ist eindeutig das *grundlegendste* Äquivalent zu den vertrauten, detaillierteren Larmor-Lorentz-Transformationen und der Geschwindigkeitsadsditionsgleichung, auf die wir in den folgenden Kapiteln eingehen werden. Es ist die Grundlage für das gesamte Material dieses Buches.

DIE CHRONOSITÄTS- / GESCHWINDIGKEITS-VERHÄLTNIS, das wir[7] mit $\Omega \triangleq 1/\lambda^2 = \psi/v$, bezeichnen, ist der einzige Kernparameter, der die spezielle Relativitätstheorie von der klassischen Bewegungsphysik unterscheidet, wo sie Null ist.

Mit den Dimensionen einer quadrierten inversen Geschwindigkeit kann man sagen, dass Ω die gesamte Theorie der flachen Raumzeit – die spezielle Relativitätstheorie selbst – ALLEIN bestimmt. Dieser Standpunkt erleichtert das Verständnis unseres Subjekts radikal. Die Konstante Ω verkörpert mehrere ‚Charakteristiken' die unserem Universum eigentümlich sind:

- *Das inverse Quadrat der Geschwindigkeit unseres Kosmos* – eine logische Folge der Chronositätshypothese. Im Augenblick bezeichnen wir diesen Geschwindigkeitswert nicht durch einen seiner messbaren *Instanzen* – seinen traditionellen ‚Imitator'[8] – *die Lichtgeschwindigkeit c*, sondern durch den griechischen Buchstaben lambda – λ. Eine weitere Instanz dieser Grenzgeschwindigkeit, die sich kürzlich herauskristallisiert hat, ist *die Ausbreitungsgeschwindigkeit von Gravitationswellen*.

- *Die Summe der zyklischen Geschwindigkeiten* von drei Körpern in kollinearer Bewegung (die in der klassischen Physik Null ist) dividiert durch ihr negatives Produkt.[9] Diese Geschwindigkeitsadditions-‚Triadenverhältnis' folgt aus der Chronosität/Geschwindigkeits-Beziehung.

[7] Ω ist griechisch *Omega*. $\triangleq$ bedeutet: ‚wird definiert als …'.

[8] *Konzeptuell gemeint.*

[9] Wie im Kapitel 5 Festlegung der Grenzgeschwindigkeit festgelegt.

- [10]Das Verhältnis, aus der Sicht eines Beobachters in einem $x\,|\,t$-Bezugsrahmen, der t-zeitlichen Änderungsrate des ‚Räumlichen-Impuls' $m.dx/d\tau$ einer Masse m, zu der χ-räumlichen Änderungsrate des ‚Temporalen-Impuls' $m.dt/d\tau$ aus der Sicht der Masse selbst in ihrem $\chi\,|\,\tau$-Bezugsrahmen. [11]Dieses ‚Temporalen-Impuls'-Konzept von Masse mal ‚Geschwindigkeit der Zeit' wird oft sehr verwirrend als ‚relativistische Masse' bezeichnet.

- *Das Masse-zu-Energie-Verhältnis* – die theoretische Basis der Kernenergie und der Atombombe.[12] Dies folgt unmittelbar aus den oben erwähnten Impulsbeziehungen.

- *Nicht zuletzt* (aber außerhalb des Umfangs dieses Buchs), so weit bis heute meßbar, ist Ω gleich das Inverseprodukt der elektromagnetische Konstante ϵ_0 und μ_0, als auch des Inversquadrates der Lichtgeswchwindigkeit c.

Anmerkung: Diese Beziehungen sind umfassend verifiziert für das ‚Flache Raumzeit-Kontinuum' der Speziellen Relativitätstheorie, aber nur bis zu Raum- und Zeit-Intervallen in der Größenordnung von $10^{-23}m$ bzw. $10^{-23}s$. Intervalle darunter gehören zur Domäne der *Quantenmechanik*.

2.5   *Ein alternatives Anfangs-Postulat:* Räumliche Isotropie

2.4.

In allen Richtungen und von jedem Standpunkt aus, verhält sich die Natur immer gleich.
Im Allgemeinen hat ‚Raum' keine bevorzugte Richtung.

Die Annahme der ‚Räumliche-Isotropie' – Gleichheit der Natur in allen *Richtungen* – bringt damit *als Konsequenz* die Gleichheit der Natur in allen Regionen des leeren Raums[13] mit sich - *die räumliche Homogenität*, das traditionelle ‚erste Postulat' der speziellen Relativitätstheorie. Wie *Georg Süssmann* in 1969 beschrieb,[14] liefert ein Argument des deutsch-niederländischen Mathematikers *Hans Freudenthal*,[15] den Grund:

> „Wenn alle Richtungen von einem bestimmten Punkt den gleichen geometrischen Anker haben, können keine zwei Punkte geometrisch unterschiedlich verankert werden, sonst würden sich die Verbindungslinien zu jedem festen Punkt im Charakter unterscheiden."

[10] Wie später im Kapitel 9 Diversifikationen von Impuls and Kraft dargelegt.

[11] Lev B Okun. The concept of Mass in the Einstein Year. pages 31–36, June 2005

[12] Behandelt im Kapitel 10, Das $E = m\gamma c^2$ Pentagon.

Abbildung 2.6: Hans Freudenthal, 1905-1990. Foto grosszügigerweise von *Ivonne Vetter, Mathematisches Forschungsinstitut Oberwolfach* zur Verfügung gestellt.

[13] Ohne Schwerkrafteinflüssen.

[14] Georg Süssmann. Begründung der Lorentz-Gruppe allein mit Symmetrie- und Relativitäts-Annahmen. *Z. Naturforscher*, 24a: 495–498, 1969

[15] Hans Freudenthal. Lie groups in the foundations of geometry. *Advances in Mathematics*, 1: 145–190, 1965

[16] Sohn eines deutsch-jüdischen Lehrers, Freudenthal überlebte den zweiten Weltkrieg inkognito in Holland. Das obige Foto zeigt ihn beim Vortrag in den 1970er Jahren in der deutschen Stadt Erlangen, wo die Mathematikerin *Emmy Noether* geboren wurde und *Felix Klein* entwickelte sein ‚Erlanger Programm' Geometrie-Ansatz. Zufälligerweise lebte der Autor dieses Buches in Erlangen 1971-1998.

Die Annahme der räumliche Isotropie allein erlaubt es uns, die Dinge allgemein auf der Basis einer einzigen räumlichen Dimension zu betrachten. Poincarés Relativitätsprinzip ‚aufgewertet' durch Freudenthals[16] räumliche Isotropie-Einsicht ist also ausreichend, um die Kerngleichung 2.3 der Speziellen Relativitätstheorie theoretisch zu etablieren, ohne vorher festlegen zu müssen, welchen Wert die Grenzgeschwindigkeit haben sollte – auch nicht ob sie endlich ist oder nicht. Dies klären wir später in den Kapiteln Festlegung der Grenzgeschwindigkeit und *Messung der kosmischen Grenzgeschwindigkeit.

3

‚Miragen' von Länge und Zeit

„Die Bewegungsgesetze und die Wirkungen … und Ansätze, die die Proportionen und Berechnungen für die verschiedenen Konfigurationen der Pfade enthalten, ebenfalls für Beschleunigungen und verschiedene Richtungen, und für Medien, die in mehr oder weniger starkem Maße Widerstand leisten, all diese kommen ohne das Konzept der absoluten Bewegung aus. Daraus ist klar ersichtlich … auch nach den Grundsätzen derjenigen, welche die absolute Bewegung einführen wollen, dass wir durch keine Angabe wissen können, ob der ganze Rahmen der Dinge ruht oder gleichförmig in eine Richtung bewegt wird. Wir können die absolute Bewegung eines Körpers nicht eindeutig erkennen. … Mann muß zugeben dass wir in dieser Angelegenheit in schweren Vorurteilen stecken."

George Berkeley   *De Motu 1721*

[1]Wir untersuchen nun welche *Konsequenzen* die Chronosität haben muss, darüber wie beliebige Objekten, die in einem bestimmten Bezugsrahmen stationär liegen, von Beobachtern eines anderen Bezugsrahmens wahrgenommen werden. Bisher selbstverständliche Wörter wie ‚WANN' und ‚WO' besitzen keine allgemeine Gültigkeit mehr. Also müssen wir uns von unseren Newtonschen Raum-Zeitinstinkten entwöhnen und unsere Terminologie etwas anpassen, um die entstehenden ‚*mirage-ähnlichen*' nichtintuitiven Phänomene und Konzepte in Griff zu kriegen. Später im Kapitel 5 erklären wir wie der Grenzgeschwindigkeitswert λ als die Lichtgeschwindigkeit c identifiziert werden kann. Zuerst setzen wir nur voraus, dass er *endlich* ist.

Das Szenario des vorherigen Kapitels wird nochmals schematisch in Abb. 3.1 dargestellt. Die Dual-Bezugsrahmen-Karte von Abb. 3.2 ähnelt dem vorherigen Abb. 2.3, wobei die Zeit ebenfalls um Faktor λ skaliert wird. Darin werden nur die jeweiligen linken und rechten Wo-Linien der zwei Raumstationen gezeigt.

[1] George Berkeley. *De motu: Sive; de motu principio et natura, et de causa communicationis motuum.* Berkeley's Philosophical Writings, New York: Collier (1974), 1721

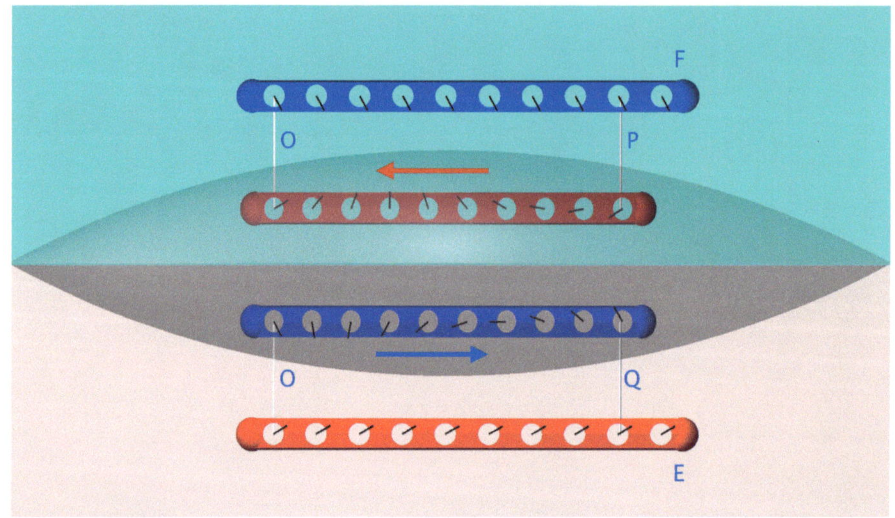

Abbildung 3.1: Reziproke relativistische Mirage-Wahrnehmungen bei etwa halber Grenzgeschwindigkeit

3.1   Ereignisse und Intervalle in Bezugsrahmen

Punkte auf der Dual-Raumzeit-Karte in Abb. 3.2 sind EREIGNISSE. Die linken Enden der blauen und roten Stationen gehen bei Ereignis O aneinander vorbei. Gleichzeitig in Blau-Zeit zum Ereignis O liegt das rechte Ende der roten Station beim Ereignis P etwas entfernt vom rechten Ende der blauen Station (Ereignis F – auch gleichzeitig zu O in Blau-Zeit). In ähnlicher Weise ist das rechte Ende der blauen Station bei Ereignis Q gleichzeitig mit O in der Rot-Zeit. Ereignis Q liegt auch etwas entfernt von dem Ereignis E des rechten Endes der roten Station, das ebenfalls gleichzeitig mit dem Ereignis O in der Rot-Zeit ist. Obwohl das Ereignis O gleichzeitig mit P und F in dem blauen Bezugsrahmen und mit Q und E in dem roten Bezugsrahmen ist, findet jedoch E *vor* Q im blauen Bezugsrahmen statt. Gleichfalls findet P vor F im roten Bezugsrahmen statt.

Der skalierte Velchronos-Winkel

Die Wann-Linien jedes Bezugsrahmens stellen Gleichzeitigkeiten dar, deren Segmente paradoxerweise[2] *Eigenlänge-Intervallen* entsprechen. Wo-Linien jedes Bezugsrahmens sind Linien fester Position und Wo-Liniensegmente entsprechen *Eigenzeit-Intervallen*. Vom roten Raumzeit-Rahmen aus betrachtet, repräsentiert das blaue Weltliniensegment[3] OJ das Fortschreiten der blauen Station vom Ereignis O zum Ereignis J, das gleichzeitig in der Rot-Zeit zum Ereignis P ist.

OJ erstreckt sich über die Rot-Distanz SJ (ein rotes *Wann-Linien-Segment*) und das Rot-Zeit-Intervall O (ein rotes Wo-Linien-Segment). Die blaue Station besitzt somit die skalierte Geschwindigkeit $SJ/OS = \sin\alpha = v/\lambda$ im roten Rahmen. In ähnlicher Weise repräsentiert das rote Weltliniensegment KO, wie in dem blauen Rahmen gesehen, das Fortschreiten der roten Stati-

[2] In jeder x/t–Karte zum Beispiel, stellt die ‚*Distanz*-x-achse' die Bezugslinie *einer bestimmten zeit*.

[3] Wir erinnern uns, dass eine Weltlinie dieselbe wie eine Wo-Linie ist, aber nur in ihrem eigenen Bezugsrahmen.

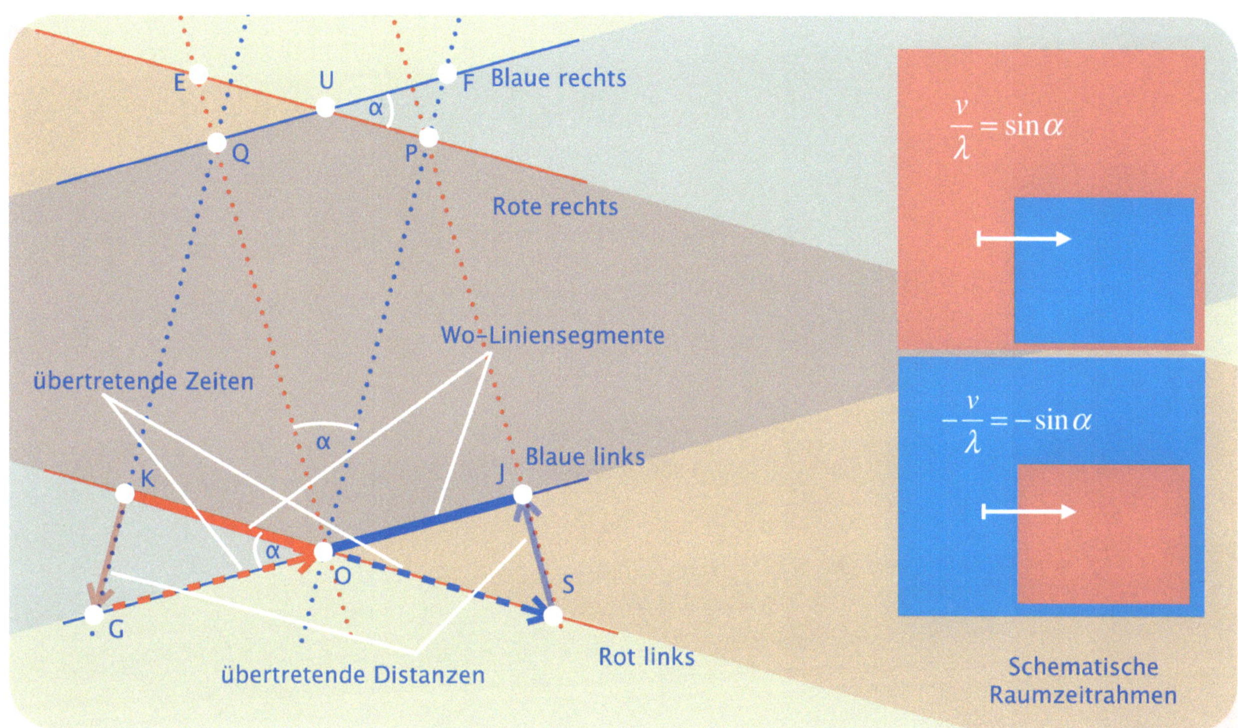

Abbildung 3.2: Weltlinien der linken und rechten Enden der Raumstationen

on von dem Ereignis K zu dem späteren Ereignis O – während sie das linke Ende der blauen Station passiert. KO erstreckt sich über einen Blau-Abstand KG und ein Blau-Zeit-Intervall GO. Die rote Station hat daher die skalierte Geschwindigkeit $KG/GO = -\sin\alpha = -v/\lambda$ im blauen Bezugsrahmen. Die reziproken skalierten Geschwindigkeiten der Rahmen sind jeweils schematisch[4] durch einen Pfeil bezeichnet, der die Geschwindigkeit des *beobachteten* Bezugsrahmens angibt, der den Pfeilkopf enthält. Wir nennen den ,dimensionslosen' Winkel α den *Geschwindigkeits/Chronositäts*-Velchronos-Winkel – ein Kernparameter der Relativität. Unter Hinweis auf Gleichung 2.3:

[4] Für eine negative Geschwindigkeit, ist die tatsächliche Bewegung der Pfeilrichtung entgegengesetzt.

3.1.

Die skalierte Geschwindigkeit und die skalierte Chronosität einer Dual-Bezugsrahmen -Karte sind beide gleich dem Sinus des Velchron-Winkels: $\dfrac{v}{\lambda} = \psi \cdot \lambda = \sin\alpha.$

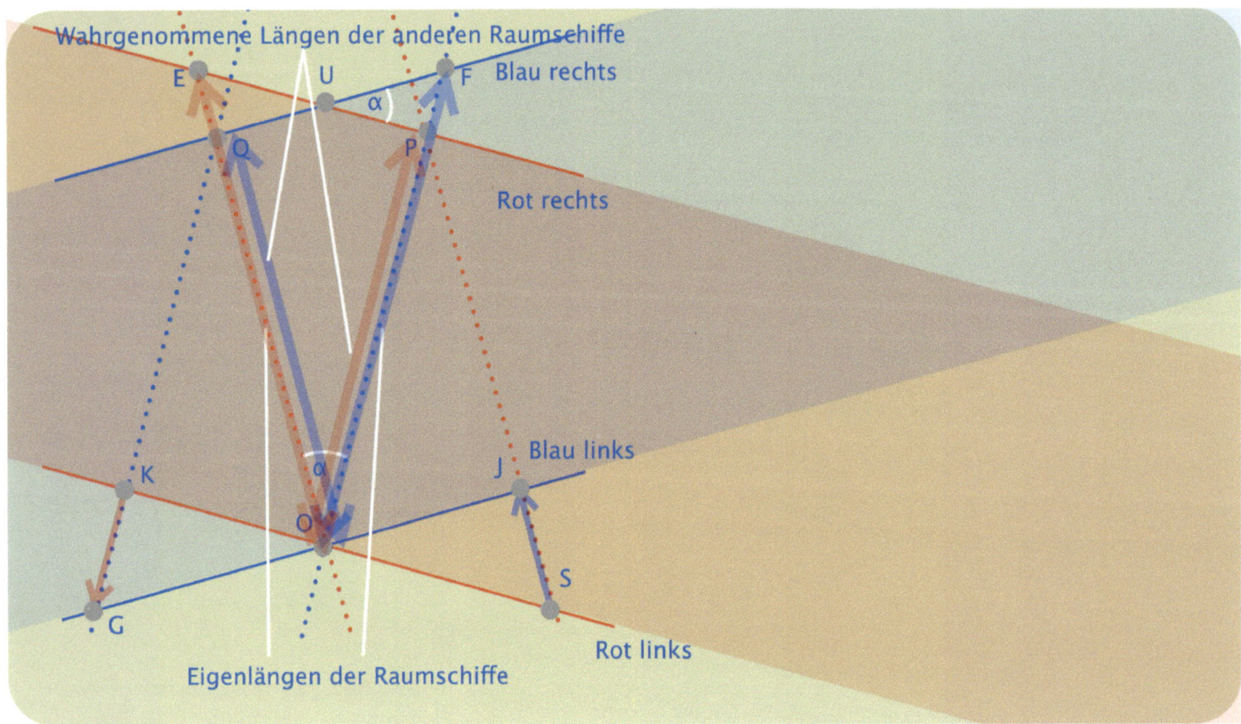

Abbildung 3.3: Die so-genannte
‚Längen-Kontraktion'

3.2 *Die* FATA MORGANA *der ‚Längen-Kontraktion'*

Beim Ereignis Q gleichzeitig in Blau-Zeit zum Ereignis O (Abb. 3.3), würde
ein blauer Stationspassagier ein Blau-Distanz OP entfernt und das rechte Ende
der roten Station passierend (die Realität der Chronosität ignorierend) zu dem
falschen Schluß kommen, dass die rote Station eine Länge von $OP = OE \cos\alpha$
hätte. Die Eigenlänge der roten Station ist jedoch gleich der *längeren* roten Länge des Abschnitts OE. Ähnlich wird bei einem Ereignis Q gleichzeitig in Rot-
Zeit zu Ereignis O ein roter Stationspassagier in einer Rot-Entfernung OQ,
der das rechte Ende der vorbeifahrenden blauen Station beobachtet, irrtümlicherweise annehmen, dass die blaue Station eine Länge gleich der Entfernung OQ hat. Das Wann-Linie-Segment OF der Eigenlänge der blauen Station,
das durch seine End-Wo-Linien überquert wird ist, ist *länger* als die Distanz
$OQ = OF$, die im roten Bezugsrahmen wahrgenommen wird.

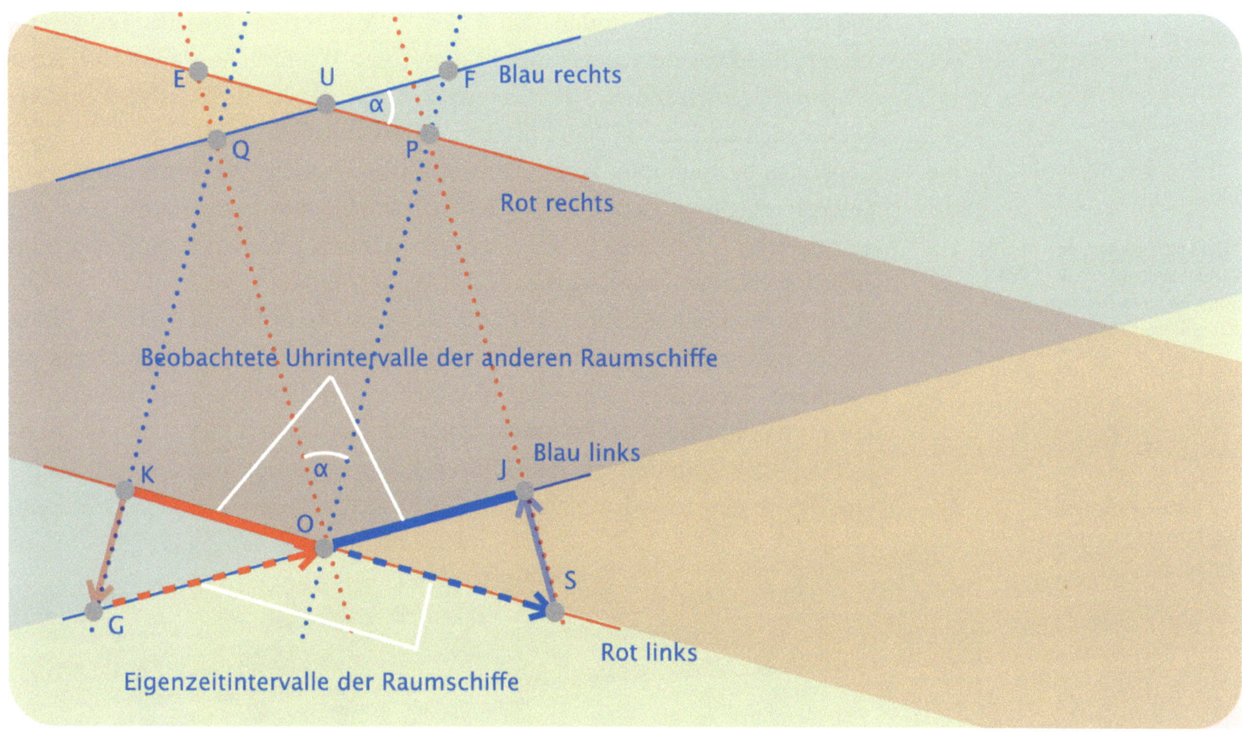

Abbildung 3.4: Zeit-Dilatation

Kontrastierende ‚Längen'-Erlebnisse

In einem analogen Szenario berichtet der Besitzer einer offenen Türgarage, dass ein längeres Auto, das mit Geschwindigkeit vorbeikommt, *zu einem Zeitpunkt* vollständig innerhalb der Garage war. Der Fahrer würde jedoch sagen, dass, da sein hinteres Ende die Garage betreten hat, seine Front *bereits* den Ausgang passiert hat, d.h. das Fahrzeug hätte sich *nicht* ‚zusammengezogen'.

Der Fahrer würde aber behaupten, die Garage selbst sei ‚kürzer geworden'. Die Relativgeschwindigkeit v ist für einen Beobachter, der mit einem Gegenstand wie einem Stab arbeitet, immer Null, und sicherlich wird sich der Stab selbst in keiner Weise zusammenziehen, weil er von einem anderen Beobachter passiv als ‚bewegend' betrachtet wird – wie durch eine einfache rhetorische Frage klar wird:

> Gibt es einen ‚bevorzugten' Beobachter unter verschiedenen sich relativ bewegenden Beobachtern, dem das Recht erteilt werden sollte, zu entscheiden, inwieweit ein inertialer Stab selbst kontrahiert werden soll ?

3.3   *Larmor Zeit-Dilatationsfaktor γ*

Abb. 3.4 zeigt das skalierte Zeitintervall zwischen den beiden Ereignissen des Wo-Liniensegments *KO* des roten linken Passagiers, aus zwei Perspektiven.

Ereignisse K und O befinden sich an einer Position im roten Bezugssystem, und das Rot-Zeitintervall entspricht dem roten Wo-Liniensegment KO. Aber im blauen Bezugsrahmen sind Ereignisse K und O räumlich getrennt und erstrecken sich über das größere Blauzeit-Intervall $GO = KO / \cos\alpha$.

Die ‚sich bewegenden' roten Abteiluhren, beobachtet von vorbeifahrenden blauen Passagieren, scheinen zeitlich langsamer voranzuschreiten, d.h. sich ‚auszuweiten'.[5] Paradoxerweise kommen wir zur gleichen Schlußfolgerung bezüglich des Wo-Liniensegments des blauen linken Endes OJ d.h. $OS = OJ / \cos\alpha$. In diesem Fall aber, ist es die Blau-Zeit, die sich zu erweitern scheint. Bemerkenswerterweise würden ‚Bewohner' in keinem der Bezugsrahmen in irgendeiner Weise irgendeine Art physischer ‚Zeitdehnung' empfinden. Was man sinnvollerweise den LARMOR-ZEIT-DILATATIONSFAKTOR γ bezeichnen mag – aus Gründen, die im nächsten Kapitel erläutert werden – ist das Inverse des obigen ‚Pseudokontraktions'-Faktors $\cos\alpha$, den wir als γ[6] definieren.

[5] Eine solche wahrgenommene Zeitdehnung manifestiert sich durch *kleinere* Zeitintervalle der roten Station.

[6] Griechisches *gamma*.

3.4 *Sinnlosigkeit des Gegenwarts-Tempus in der Relativität*

Die Tendenz, auf dem *Gegenwarts-Tempus* als einer Selbstverständlichkeit für eine Verständigung in der Relativitätsphysik zu beharren, sitzt immer noch tief im Unterbewußtsein vieler Physiker. Ein bekanntes aktuelles Textbuch[7] behauptet *unangemessen*:

[7] Wolfgang Rindler. *Relativity, Special, General and Cosmological.* Oxford Universtiy Press, 2001, 2006

> *„[Im Allgemeinen] wird die Länge L eines Körpers in der Richtung seiner Bewegung mit gleichförmiger Geschwindigkeit v um einen Faktor $\sqrt{1 - v^2/c^2}$ reduziert. …Diese Längenkontraktion ist keine Illusion, kein Zufall einer Messung oder Konvention. Es ist in jeder Hinsicht real. Ein beweglicher Stab ist wirklich gekürz! Er könnte wirklich in ein Loch im Ruhezustand im Labor gebracht werden, in das er nicht passen würde, wenn er sich nicht bewegt und geschrümpft wäre."*[8]

[8] Anmerkung: Im eigenen Rahmen des Stabs emph wird es ist nicht kontrahiert, obwohl im Beobachterrahmen *wird als kürzer erachtet.*

Nur der letzte Satz, *mit Ausnahme seiner beiden letzten Worte*, ist völlig korrekt. In ihrem eigenen Rahmen schrumpft der Stab <u>nicht</u>, obwohl er im bewegten Beobachterrahmen *wahrgenommen und erfahren* wird, als ob er geschrumpft wäre. Der entscheidende Punkt ist, dass WAS IM RAHMEN EINES BEOBACHERS ALS REAL EMPFUNDEN WIRD, IST NICHT REAL IM EIGENRAHMENS DES OBJEKTS (STABS).

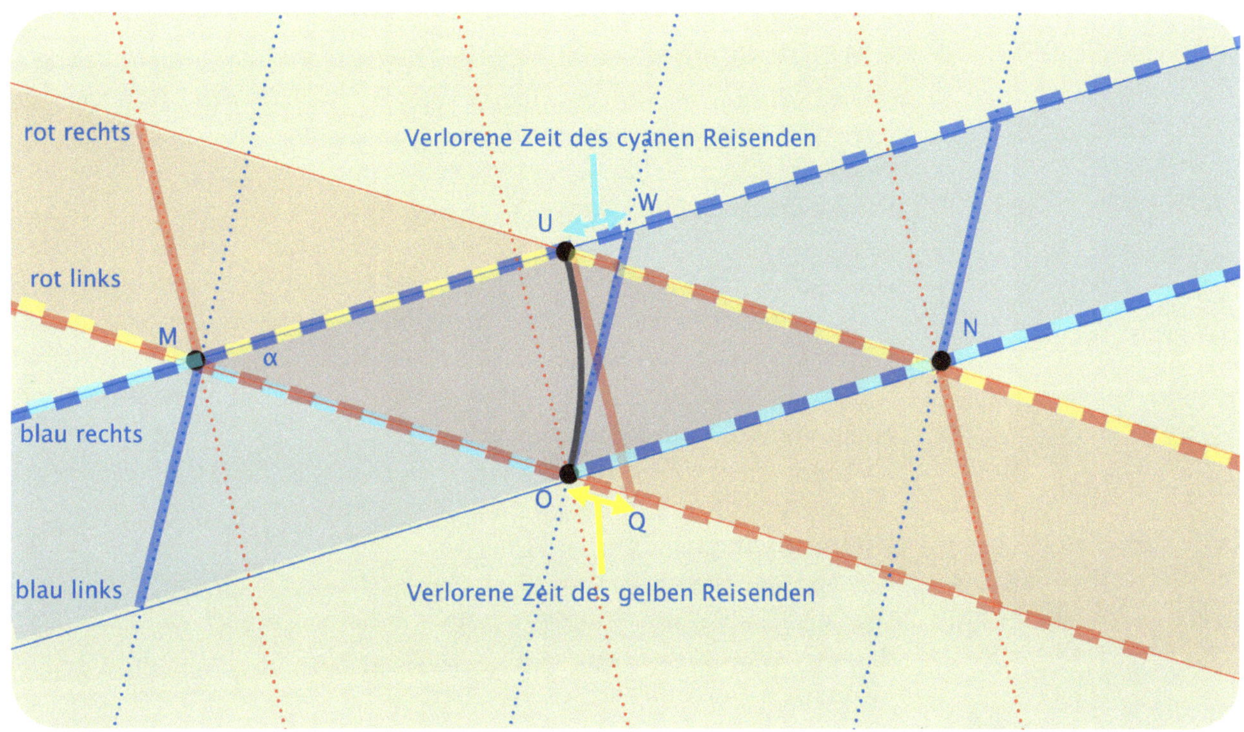

Abbildung 3.5: Vereinfachte Zeitreisekarte

   Ironischerweise hat der oben erwähnte, weithin geachtete Autor 1982 zwei Jahrzehnte zuvor ([9], S. 28) in einem Lehrbuch *richtig und explizit erklärt*: „*Aber dem Stab selbst ist natürlich überhaupt nichts passiert.*" Durch die Maxime ,*Sich bewegende Uhren werden langsamer*' *unrichtig* formuliert, sind die *Wahrnehmungen* der Zeitdilatation und der ,Längenkontraktion' echt. Dennoch ,dehnt' sich eine Uhr nicht in ihrem eigenen Bezugsystem, nur weil sie von einem anderen Bezugssystem aus beobachtet wird. Die Zeit-Dilatation-wird ,real', d.h. eine *vollendete* Tatsache, nur <u>nachdem</u> sich ein Uhrträger zwischen inertialen Bezugsrahmen hin- und herbewegt hat. Es ist streng genommen kein Phänomen eines Gegenwärts-Tempus.'

[9] Wolfgang Rindler. *Introduction to Special Relativity.* Oxford Universtiy Press, 1982, 1991

3.5   *Zeitreise – das einfache Zwillings-Paradoxon*

Eine unmittelbare Konsequenz der Zeit-Dilatation ist die Möglichkeit *schneller durch die Zeit von anderen zu reisen*, wie in Abb. 3.5 gezeigt. *Der gelbe Zwillingspassagier* am linken Ende der roten Raumstation springt über in das rechte Ende der blauen Raumstation während sie vorbeikommt – Ereignis *M*. Beim selben Ereignis springt *der cyanfarbene Zwillingspassagier* am rechten Ende der blauen Raumstation in das rechte Ende der roten Raumstation rüber. Beiden Reisende springen anschließend wieder in ihre vorherigen Raumstationen zurück – Ereignisse *U* und *O* – jeweils als die andere Enden der Raumstationen vorbeikommen.

Da die Wo-Liniensegmente den jeweiligen Zeitintervallen entsprechen, wird jeder Zwilling feststellen, dass die ‚verlorene' Zeit gleich den Uhrzeitenintervallen der Passagieren die nicht gesprungen sind, mal $(1 - \cos\alpha)$ beträgt.[10] DEMENTSPRECHEND, SCHLIESSEN WIR, DASS WIR UNSERE EIGENZEIT NICHT SELBST VERLÄNGERN KÖNNEN, SONDERN LEDIGLICH ERFAHREN, DASS DIE UHREN VON ANDEREN PERSONEN LANGSAMER FORTSCHREITEN ALS UNSERE EIGENE UHREN.

In der Tat altern wir jedes Mal, wenn wir eine Rückreise machen, weniger als diejenigen, die nicht reisen, aber in einem für uns normalerweise nicht wahrnehmbaren Umfang. Der Ausdruck $(1 - \cos\alpha)$ wird als *versierter Sinus* bezeichnet. Wir werden ihn im späteren Kapitel Die Einheits-Festschubrakete noch einmal antreffen, wo wir weitere ‚Mechanismen' einer Zeitreise erforschen.

Missverständnisse, die immer noch einen großen Teil der Literatur in Mitleidenschaft ziehen, haben das allgemeine Verständnis der grundlegenden Relativitätstheorie ernsthaft in Frage gestellt, insbesondere auch im Hinblick auf die lange verworrene Frage der ‚Expansion eines beschleunigten *ausgedehnten* Mediums, dem zentralen Thema des letzten *Teil VII* dieses Buches.

[10] $MO = MW\cos\alpha$ und
$MW = MQ$ d.h.
$OQ = (1 - \cos\alpha)MQ$.

THROUGH A SPACETIME LOOKING GLASS   (Anonym)

Two witches on their brooms afly, tho' neither sensed her stick ashrinking,
Did warily each other eye; "yer rod's gone short" each cackled blinking.
"Perceiv-ed length contraction—'TWERE CRAFTY DÆMONOLOGIE !"
They wailed in consternation (KNOWING NOT EPISTEMOLOGIE).

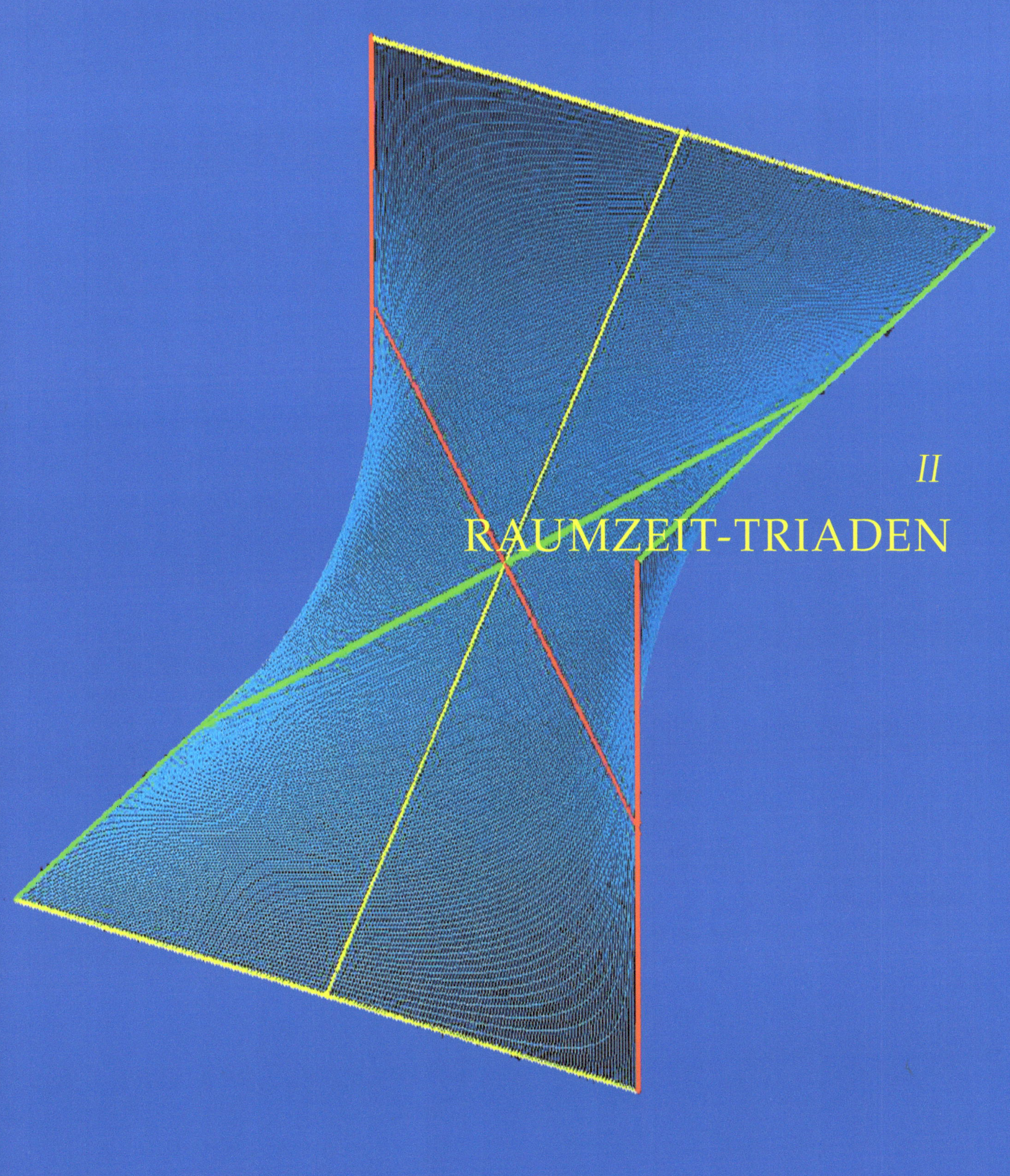

II
RAUMZEIT-TRIADEN

Umseitig:
Geschwindigkeitsadditions-Grafik
aus einem 2003 EJP-Aufsatz des
Autors

Das Kapitel Larmor-Lorentz-Transformationen und Geschwindigkeitsaddition ermittelt die Gleichungen für ein Objekts oder Signal, das sich relativ zu beiden Rahmen unseres Raumzeit-Triaden-Szenarios bewegt, in Bezug auf die jeweilige Wo-Linien-Zeitintervalle und Wann-Linien-Distanzsegmente. Diese führen direkt zu der Triaden-Gleichung der relativistischen Geschwindigkeitsaddition. Es folgt eine spezielle Weltlinien-Winkelgleichung, die später in Kapitel 6 benutzt wird. Das Kapitel schließt mit einer kurzen historischen Diskussion ab.

Das Kapitel Festlegung der Grenzgeschwindigkeit beschreibt wie die ‚Lichtgeschwindigkeit' c tatsächlich als ‚Instanz' der kosmischen Grenzgeschwindigkeit λ identifiziert werden kann (zumindest soweit durch gegenwärtige Messtechniken bestätigt), *ohne als solche postuliert zu werden*. Einige spezielle Eigenschaften der Grenzgeschwindigkeit selbst werden dann erläutert.

Das daraufhin folgende optionale Kapitel *Messung der kosmischen Grenzgeschwindigkeit liefert eine *allgemeine* ‚Doppler-Formel' für das Verhältnis sukzsessiver Antwort-Intervallzeiten für Signale *beliebiger* Geschwindigkeit, die zwischen sich relativ bewegenden nicht beschleunigenden Paaren von Raumstationen ausgetauscht werden.

Entgegen der üblichen Praxis geht diese Doppler-Formel *nicht* davon aus, dass die Signalgeschwindigkeit c gleich der kosmische Grenzgeschwindigkeit λ ist. Aus dieser Gleichung ergibt sich dann ein Ausdruck für das Verhältnis λ/c als eine nachvollziehbaren algebräische Funktion solcher Antwortzeiten. Diese Formel würde es dann – zumindest theoretisch – erlauben, den tatsächlichen Wert der Grenzgeschwindigkeit λ unabhängig von der Lichtsignalgeschwindigkeit c *zu messen*, selbst im (höchst unwahrscheinlichen) Fall, in dem c und λ sich tatsächlich unterscheiden.[11]

[11] Wie schon im 2003 EJP-Aufsatz
des Autors erläutert

Das ebenfalls optionale Kapitel Doppler-Beziehungen beschreibt den Fall der *Standard*-Doppler-Formel, wobei Signalgeschwindigkeit c und Grenzgeschwindigkeit λ als identisch angenommen werden, und erklärt, wie diese vor etwa einem Jahrhundert angewandt wurde, um zu schlussfolgern, dass unser Universum tatsächlich *expandiert*.

4

Larmor-Lorentz-Transformationen und Geschwindigkeitsaddition

„Nun ersetze … $\epsilon^{-\frac{1}{2}} dt''$ mit dt_1 … wo $\epsilon = (1 - v^2/c^2)^{-1}$. Mann sieht dann, dass ϵ absorbiert wird, so dass der Zusammensetzungform der Gleichungen … identisch ist mit den Maxwellischen-Beziehungen für die Äther-Vektoren im Kontext der Festachsen. Aus dieser Transformation… folgt eine Raumsausdehnung des Problems im Verhältnis $\epsilon^{\frac{1}{2}}$ der Bewegungsrichtung entlang.…"
Relativistische Raum-Zeit-Beziehungen vom irischen Huegenotten *Joseph Larmor* im Jahr 1898 vorausgesehen.

4.1   Eine einfache geometrische Ableitung

Die *Larmor-Lorentz-Transformationen*, die traditionell als zentrale Gleichungen der Speziellen Relativitätstheorie betrachtet werden, beschreiben, wie sich Eigen-Länge und Eigen-Zeitintervalle zwischen zwei beliebigen Ereignissen in entsprechenden inertialen Rahmen zueinander verhalten, und können direkt geometrisch aus den dualen Bezugsrahmen-Karte abgeleitet werden.

Anfänglich von dem niederländischen Physiker *Hendrik Lorentz* unvollständig vorgetragen, war ihre erste *explizite* Darstellung in korrekter Form von Poincaré, der sie großzügigerweise als *‚die Lorentz-Transformationen'* bezeichnete. Sie waren zuvor (wie oben) *implizit* in einer Veröffentlichung von Joseph Larmor ($\Rightarrow$[1], S. 173-174) aus dem Jahre 1898 erschienen, der als erster auf das Kernrelativitätsphänomen der *‚Zeitdilatation'* hinwies.

Abbildung 4.1: In Antrim geboren, Joseph Larmor, 1851-1942.

[1] Joseph Larmor. *Aether and Matter, Adams Essay.* Cambridge University Press, 1898/1900

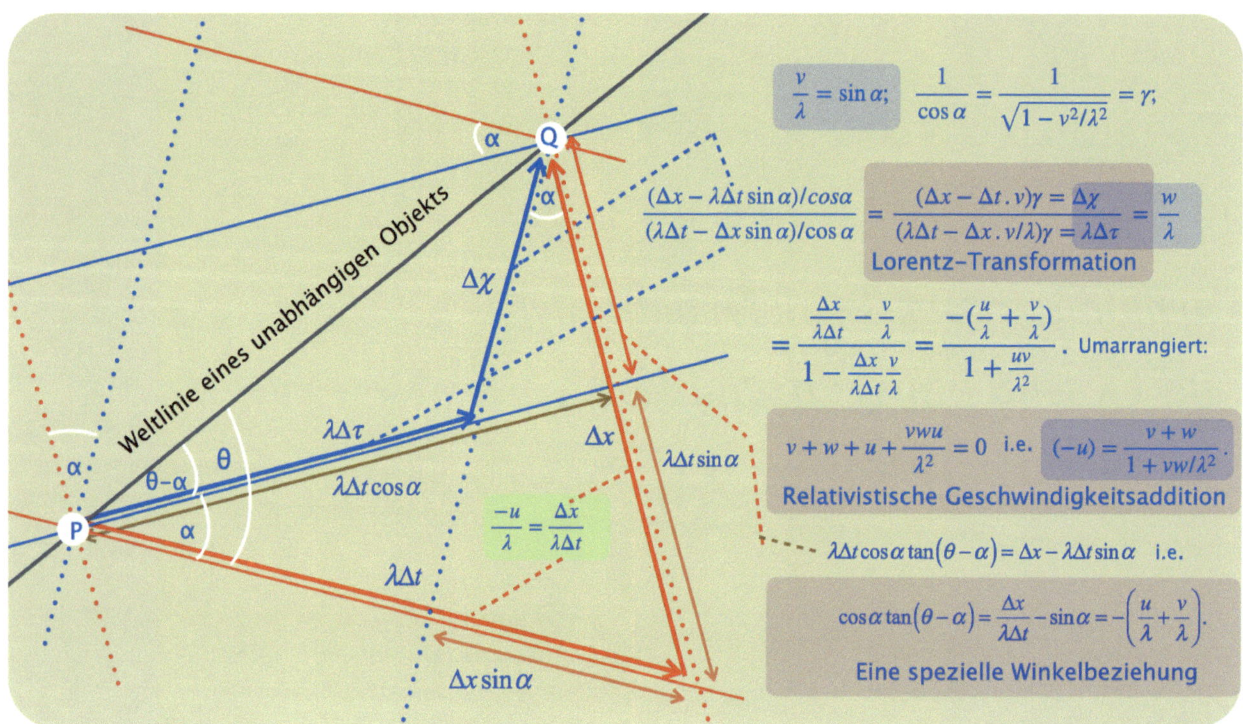

Abbildung 4.2: Larmor-Lorentz-Transformationen

Die Dual-Raumzeitbezugs-Karte von Abb. 4.2 zeigt die grüne Weltlinie eines nicht beschleunigenden Punktobjekts oder eines Signals,[2] das zwei beliebige Ereignisse P und Q überquert. Wir bezeichnen Ereigniskoordinaten im roten Bezugssystem als $[x, \lambda t]$ und im blauen Rahmen als $[\chi, \lambda\tau]$,[3] und repräsentieren Intervalle zwischen Ereignissen als *Differenzwerten* $\Delta x, \Delta t, \Delta\chi$ und $\Delta\tau$, da wir uns oft mit Weltlinien befassen werden, die nicht unbedingt den Referenzupunkt einer Karte überqueren.

Einfache Geometrie ergibt, mit $\gamma = 1/\cos\alpha = 1/\sqrt{1 - v^2/\lambda^2}$:

4.1.

DIE LARMOR-LORENTZ-TRANSFORMATIONEN

$$\Delta\chi = (\Delta x - \Delta t . v)\gamma; \qquad \Delta\tau = (\Delta t - \Delta x . v/\lambda^2)\gamma.$$

[4] $\Delta\chi + \Delta\tau . v = [\Delta x - \Delta t . v + \Delta t . v - \Delta x . v^2/\lambda^2]\gamma = \Delta x/\gamma$ usw.

(4.1)-ii multipliziert mit v und zu (4.1)-i addiert ergibt (4.2)-i.[4] Gleichfalls, (4.1)-ii addiert zu (4.1)-i multipliziert mit v/λ^2 ergibt (4.2)-ii.

4.2.

DIE INVERSE LARMOR-LORENTZ-TRANSFORMATIONEN

$$\Delta x = (\Delta\chi + \Delta\tau . v)\gamma; \qquad \Delta t = (\Delta\tau + \Delta\chi . v/\lambda^2)\gamma.$$

4.2   *Relativistische Geschwindigkeiten von drei Bezugsrahmen*

Wir repräsentieren unsere drei skalierten Geschwindigkeiten als *zyklische* Werte. Dabei ist $\frac{v}{\lambda} = \sin\alpha$ die (skalierte) Geschwindigkeit des blauen Rahmens im roten Rahmen, und $\frac{w}{\lambda} = \frac{\Delta\chi}{\lambda\Delta\tau}$ stellt die Geschwindigkeit des Signals im blauen Rahmen dar. $\frac{u}{\lambda} = \frac{-\Delta x}{\lambda\Delta t}$ ist die *negative* Rückwärtsgeschwindigkeit des roten Rahmens relativ zum Signalrahmen. Daher beträgt die Vorwärtsgeschwindigkeit des Signals im roten Rahmen $\frac{-u}{\lambda}$. Um die Formel für die Beziehung dieser drei Geschwindigkeiten zu ermitteln, brauchen wir nur Gleichung (4.1)-i durch $\Delta\tau$ zu teilen:

$$w = \frac{\Delta\chi}{\Delta\tau} = \frac{(\Delta x - \Delta t.v)\gamma}{(\Delta t - \Delta x.v/\lambda^2)\gamma} = \frac{\Delta x/\Delta t - v}{1 - (\Delta x/\Delta t)v/\lambda^2} = \frac{-u - v}{1 + uv/\lambda^2}. \qquad (4.3)$$

Dieses Ergebnis hat drei Varianten:

4.4.

Summierung dreier zyklischen Geschwindigkeiten $\qquad v + w + u + \dfrac{vwu}{\lambda^2} = 0.$

Die klassische zyklische Geschwindigkeitsgleichung[5] $v + w + u = 0$ wird somit lediglich durch den Zusatz eines einzelnen Terms modifiziert.

4.5.

Geschwindigkeits-Triaden-Verhältnis $\qquad \Omega = \dfrac{1}{\lambda^2} = \dfrac{v + w + u}{-vwu}.$

4.6.

Die Vorwärtsgeschwindigkeitsgleichung $\qquad (-u) = \dfrac{v + w}{1 + vw/\lambda^2}.$

Gleichung (4.6) folgt aus (4.4), die die gleiche Form wie (4.3) hat, weil wir absichtlich *zyklische* Geschwindigkeitsrichtungen gewählt haben.

[6]Abb. 4.2s einfache Geometrie liefert auch eine Formel, die wir später in Kapitel 6 verwenden. Sie liefert die Geschwindigkeitszunahme des Objekts im roten Rahmen über der Geschwindigkeit der blauen Station im roten Rahmen als Funktion des Winkels θ zwischen der grünen und roten Weltlinien und des Velchronos-Winkels α der Bezugskarte:

4.7.

die Geschwindigkeitsanstiegs-Weltlinien-Formel $\qquad (-\dfrac{u}{\lambda}) - \dfrac{v}{\lambda} = \cos\alpha\tan(\theta - \alpha).$

[5] In der klassischen Physik zum Beispiel würden drei Autos, die mit ihren jeweiligen höchsten Geschwindigkeiten fahren, zyklische relative Geschwindigkeiten haben, die zusammen sich zu Null addieren.

[6] Wäre unser ‚Objekt' ein Grenzgeschwindigkeitssignal, würde seine diagonale Weltlinie in einem Winkel von $\theta = \pi/4 + \alpha/2$ mit der Weltliniegleichung (4.7) liegen. Die Gleichung (4.7) wäre dann auf $-u/\lambda = 1$ reduziert.

4.3   Eine weitere historische Anmerkung

Das etwas ambivalente ‚Kontraktionskonzept' der Relativitätstheorie wurde erstmals 1889 (einige Zeit bevor Hendrik Lorentz die gleiche ‚Idee' formulierte) in der amerikanischen Fachzeitschrift *Science* vom irischen Physiker *George FitzGerald* – als *Hypothese* formuliert:[7]

> *„ Ich habe Michelson und Morleys wunderbar delikates Experiment mit großem Interesse gelesen. . . . Ich würde das vorschlagen . . . dass die Länge materieller Körpern sich ändern . . . um einen Betrag vom Quadrat des Verhältnisses ihrer Geschwindigkeit zur Geschwindigkeit von Licht."*

Ironischerweise war es FitzGeralds Freund Larmor, der später (ebenfalls zögernd) die *Zeitdilatation* konkret in die Raumzeittheorie einführte, eine Idee, die zu dem *Zeitdissimultanitätskonzept* führte, das dem Ausdruck ‚Kontraktion' einen aufschlussreicheren Zusammenhang gibt. Ein sich bewegender Stab wird tatsächlich von einem relativ sich bewegenden Beobachter als scheinbar zusammengezogen ‚wahrgenommen', doch in seinem eigenen Raumzeit-Bezugsrahmen schrumpft der Stab selbst in keiner Weise.[8]

In der der Relativitätstheorie parallelen Domäne des Elektromagnetismus, hat FitzGerald[9] auch maßgeblich zur Überarbeitung und Neuinterpretation der bahnbrechenden Gleichungen des Schotten *James Clerk Maxwell* beigetragen.[10] Darüber hinaus identifizierte er wichtige frühere optische ‚Äther'- Gleichungen teilweise analog zu denen von Maxwell, die in den 1830er Jahren vom irischen Physiker James MacCullagh vorgestellt wurden.[11,12]

Schon 1878 hatte FitzGerald intuitiv einen weiteren grundlegenden Aspekt der Relativitätstheorie in Bezug auf den ‚materiellen' Raum vorausgesagt – den sogenannten ‚Äther'.[13] [14,15]

> *„Wenn [es] uns veranlasst hätte, uns von der Knechtschaft eines materiellen Äthers zu emanzipieren, [Maxwells Theorie der elektromagnetischen Wellen] könnte es uns möglicherweise zu sehr wichtigsten Ergebnissen in der theoretischen Interpretation der Natur führen."*

Darüber hinaus verwies FitzGerald 1894 auf das Wesen der *Allgemeinen Relativitätstheorie*, die zwei Jahrzehnte später auftauchte:

> „Die Schwerkraft ist wahrscheinlich auf eine Veränderung in der Struktur des Äthers zurückzuführen, die durch das Vorhandensein von Materie erzeugt wird".

Traurigerweise ereignete sich FitzGeralds vorzeitiger Tod 1901, bevor er Poincarés und Einsteins spätere Raumzeitabhandlungen hätte erleben und vielleicht konstruktiv erarbeiten können.

[7] George FitzGerald. The Ether and the Earth's Atmosphere. *Science*, 13(328):390, 1889

Abbildung 4.3: George FitzGerald, Dubliner physicist 1851-1901

[8] Trotz des festgewordenen gegenteiligen Konsenses vieler Physiker.

[9] zusammen mit *Oliver Heaviside, Heinrich Hertz* und anderen:

[10] Bruce Hunt. *The Maxwellians.* Ithaca: Cornell University Press, 1991

[11] Olivier Darrigol. James Mac-Cullagh's ether: An optical route to Maxwell's equations? *The European Physics Journal H*, 35: 133–172, 2010

[12] James Cushing. *Philosophical Concepts in Physics.* Cambridge University Press, 1998

[13] Joseph Larmor. *The Scientific Writings of the Late George Francis FitzGerald.* Hodges Figgis Dublin, 1902

[14] Nicholas Whyte. *Science, Colonialism and Ireland.* Cork University Press, 1999

[15] Denis Weaire (Editor). *George Francis FitzGerald.* Living Edition Austria, 2009

5

Festlegung der Grenzgeschwindigkeit

Entitäten dürfen nicht über die Notwendigkeit hinaus multipliziert werden. Occams Rasiermesserprinzip

Non sunt multiplicanda entia sine necessitate. Formulierung im 13. Jahrhundert von *Dun Scotus*.

5.1 Festlegung der Grenzgeschwindigkeit durch Sternenlicht

Im nachfolgenden *optionalen* Kapitel beschreiben wir ein theoretisches Experiment, das es uns erlauben würde, die Beziehung zwischen λ und der Lichtgeschwindigkeit c tatsächlich zu messen, auch wenn sie sich möglicherweise minitiös unterscheiden würden. Ein *‚laterales Denken‘*[1] wird es uns jedoch erlauben, den Grenzgeschwindigkeitsfaktor λ tatsächlich *zu identifizieren*, indem wir die Vorwärtsgeschwindigkeitsgleichung (4.6) anwenden, um Lichtwellen als eine bestimmte *Instanz* der Grenzgeschwindigkeit *logisch zu bestätigen*.

Mit Bezug auf Abb. 5.2, scheint ein Lichtphoton, das von einem entfernten Stern[2,3] mit einer unbekannten Relativgeschwindigkeit w emittiert wird, die Erde immer mit der gleichen Geschwindigkeit c zu erreichen, unabhängig davon, welche Geschwindigkeit u der Stern selbst relativ zur Erde haben könnte. Nun, dementsprechend setzen wir $v = -c$[4] in Gleichung (4.6):

$$(-u) = \frac{-c + w}{1 - cw/\lambda^2}.\tag{5.1}$$

Offensichtlich aber, gibt es in der Tat *keine physikalische Beziehung* zwischen der Geschwindigkeit $(-u)$ auf der linken Seite der Gleichung (5.1) und dem Geschwindigkeitsparameter w auf der rechten Seite dieser Gleichung. Was auch immer die Geschwindigkeit einer Lichtwelle sein mag wenn sie einen Stern verlässt, so steht sie doch in keinem physikalischen Zusammenhang mit der relativen Geschwindigkeit zwischen dem Stern und unserer Erde. Gleichung (5.1) definiert jedoch eine *mathematische*, d.h. *logische* Beziehung.

Abbildung 5.1: Englischer Philosoph Wilhelm von Ockham, 1285-1349

[1] Wie im 2003 *European Journal of Physics* Aufsatz des Autors erklärt.

[2] Die ersten präzisen Messungen der stellaren Lichtgeschwindigkeit wurden von *R. Tomaschek* in 1924 durchgeführt.

[3] Rudolf Tomaschek. Über das Verhalten des Lichtes ausserirdischer Lichtquellen. *Annalen der Physik*, 378(1-2):105–126, 1924

[4] Das Photon ‚sieht‘ die Erde mit rückwärts Geschwindigkeit $v = -c$ in Richtung zu ihm kommend.

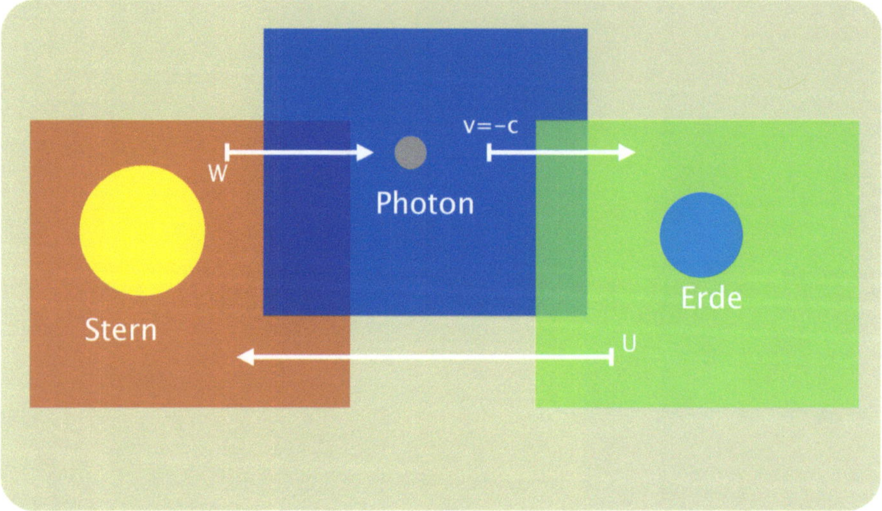

Abbildung 5.2: Stern-Photon-Erde
Bezugsrahmen-Triade

Abbildung 5.3:
  Ole Rømer, 1644-1710
  Dänischer Astronom, der als
Erster einen ungefähren Wert
für die Lichtgeschwindigkeit aus
scheinbaren Schwankungen der
Umlaufzeiten von Jupitermonden
erhielt.

[5] Wir können die unrealistische
andere Alternative eines Verhältnisses von Unendlichkeiten
ausschließen.

Es kann angenommen werden, dass die Geschwindigkeit w der Lichtwellen relativ zu ihrem Stern-Emitter immer den gleichen Wert haben wird. *In mindestens zwei Fällen* zahlreicher Beobachtungen ist außerdem zu erwarten, dass sich die jeweiligen Geschwindigkeiten u der einzelnen Sterne relativ zur Erde *signifikant* unterscheiden, da sich unsere Erde um ihre eigene Achse dreht und eine sich relativ zum Zentrum einer Galaxie bewegende Sonne umkreist. Dies lässt nur eine rationale Schlussfolgerung zu:

5.2.

DIE STERN/PHOTON/ERDE-GESCHWINDIGKEITSVERHÄLTNIS

$$(-u) = \frac{-c + w}{1 - cw/\lambda^2} \qquad \text{IST } \underline{\text{INDETERMINANT}}.$$

Sein Zähler und Nenner müssen daher *beide* Null sein.[5] Ohne sonstige Annahmen bezüglich der Emissionsgeschwindigkeit der Lichtwelle w, ergeben sich also ZWEI Konsequenzen aus der Aussage (5.2): w MUSS GLEICH c SEIN UND c MUSS GLEICH λ SEIN.

5.3.

SOWEIT AUS DEN AKTUELLEN GRENZEN DER MESSGENAUIGKEIT HERVORGEHT, STELLT DIE LICHTGESCHWINDIGKEIT EIN INSTANZ DER GRENZGESCHWINDIGKEIT DAR. VON JETZT AN, (MIT AUSNAHME DES NÄCHSTEN KAPITELS) BETRACHTEN WIR ES ALS SELBSTVERSTÄNDLICH, DASS $\lambda = c$.

5.4.

Jede Grenzgeschwindigkeitsinstanz zeigt die gleiche Geschwindigkeit im Bezugssystem jedes Beobachters ebenso wie im Bezugsrahmen ihrer Emissionsquelle.

5.5.

Die kosmische Konstante ist numerisch identifiziert: $\Omega \equiv \dfrac{1}{\lambda^2} = \dfrac{1}{c^2} \equiv \dfrac{1}{89875517873681764} \dfrac{m^2}{s^2}$.

5.2   Das zweite Postulat ist überflussig

5.6.

Basiert auf räumlicher Isotropie und der Chronositäts-/Geschwindigkeits-Beziehung, die Triade-Geschwindigkeitsbeziehung verbunden mit der Lichtgeschwindigkeits-konstanz machen das 2. Postulat redundant und validiert die Larmor-Lorentz-Gleichungen, als auch die ursprüngliche Räumliche-Isotropie-Hypothese.

Licht ist somit EINE INSTANZ der Grenzgeschwindigkeit, genau wie die jetzt schon mehrfach wahrgenommenen Gravitationswellen. Nachdem wir das *im Vorhinein* (‚a priori') zweite Postulat, welches die Lichtgeschwindigkeit *per Edikt* als die Grenzgeschwindigkeit feststellt, vermieden haben, ergibt sich eine weitere Schlussfolgerung: DIE KONSTANZ DER BEOBACHTETEN LICHT-WELLENGESCHWINDIGKEITEN UNABHÄNGIG VON DER QUELLE. Henri Poincarés Aussagen über Raum und Zeit sind zum Status validierter Prinzipien erhoben. Eine *bestätigte* kosmische Grenzgeschwindigkeit fügt sich also sehr gut in das Schema der Dinge als eine *Konsequenz* der allgegenwärtigen Chronositätseigenschaft unseres Universums ein, und nicht einfach aufgrund irgendeiner Art von aufgelegter Vorsehung einer oberen Geschwindigkeitsbegrenzung.

Obwohl wir eine Instanz dieser Geschwindigkeit – die der Lichtwellen – schon identifiziert haben, untersuchen jedoch wir im nächsten Kapitel einen Weg, um die Grenzgeschwindigkeit als eine Funktion der Lichtgeschwindigkeit (einer elektromagnetischen Welle) tatsächlich zu *messen* – für den (höchst unwahrscheinlichen) Fall, dass es einen winzigen (derzeit nicht nachweisbaren) Unterschiede zwischen ihnen geben könnte.

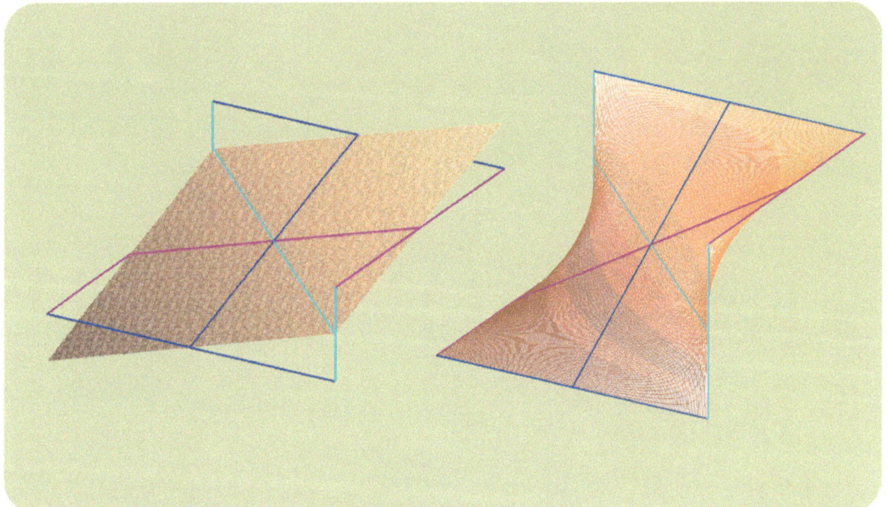

Abbildung 5.4: Geschwindigkeits-Triaden-Fächen der Klassische Physik und der Relativitätsphysik. Dieses Diagramm erschein im 2003 EJP Aufsatz des Autors.

Diese Vorgehensweise unterstreicht die Tatsache, dass das zweite Postulat für die Spezielle Relativitäts-Theorie wirklich überflüssig ist. Die Theorie wäre dann auch gültig wenn die beiden Geschwindigkeitswerte tatsächlich *unterscheidlich* wären. In einem solchen Fall aber, müsste die elektromagnetische Theorie selbst rediviert werden.

5.3 *Die ,ansteckende' Grenzgeschwindigkeit*

Die linke $v|w|u$-Fläche von Abb. 5.4 repräsentiert den Fall der Newtonschen Physik, wo die Grenzgeschwindigkeit unendlich wäre und die zyklischen Geschwindigkeiten sich zu null summieren würden d.h.: $v + w + u = 0$. Das Model rechts zeigt die relativistische Geschwindigkeitszusammensetzung der Gleichung (4.4): $v + w + u + vwu/c^2 = 0$. Die sechs Ecken stellen Fälle dar, in denen alle drei v, w, u identisch mit der (positiven oder negativen) Grenzgeschwindigkeit sind. Im Mittelpunkt sind alle drei Null.

Das Ersetzen von w durch die Grenzgeschwindigkeit c in (4.6), ergibt die Vorwärtsgeschwindigkeitsgleichung $(-u) = \frac{v+c}{1+vc/c^2} = \frac{c(v+c)}{c+v} = c$. Die Relativitätsbeziehung bedeutet also dass ‚DAS HINZUFÜGEN DER GRENZGESCHWINDIGKEIT ZU EINER BELIEBIGEN GESCHWINDIGKEIT (ODER UMGEKEHRT) IMMER DIE GRENZGESCHWINDIGKEIT ALS DAS FINALE ERGEBNIS ERZEUGT. Entlang der sechs Kanten des Diagramms sind zwei Geschwindigkeiten gleich der Grenzgeschwindigkeit und die dritte kann einen beliebigen Wert zwischen positiver und negativer Grenzgeschwindigkeit haben. Auf jede ,Diagonale' ist eine der drei Geschwindigkeiten gleich Null.

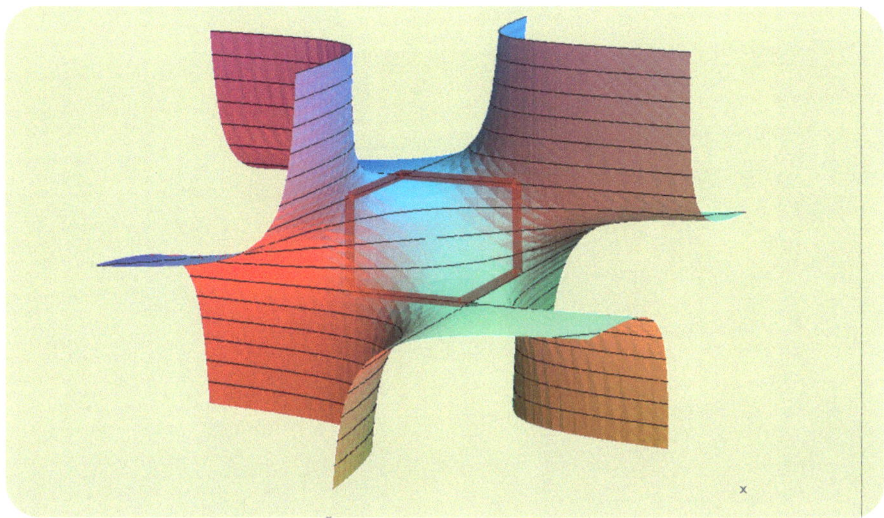

Abbildung 5.5: Relativistische Triadenfläche für Geschwindigkeiten oberhalb der Grenzgeschwindigkeit (wenn sowas möglich wäre).

Abbildung 5.5 zeigt die Relativitätsfläche mit Geschwindigkeiten jenseits der Grenzgeschwindigkeit. Wir zeigen im späteren Abschnitt Kosmische Grenzgeschwindigkeitsbegrenzung, wie die Natur eine unendliche Menge an Energie für jedes Nicht-Null-Massenobjekt erfordern würde, um eine Grenzgeschwindigkeit $\lambda = c$ in irgendeinem Inertialbezugssystem zu erreichen.

5.4 *Ein Bezugsrahmen-Quartett

Wie auch im EJP-Aufsatz von 2003 gezeigt, kann eine weitere interessante Formel aus der Additionsgleichung (4.4) durch Einbeziehen eines vierten (orangefarbenen) Bezugsrahmens abgeleitet werden, dessen zyklische Geschwindigkeiten relativ zu unseren grünen und roten Bezugsrahmen y bzw. $-z$ sind, wie in Abb. 5.6 schematisiert.

Das Anwenden der Triaden-Gleichung auf die rote, grüne und orangefarbene Bezugsrahmen-Triade ergibt $-u + y + z - uyz/c^2 = 0$ d.h. $u = (y + z)/(1 + yz/c^2)$. Das Ersetzen in (4.4)[6] ergibt:

5.7.

DAS ZYKLISCHE VIERLINGS-GESCHWINDIGKEITS-VERHÄLTNIS

$$\Omega = \frac{1}{c^2} = \frac{v + w + y + z}{-(vwy + wyz + yzv + zvw)}.$$

[6] $v + w + \frac{y+z}{1+yz/c^2}$
$+ vw \frac{y+z}{1+yz/c^2} / c^2 = 0$ d.h.
$v + \frac{vyz}{c^2} + w + \frac{wyz}{c^2} + y + z + \left(\frac{vwy+vwz}{c^2}\right) = 0$ usw.

Abbildung 5.6: Ein Bezugsrahmen-Quartett

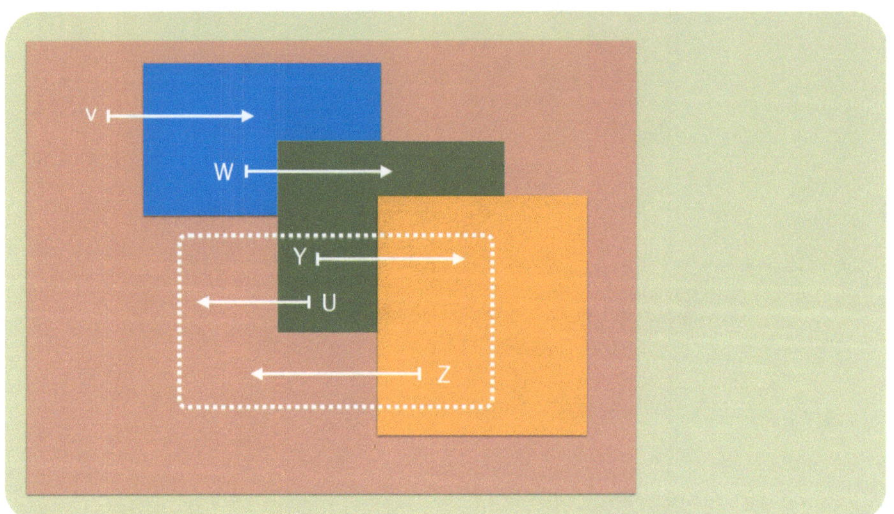

6

*Messung der kosmischen Grenzgeschwindigkeit

Zentralblatt MATH Database 1931 – 2006 **1046.83001**   © **2006 European Mathematical Society,**
FIZ Karlsruhe & Springer-Verlag
Coleman, Brian
A dual first-postulate basis for special relativity.
Eur. J. Phys. 24, No.3, 301-313 (2003). [ISSN 0143-0807] http://www.iop.org/Journals/ejp
Summary: An overlooked straightforward application of velocity reciprocity to a triplet of inertial frames in collinear motion identifies the ratio of their cyclic relative velocities' sum to the negative product as a cosmic invariant – whose inverse square root corresponds to a universal limit speed.

A logical indeterminacy of the ratio equation establishes the repeatedly observed unchanged speed of stellar light as one instance of this universal limit speed. This formally renders the second postulate redundant. The ratio equation furthermore enables the limit speed to be quantified – in principle – independently of a limit speed signal. Assuming negligible gravitational fields, two deep-space vehicles in non-collinear motion could measure with only a single clock the limit speed against the speed of light – without requiring these speeds to be identical.

Moreover, the cosmic invariant (from dynamics, equal to the mass-to-energy ratio) emerges explicitly as a function of signal response time ratios between three collinear vehicles, multiplied by the inverse square of the velocity of whatever arbitrary signal might be used.

Keywords : universal limit speed Classification : *83A05 Special relativity 83C10 Equations of motion

Abbildung 6.1: Zitierung einer Bewegungsgleichung.
https://zbmath.org/?t=&s=0&q=
py%3A2003+ai%3Acoleman.brian

Die obige Zusammenfassung eines 2003 Physikpapiers erschien (unerwartet) im 2006 im Datenbank der *European Mathematical Society*, wobei die Formeln des Aufsatzes als ‚Bewegungs-Gleichungen' für die *logische Identifizierung* als auch (zumindest theoretisch) für die *Messung* der normalerweise postulierten kosmischen Grenzgeschwindigkeit klassifiziert wurden. Darüber war vorher von zwei amerikanischen Physikern spekuliert worden:[1,2]

> „. . . es erscheint eine universelle Geschwindigkeit, die in allen Inertialbezugs-systemen gleich ist, deren Wert durch das Experiment gefunden werden muß. . . . Man sollte [das zweite Postulat] als eine Aussage über die Natur des Lichts und weniger als ein unabhängiges Postulat ansehen." *Edmund Purcell* 1985

[1] David Mermin. Relativity Without Light. *American Journal of Physics*, 52:119–124, 1984

[2] Edmund Purcell. *Electricity and Magnetism*, volume 2. McGraw-Hill, 1985

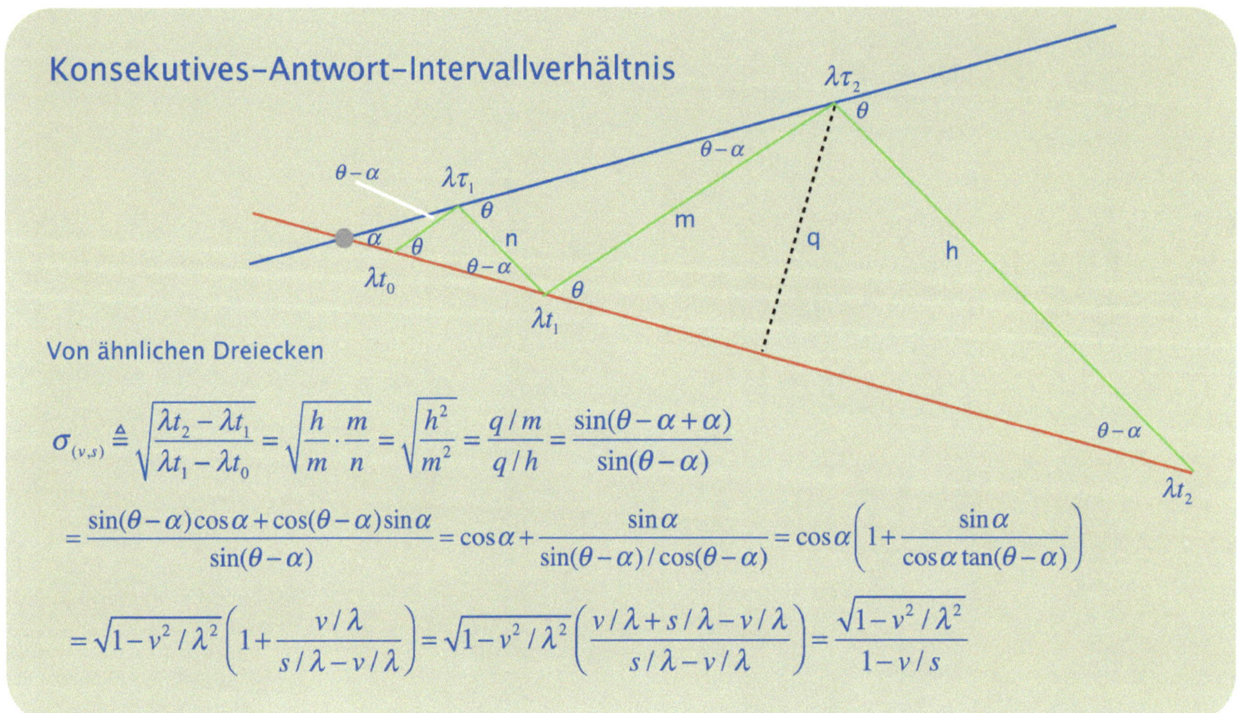

$$\sigma_{(v,s)} \triangleq \sqrt{\frac{\lambda t_2 - \lambda t_1}{\lambda t_1 - \lambda t_0}} = \sqrt{\frac{h}{m}\cdot\frac{m}{n}} = \sqrt{\frac{h^2}{m^2}} = \frac{q/m}{q/h} = \frac{\sin(\theta-\alpha+\alpha)}{\sin(\theta-\alpha)}$$

$$= \frac{\sin(\theta-\alpha)\cos\alpha + \cos(\theta-\alpha)\sin\alpha}{\sin(\theta-\alpha)} = \cos\alpha + \frac{\sin\alpha}{\sin(\theta-\alpha)/\cos(\theta-\alpha)} = \cos\alpha\left(1 + \frac{\sin\alpha}{\cos\alpha\tan(\theta-\alpha)}\right)$$

$$= \sqrt{1 - v^2/\lambda^2}\left(1 + \frac{v/\lambda}{s/\lambda - v/\lambda}\right) = \sqrt{1 - v^2/\lambda^2}\left(\frac{v/\lambda + s/\lambda - v/\lambda}{s/\lambda - v/\lambda}\right) = \frac{\sqrt{1 - v^2/\lambda^2}}{1 - v/s}$$

Abbildung 6.2: Signalantwort-Intervallen-Verhältnis ($\Rightarrow$ Abb. 4.2 und Gleichung (4.7), mit $-u = s$ und mittels der Identität: $\sin(x + y) = \sin x \cos y + \sin x \cos y$).

[3] Die jeweiligen Wann-Linien der Stationen sind in diesem Fall weggelassen, da sie nicht benötigt werden. In diesem Szenario betrachten wir die beide Stationen als *Punktobjekte*.

[4] Dies ergibt sich weil die Winkel jedes Dreieck zu zwei rechten Winkeln addieren.

[5] Gleichung (6.1) wurde vom Autor in 2003 ermittelt anhand von *rekursiven Gleichungen* anstelle durch den einfacheren geometrischen Weg der Abb. 6.2. $\sigma_{(v,s)}$ bedeutet hier σ als Funktion von v und s.

6.1 *Das beliebige konsekutive Antwort-Intervall-Verhältnis*

Die obige Dual-Raumzeit-Bezugs-Karte zeigt die Weltlinien zweier Stationen der früheren Abb. 4.2,[3] wobei die blaue Station die rote Station bei Ereignis O mit einer Geschwindigkeit v/λ passiert. Es zeigt auch die grüne Weltlinie eines Signals, das zwischen ihnen mit einer beliebigen *Emissionsgeschwindigkeit* s/λ übertragen wird, wobei s nicht gleich λ sein muss. Aus Symmetrie und ähnlichen Dreiecken, $h/m = m/n$. Auch die Weltlinien des Signals werden den gleichen festen Winkel θ zu den Wo-Linien der emittierenden Raumstation und dem Winkel $\theta - \alpha$ zu den angenährten Wo-Linien haben.[4] Wir ersetzen $(-u)$ durch s in Winkelformeln (4.7) ($\cos\alpha\tan(\theta - \alpha) = -(\frac{u}{\lambda} + \frac{v}{\lambda})$) und erinnern, dass $\frac{v}{\lambda} = \sin\alpha$ and $\cos\alpha = \sqrt{1 - \frac{v^2}{\lambda^2}}$. Das konsekutive Antwort-Intervall-Verhältnis $(t_2 - t_1)/(t_1 - t_0)$ der roten Station ist dann in Bezug auf die Relativgeschwindigkeit v/λ und die Signalgeschwindigkeit s erhältlich:[5]

6.1.

BELIEBIGES ANTWORT-INTERVALL-VERHÄLTNIS

$$p \triangleq \frac{1 - v^2/\lambda^2}{(1 - v/s)^2} = \sigma_{(v,s)}^2.$$

Eine entscheidende Gleichung

Wir ermitteln die Geschwindigkeit in Bezug auf das Signalantwort-Intervall-Verhältnis. Gleichung (6.1) ordnet sich als *Standardquadratgleichung*[6] in v ein:

$$p + v^2 p/s^2 - 2vp/s = 1 - v^2/\lambda^2 \quad \text{d.h.} \quad (1/\lambda^2 + p/s^2)v^2 - 2vp/s + (p - 1) = 0.$$

$$v = \frac{p/s \mp \sqrt{p^2/s^2 - (1/\lambda^2 + p/s^2)(p - 1)}}{1/\lambda^2 + p/s^2} = \frac{p/s \mp \sqrt{1/\lambda^2 + p/s^2 - p/\lambda^2}}{1/\lambda^2 + p/s^2} \cdot \frac{s^2}{s^2}.$$

6.2.

$$\text{Geschwindigkeits-Signalantwort-Funktion } \left(p = \sigma^2_{(v,s)}\right)$$

$$v = \frac{p - \sqrt{p - (p - 1)(s/\lambda)^2}}{p + (s/\lambda)^2} \cdot s.$$

[7]Die verallgemeinerte Geschwindigkeits-Signalantwort-Funktion (6.2) erlaubt es, die Grenzgeschwindigkeit λ in Abhängigkeit dreier solcher Signalantwortfaktoren festzulegen – *ohne* dass die Geschwindigkeit s des verwendeten Signals gleich der Grenzgeschwindigkeit λ sein müsste.

6.2 Ω als Konglomerat von Tandem-Antwortzeit-Verhältnissen

Stellen wir uns drei Raumstationen vor, die sich relativ geradlinig bewegen. Die grüne Station G bewegt sich mit der unbekannten Geschwindigkeit w relativ zur blauen Station B, die sich mit Geschwindigkeit v relativ zur roten Station R bewegt, die sich mit zyklischer Geschwindigkeit u relativ zu G bewegt. Eine R-Zeit-Uhr misst die Intervalle der von B zurückgegebenen Signale, um das v-abhängige konsekutive Antworts-Intervallen-Verhältnis p zu registrieren. In ähnlicher Weise misst die B-Uhr die Intervalle der Signalen von G zurückkommend, um ein w-abhängiges Signalantwort-Verhältnis zu etablieren. Das $(-u)$-abhängige Verhältnis kann durch Signale zwischen R und G festgelegt werden, die von der Station R eingeleitet werden, wodurch eine G-Uhr eingespart werden kann. Die R- und B-Uhren müssten weder synchronisiert noch identisch sein, da nur *Verhältnissen* der Uhrzeitintervallen von Bedeutung sind.

Bezeichnen wir die jeweiligen Werte von $\sigma_{(w,c)}$ und $\sigma_{(-u,c)}$ als q und r, und Verwenden wir die Geschwindigkeits-Signalantwort-Funktion (6.2) für die unbekannten Werte von v, w und $-u$, dann gelten:

$$\frac{v}{c} = \frac{p - \sqrt{p - (p - 1)\left(\frac{c}{\lambda}\right)^2}}{p + \left(\frac{c}{\lambda}\right)^2}; \quad \frac{w}{c} = \frac{q - \sqrt{q - (q - 1)\left(\frac{c}{\lambda}\right)^2}}{q + \left(\frac{c}{\lambda}\right)^2}; \quad \frac{-u}{c} = \frac{r - \sqrt{r - (r - 1)\left(\frac{c}{\lambda}\right)^2}}{r + \left(\frac{c}{\lambda}\right)^2}. \tag{6.3}$$

[6] Die Lösung der standarden quadratischen Gleichung $ax^2 + bx + c = 0$ ist $x = (-\frac{b}{2} \mp \sqrt{b^2/4 - ac})/a$.

[7] Anmerkung: Der *plus-Zeichen Quadratwurzel-Fall* bezieht sich auf unpraktische Raumstationsgeschwindigkeiten nahe der Grenzgeschwindigkeit.

Abbildung 6.3: Eine Stationstriade

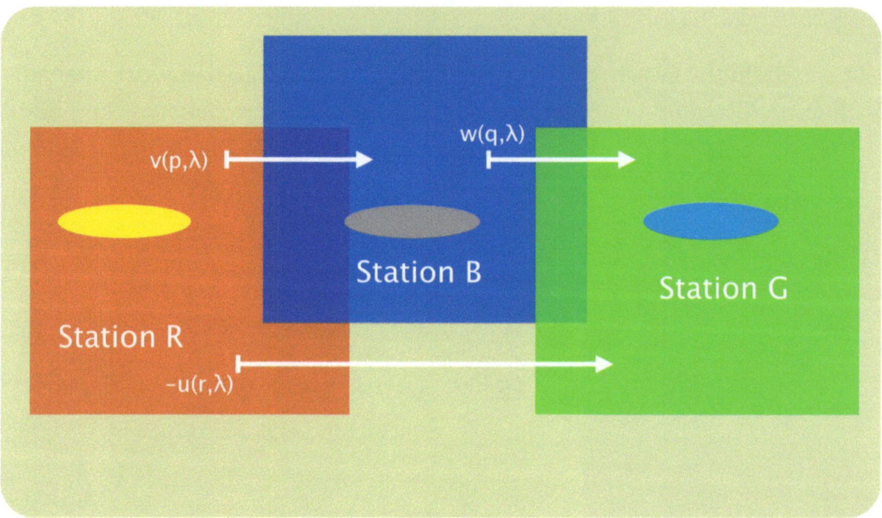

Diese drei Gleichungen zusammen besitzen jedoch insgesamt *vier* Unbekannte. Jede weitere kollineare Station würde zwar einen neuen Zeitantwortwert liefern, aber auch eine neue unbekannte Geschwindigkeit einführen – eine scheinbar aussichtslose Situation. Das Dilemma wird jedoch einfach gelöst, indem das Triaden-Geschwindigkeiten-Verhältnis (4.5)

$$\Omega = \frac{1}{\lambda^2} = \frac{v+w+u}{-vwu}$$

für die Stations-Triade als Ganzes *nochmals* benutzt wird – eine Überraschung.[8] Die Geschwindigkeiten werden dann durch Ausdrücke ersetzt, die die gemessenen p-, q- und r-Werte, die bekannte Signalgeschwindigkeit c und die unbekannte λ enthalten. Dies ergibt eine Gleichung mit nur *einem* unbekannten $\frac{c}{\lambda}$:

[8] Im *Rückblick* natürlich, ein ganz einfacher Schritt.

6.4.

DIE IMPLIZITE SIGNAL-ANTWORT-VERHÄLTNISSENFORMEL FÜR DIE GRENZGESCHWINDIGKEIT

$$\Omega = \frac{c^2}{\lambda^2} = \frac{\dfrac{p-\sqrt{p-(p-1)c^2/\lambda^2}}{p+c^2/\lambda^2} + \dfrac{q-\sqrt{q-(q-1)c^2/\lambda^2}}{q+c^2/\lambda^2} - \dfrac{r-\sqrt{r-(r-1)c^2/\lambda^2}}{r+c^2/\lambda^2}}{\dfrac{p-\sqrt{p-(p-1)c^2/\lambda^2}}{p+c^2/\lambda^2} \cdot \dfrac{q-\sqrt{q-(q-1)c^2/\lambda^2}}{q+c^2/\lambda^2} \cdot \dfrac{r-\sqrt{r-(r-1)c^2/\lambda^2}}{r+c^2/\lambda^2}}.$$

Die obige Gleichung bezieht sich *implizit* auf λ und c. Eine weitere Überraschung war, dass anstelle eines Computeralgorithmus, der zur Konvergenz einer Lösung benötigt wäre, das leistungsstarke symbolische Algebra-Tool[9] von MAPLE die *explizite* Lösung von (6.4) hervorbringen konnte:

[9] Maplesoft, Waterloo Maple Inc. Ontario, Canada.

6.5.

Die EXPLIZITE Signal-Antwort-Verhältnissenformel für die Grenzgeschwindigkeit

$$\Omega = \frac{c^2}{\lambda^2} = \frac{[pq(r+1) - 2(p+q)r]pq(r-1) + [(p-q)r]^2(r+1)/(r-1)}{\left\{[(p-q)r]^2 + pq(r-1)[pq(r-1) - 2(p+q-2)r]\right\}} +$$

$$\frac{4\sqrt{pqr}[pq(r+1) - (p+q)r][[pq(r-1)]^2 - [(p-q)r]^2] - 2[[pq(r-1)]^2 - [(p-q)r]^2]^2/(r-1)}{\left\{[(p-q)r]^2 + pq(r-1)[pq(r-1) - 2(p+q-2)r]\right\}^2}.$$

Überprüfung der expliziten Grenzgeschwindigkeitsformel

λ kann also gegen c gemessen werden,[10] auch wenn sie betragsmäßig nicht gleich wären – ein Grenzgeschwindigkeitssignal wäre dafür nicht erforderlich. In der Theorie wäre jedes nicht-intrusive Signal mit einer emitterkonstanten Geschwindigkeit anwendbar. Wenn c genau gleich λ ist, dann reduzieren sich (6.4) und (6.5) auf $r = pq$. Dies würde die Signalgeschwindigkeit c als Grenzgeschwindigkeit c/λ festlegen. Formel (6.5) wurde verifiziert – ebenfalls mit MAPLE. Bei der Auswahl beliebiger Werte für c, λ, v und u wurde das resultierende w mittels Gleichung (4.6) berechnet. Die entsprechenden p-, q- und r-Werte wurden dann unter Verwendung der Antwortintervall-Verhältnisgleichung (6.1) berechnet. Eine anfängliche Substitution der Werte p, q und r in Gleichung (6.5) erzeugte kein Resultat irgendwo in der Nähe des vorgewählten c/λ-Verhältnisses. Eine Erhöhung von Maples Berechnungspräzisionseinstellung von 10 Punkten nach dem Dezimalpunkt auf 30, ergab hingegen ein Ergebnis, das bis auf mehr als 20 Dezimalpunktstellen korrekt war *für alle vorherbestimmten Werte von c/λ gleich oder kleiner als 1.*

Die Frage nach einem Unterschied zwischen λ und c

Hätte das CERN-Experiment 2011 bei Genf richtig bewiesen, Neutrinos seien ‚schneller als das Licht' gewesen (statt sich als irrtümlich zu erweisen), dann wäre die Gleichung von 2003 (6.5) vielleicht von praktischer Interesse. Die vielen Medienaussagen, dass eine solche Beobachtung die Relativitätstheorie entkräften würde, waren jedoch unangebracht. Die Gültigkeit der Speziellen Relativitätstheorie als Theorie der reinen Raumzeit hängt nicht davon ab, ob elektromagnetische Wellen sich ganz genau mit der Grenzgeschwindigkeit ausbreiten oder nicht. Aller Wahrscheinlichkeit nach aber *ist* ‚die Lichtgeschwindigkeit' c eine Instanz der universelle Grenzgeschwindigkeit λ.

[10] Dass ihre beide Werte sich tatsächlich unterscheiden könnten, stellt zumindest *eine interessante theoretische Möglichkeit dar, die mit der Theorie der speziellen Relativitätstheorie nicht inkompatibel und von dieser erlaubt wird.* Dies würde jedoch eine Überarbeitung der Theorie des Elektromagnetismus erfordern !

6.3   *Vladimir Ignatowskis Vermächtnis und tragisches Schicksal*

6.6.

$$\text{IGNATOWSKI-KONSTANTE } \Omega = \frac{1}{\lambda^2} = \frac{\psi}{v} = \frac{-vwu}{v+w+u} = \frac{-(vwy+wyz+yzv+zvw)}{v+w+y+z} = F(p,q,r) = \frac{1-(\frac{t'}{t})^2}{(T/t)^2}.$$

[11] B.C. *An elementary first-postulate measurement of the cosmic limit speed.* European Journal of Physics, 25:L31–L32, 2004
[12] Aleksander Solzhenitsyn. *Der Archipel Gulag.* Scherz Verlag, Bern, 1973/1974

(Eine weitere Formel zur Messung der Grenzgeschwindigkeit wurde in einem 2004 Aufsatz des Autors[11] vorgestellt: $\lambda/c = (T/t)/\sqrt{1-(t'/t)^2}$.)

In einem Meilenstein der Geschichtsliteratur des 20. Jahrhunderts,[12] schilderte *Alexander Solschenizyn* – selbst Physiker (obwohl vielleicht mit der Relativitätsthese von Ignatowski nicht vertraut) – eine der seltsamsten Tragödien der Wissenschaftsgeschichte, die diesem fast vergessenen, aber wirklich wichtigen Pionier der Raumzeit-Theorie zum Schicksal wurde:

„Korrespondierendes Mitglied der [sowjetischen] Akademie der Wissenschaften Ignatovski wurde 1941 in Leningrad verhaftet und beschuldigt, vom deutschen Geheimdienst rekrutiert worden zu sein, während er 1908 für Zeiss [in Deutschland] arbeitete ! Und er sollte auch eine sehr seltsame Aufgabe gehabt haben: im kommenden Krieg keine Spionage zu betreiben (was natürlich der Mittelpunkt jener Geheimdienstgeneration war), sondern erst im nächsten ! Und deshalb hatte er dem Zaren im Ersten Weltkrieg loyal gedient, und dann auch der Sowjetregierung, und hatte die einzige optische Fabrik des Landes (GOMZ) in Betrieb genommen und war in die Akademie der Wissenschaften und dann in die Anfang des Zweiten Weltkriegs war er gefangen, unschädlich gemacht und erschossen worden !“

DER ARCHIPEL GULAG,   Alexander Solschenizyn

1955, zwei Jahre nach Stalins Tod, wurde Wladimir Ignatowski von der Regierung der Sowjetunion offiziell rehabilitiert. Der in Georgien geborene russische Wissenschaftler schrieb im Jahr 1910 einen Aufsatz über die Relativitätstheorie ohne das zweite Postulat. Dieser führte in den folgenden Jahrzehnten zu vielen anderen ähnlichen Arbeiten, die allgemein ignoriert wurden. Ignatowskis Konstante Ω – das inverse Quadrat der kosmischen Grenzgeschwindigkeit – hat sich schließlich nicht nur als einfach zu etablieren und zu verstehen erwiesen, sondern verweist auch auf einen ‚natürlichen Weg‘ für eine optimale ‚Entstehung‘ der Speziellen Relativitätstheorie.

Abbildung 6.4: Vladimir Ignatowski, 1875-1942. Foto überliefert von *Sergei Yakovlenko*, General Physics Institute, Moscow.

7

Doppler-Beziehungen

„Ich lebe mehr als je der Überzeugung, dass der Farbenschmuck, welchen das beobachtende Auge an den Doppelsternen und einigen anderen Gestirnen des Himmels bewundert, uns einstens wohl zu mehr als einer bloßen Augenweide, dass er uns in einer, wenn auch vielleicht fernen Zukunft dazu dienen werde, die Elemente der Bahnen von Himmelskörpern zu bestimmen, deren unermessliche Entfernung uns nur noch die Anwendung rein optischer Hilfsmittel gestattet."
Christian Doppler   1842

7.1   Der Relativitäts-Doppler-Faktor

Ersetzen von λ und s im Signalgeschwindigkeits-Antworts-Verhältnis (6.1) mit einheitsskalierter Grenzgeschwindigkeit, ergibt das *Vorwärtsintervall-Verhältnis des Grenzgeschwindigkeitssignals*:

7.1.

GRENZGESCHWINDIGKEITS-RELATIVITÄTS-DOPPLER-FAKTOR

$$\sigma_v = \sqrt{\frac{(1-v)(1+v)}{(1-v)^2}} = \sqrt{\frac{1+v}{1-v}}.$$

Abbildung 7.1: Christian Doppler, österreichischer Physiker 1803 - 1853

Mit der (zyklischen) Vorwärtsgeschwindigkeitsgleichung (4.6) erhalten wir

$$\frac{(1+v)}{(1-v)}\frac{(1+w)}{(1-w)} = \frac{1-\frac{w+u}{1+wu}}{1+\frac{w+u}{1+wu}} \cdot \frac{1-\frac{u+v}{1+uv}}{1+\frac{u+v}{1+uv}} = \frac{1+wu-w-u}{1+wu+w+u} \cdot \frac{1+uv-u-v}{1+uv+u+v} = \frac{(1-w)(1-u)}{(1+w)(1+u)}\frac{(1-u)(1-v)}{(1+u)(1+v)}$$

d.h.
$$\frac{(1+v)^2}{(1-v)^2}\frac{(1+w)^2}{(1-w)^2}\frac{(1+u)^2}{(1-u)^2} = 1.$$

Diese Gleichung läßt sich wie folgt umschreiben:

7.2.

DAS ZYKLISCHEN PRODUKT TRIADEN-RELATIVITÄTS-DOPPLER-FAKTOREN

$$\sigma_v \cdot \sigma_w \cdot \sigma_u = \sqrt{\frac{(1+v)}{(1-v)}} \cdot \sqrt{\frac{(1+w)}{(1-w)}} \cdot \sqrt{\frac{(1+u)}{(1-u)}} = 1.$$

Da aus (7.1) $\sigma_{-u} = 1/\sigma_u$, dürfen wir auch schreiben:

7.3.

DAS VORWÄRTS-PRODUKT TRIADEN-RELATIVITÄTS-DOPPLER-FAKTOREN

$$\sigma_v \cdot \sigma_w = \sqrt{\frac{(1+v)}{(1-v)}} \cdot \sqrt{\frac{(1+w)}{(1-w)}} = \sqrt{\frac{(1-u)}{(1+u)}} = \sigma_{-u}.$$

Das Doppler-Inter-Rahmen-Signalintervallen-Verhältnis

Abb. 7.2 zeigt das Signal-Antwortdiagramm der Abb. 6.2 für *Geschwindig-keitssignal-Weltlinien*, die bei ± 45 Grad zur Horizontalen liegen. Bei jedem ‚Reflektionspunkt' bilden daher die beiden Grenzgeschwindigkeitslinien einen rechten Winkel. Signalwinkel zu den Weltlinien der Stationen sind jetzt $\pi/4 + \alpha/2$ bei Emission und $\pi/4 - \alpha/2$ bei Empfang. Es wird auch eine separate Signal-Weltlinie gezeigt, die *bei einer beliebigen Rot-Zeit $t_0 + \Delta t$* ihren Ursprung hat, die bei $\tau_1 + \Delta\tau$ an der blauen Station ankommt und parallel zu anderen Emissions-Weltlinien ist. Aus der Geometrie ist die Länge der Signalweltlinie, die Signalereignisse bei τ_1 und t_1 verbindet, gleich $(t_1 - t_0)\sin(\frac{\pi}{4} + \frac{\alpha}{2})$ als auch $(\tau_2 - \tau_1)\cos(\frac{\pi}{4} + \frac{\alpha}{2})$. Aus ähnlichen Dreiecken ergibt sich dann:[1]

[1] Da $\sin\frac{\pi}{4} = \cos\frac{\pi}{4}$ und $\cos^2\frac{\alpha}{2} + \sin^2\frac{\alpha}{2} = 1$.

$$\frac{\Delta\tau}{\Delta t} = \frac{\tau_2 - \tau_1}{t_1 - t_0} = \frac{\sin(\frac{\pi}{4} + \frac{\alpha}{2})}{\cos(\frac{\pi}{4} + \frac{\alpha}{2})} = \sqrt{\frac{(\cos\frac{\alpha}{2} + \sin\frac{\alpha}{2})^2}{(\cos\frac{\alpha}{2} - \sin\frac{\alpha}{2})^2}} = \sqrt{\frac{1 + 2\sin\frac{\alpha}{2}\cos\frac{\alpha}{2}}{1 - 2\sin\frac{\alpha}{2}\cos\frac{\alpha}{2}}} = \sqrt{\frac{1 + \sin\alpha}{1 - \sin\alpha}} = \sqrt{\frac{1+v}{1-v}}.$$

7.4.

DER RELATIVITÄTS-DOPPLER-FAKTOR EINES GRENZGESCHWINDIGKEIT-SIGNALS ENTSPRICHT DEM VERHÄLTNIS DER EMPFANGSZEITINTERVALLE ZU DEN SENDEZEITINTERVALLEN.

$$\frac{\Delta\tau}{\Delta t} = \sqrt{\frac{1+v}{1-v}} = \sigma_v.$$

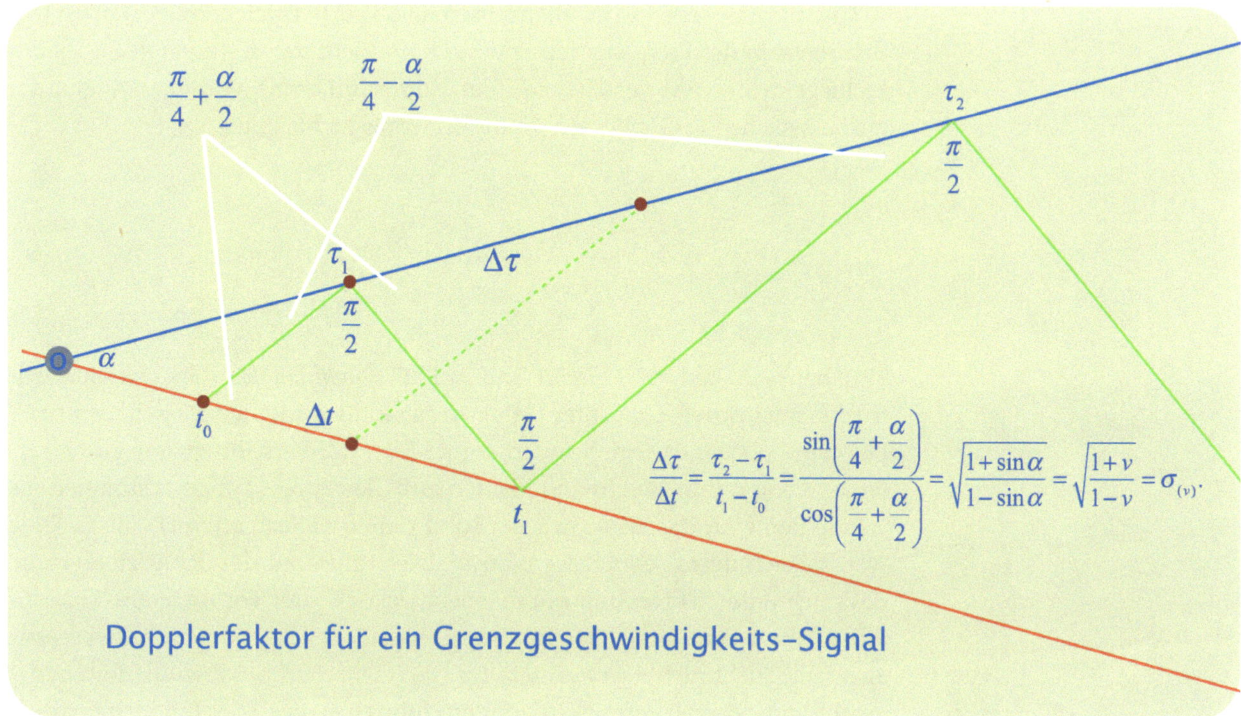

Abbildung 7.2:
Grenzgeschwindigkeits-Antwort-
Intervallen-Verhältnis

7.2   *Kosmologie – Beweis eines expandierenden Universums*

Weshalb die Tonhöhen von Schallwellen bei der Richtungsänderung eines vorbeifahrenden Zuges sich variieren, wurde erstmals 1842 vom österreichischen Physiker *Christian Doppler* erklärt.[2] Aufeinanderfolgende Wellenspitzen aus einer sich nähernden Zugpfeife treffen häufiger auf die Ohren der Hörer als die aus einem stationären oder sich entfernenden Zug – die erlebten Schallwellenlängen und ihre Frequenzen werden anders als vom Zugführer wahrgenommenen.

    Radiowellen, zu denen Lichtwellen gehören, ‚breiten sich' im Bezugsrahmen jedes Beobachters mit der Grenzgeschwindigkeit c aus. Dies erlaubt uns, der Gleichung (7.4) *eine direkte physikalische Bedeutung* zu erteilen, wenn wir uns vorstellen, dass unser Signal, anstatt Radarimpulse, kontinuierliche Lichtsignale, die periodisch in gleichen Wellenspitz-Abständen ‚markiert' werden, darstellt. In der Relativität beziehen sich aufeinander folgende Wellenspitz-Ankunftsintervalle auch der Formel (7.4) entsprechend. Eine ‚wahrgenommene' Lichtwellenfrequenz ist umgekehrt proportional zum erlebten Zeitintervall zwischen ankommenden Wellenspitzen. Dieses Intervall wiederum ist gleich dem Emissionsquellen-Intervall zwischen Wellenspitzen, multipliziert mit dem Relativitäts-Doppler-Faktor.

[2] Peter Schuster. *Weltbewegend – unbekannt: Leben und Werk des Physikers Christian Doppler und die Welt danach.* Living Edition Pöllauberg Österreich, 2003

Charakteristische Lichtwellenspektren von zurückweichenden Sternen werden somit in der Frequenz reduziert, d.h. in Richtung des unteren Endes des Lichtspektrums ‚rot-verschoben'. Ein Umformulierung von (7.4)[3] ergibt die zurückweichende Quellgeschwindigkeit eines Lichtsignals an:

7.5.

$$\text{STANDARD-DOPPLER-GESCHWINDIGKEITSFORMEL} \qquad \frac{v}{c} = \frac{\sigma_v^2 - 1}{\sigma_v^2 + 1}.$$

[3] $\sigma_v^2(1 - v) = 1 + v,$
$\sigma_v^2 - 1 = v(\sigma_v^2 + 1).$ usw.

1917 beobachteten *Vesto Slipher* und in 1929 *Edwin Hubble*, dass charakteristische Lichtspektren entfernter Galaxien tatsächlich frequenzverschoben sind. Dies ermöglichte es, ihre Vorwärtssignal-Intervall-Verhältniswerte zu bewerten und somit ihre Geschwindigkeiten aus Gleichung (7.5) zu bestimmen. Es wurde bemerkt, dass je schwächer (und daher weiter entfernt) eine Galaxie war, sie sich desto schneller entfernte. Dies führte zu der Schlussfolgerung, dass sich unser Universum durch einen ‚Urknall', der vor ungefähr 13 Milliarden Jahren stattfand, entstand. Dopplerähnliche Gleichungen haben es uns also ermöglicht nicht nur Formeln für die (theoretische) Messung der Grenzgeschwindigkeit zu vermitteln, sondern führten auch zu der Entdeckung dass unser Universum ‚expandiert'.

Später im Kapitel Die neu endeckte ‚HEMIX' werden wir die Beziehung (7.3) weiter ‚*geometrisieren*'. In den Buchteilen *V*, *VI* und *VII* beschäftigen wir uns mit komplexeren Radarszenarien.

Abbildung 7.3: Vesto Slipher
U.S. Physiker, 1875 - 1969

III
KRAFT, MASSE UND ENERGIE

Prelude zu einer 2005 Physikjournal-Veröffentlichung

Umseitig: *Atombombe Explosion.*

[4] B.C. Special relativity dynamics without a priori momentum conservation. *European Journal of Physics*, 26:647–650, 2005

Erhebliche Skepsis, die von einem Rezensent des *European Journal of Physics* in Bezug auf einen außergewöhnlichen Relativitätsdynamikansatz[4] zum Ausdruck gebracht wurde, veranlaßte eine Stellungnahme:

> „Vielen Dank für Ihre beträchtlichen Bemühungen bei der Durchsicht meiner Einreichung, dessen Raison d'Être mir selbst zuerst überraschend vorkam. Daher ist es vielleicht kein Wunder, dass die wenigen Standardresultate, wie Sie sie nennen, in dem minimalen Kontext und der minimalen Form rätselhaft erscheinen. ... Meiner Meinung nach ist die Hauptursache, warum (allem Anschein nach) die Literatur den besonderen Weg dieser Arbeit verpasst hat, die Dominanz der ‚Relativistischen Masse' – eine Fehlbezeichnung historisch adoptiert wegen eines mißverstandenen didaktischen Vorteils. Obwohl unbestreitbar wichtig, hat dieses [falsch benannte] Konzept dazu beigetragen, dass Physiker die Tatsache in Allgemeinen übersehen haben, dass die bekannten [‚apokalyptischen'] Identitäten als Grundlage und nicht als ein interessantes Ergebnis bzw. ‚Bestätigung' verwendet werden können. Ich würde auch argumentieren, dass Ableitungen der relativistischen Dynamikgleichungen in anerkannten aktuellen Texten wie *Rindler* (2001), *Kogut* (2000), *T.A. Moore* (A Traveller's Guide to Spacetime – 1995) und in Klassikern von *Shadowitz*, *Smith* und *French*, sowie die Aufsätze [1], [2], [3], [4] und (neu hinzugefügt) [7] (McComb's Dynamik and Relativity, Oxford UP 1999), alle vergleichsweise lang, schwerfällig und aufwendig sind.[5,6,7,8,9,10,11]

[5] Wolfgang Rindler. *Relativity, Special, General and Cosmological.* Oxford Universtiy Press, 2001, 2006

[6] John B. Kogut. *Introduction to Relativity: For Physicists and Astronomers.* Harcourt, 2001

[7] T.A. Moore. *A Traveler's Guide to Spacetime: An Introduction to the Special Theory of Relativity.* McGraw-Hill, 1995

[8] Albert Shadowitz. *Special Relativity.* Dover, 1988

[9] James H Smith. *Introduction to Special Relativity.* Dover, 1965, 1996

[10] A.P. French. *Special Relativity.* Chapman and Hall, 1968

[11] W.D. McComb. *Dynamics and Relativity.* Oxford U.P., 1999

> Alle verwenden Impulserhaltung *a priori*. Der übliche 4-Vektor-Ansatz bzw. die Verwendung von zwei räumlichen Dimensionen ist meiner Meinung nach didaktisch problematisch, da er die einfache eindimensionale Physik im Kern der Materie verdeckt. Oft wird auf Photonen zurückgegriffen, wobei der Elektromagnetismus unnötig miteinbezogen wird. *Smith* [5] behauptet sogar vorschnell, dass die Gleichungen überhaupt nicht abgeleitet werden können, sondern *„erraten werden mussen"* und präsentiert sie ad hoc. Erforschungen früheren Veröffentlichungen im *European Journal of Physics* wie der jüngsten [10] und [11], ganz zu schweigen von einer Reihe von Artikeln im *American Journal of Physics*, unterstreichen diese Feststellungen."

Der EJP Rezensent schloss kulant:

> „Ich habe die Kommentare des Autors sowie die neue Version sorgfältig gelesen. Ich muß zugeben, dass meine Kommentare zur vorherigen Version überzogen waren. .... Ich glaube nicht, dass ich viel mehr zu dem hinzufügen kann, was in der Antwort des Autors steht, ich stimme seinen Ausführungen zu. Daher empfehle ich es zur Veröffentlichung im European Journal of Physics."

[12] B.C. A five-fold equivalence in special relativity one-dimensional dynamics. *European Journal of Physics*, 27:983–984, 2006

Die letzten beiden Kapitel von TEIL III beschäftigen sich mit dem Ansatz dieses Aufsatzes und einem EJP-Folgepapier aus dem Jahr 2006.[12] Zunächst ist jedoch zu klären, wie die drei unterschiedlich wahrgenommenen Beschleunigungsparameter einer Rakete miteinander verknüpft werden.

8

Drei Beschleunigungsperspektiven

„Präsentationen der Raumzeitentheorie durch Physiker befassen sich hauptsächlich mit physikalischen Problemen und machen die erkenntnistheoretischen Probleme nicht explizit. Im Gegenteil, sie sind oft erkenntnistheoretisch vage, um die physikalische Theorie möglichst plausibel erscheinen zu lassen."

Hans Reichenbach   *Philosophie der Raum-Zeit-Lehre*   1928

8.1   Ein Beschleunigende-Rakete-Szenario

Raketenstart

[1]Wir stellen uns ein ein-dimensionales Szenario vor. Zwei stationäre blaue Raumstationen A and B, die sich in einem blauen Inertialrahmen $\hat{C}$ sich befinden, bewegen sich vorwärts mit einer skalierten Geschwindigkeit $\hat{v}/c = \sin\hat{\phi}$ [2]zu zwei roten Stationen M und N, die in einem roten ‚Heim'-Rahmen $\underline{H}$ stationär liegen. Wie in Abb. 8.1 gezeigt, wird eine gelbe Rakete R von der ‚Mutter'-Rotstation M in Richtung der roten Station N gestartet – Ereignis MR.

Raketen-Rendevvous

Die Eigenbeschleunigung α der Rakete, die nicht unbedingt konstant sein muss[3] (eine Beschränkung, die wir später ins Betracht ziehen), ist derart, dass sie die Station N gerade dann erreicht, wenn ihre zunehmende Geschwindigkeit im Heimrahmen gleich $\hat{v}/c$ wird und – ebenfalls zufällig – während die blaue Station A genauso an der roten Station N vorbeifährt. Rackete R ist dabei *momentan* stationär mit der blauen Station A in $\hat{C}$. Gleichzeitig mit diesem Rendezvous-Ereignis NRA im Rahmen $\hat{C}$, passiert die blaue Station B zufällig die rote Station M – Ereignis MB.

[1] Hans Reichenbach. *Philosophie der Raum-Zeit-Lehre*. De Gruyter Berlin, 1928

[2] Wir bezeichnen $\hat{v}$ und $\hat{\phi}$ usw. als ‚v-Hut', ‚phi-Hut' usw.

[3] Die Eigenbeschleunigung sollte natürlich ‚glatt' sein. Passagiere in der Rakete würden sich ziemlich ‚zuhause' fühlen, wenn α etwa zehn Meter pro Quadratsekunde wäre, wie auf der Erde.

Abbildung 8.1: Heim- und Rendez-Vous-Beschleunigungs-Szenario

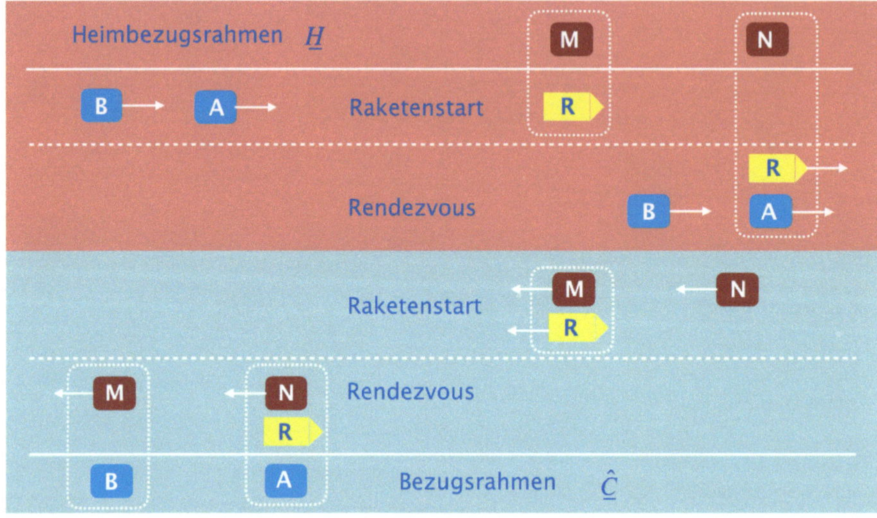

[4] Im Allgemeinen bezeichnen wir Bezugsrahmen durch *unterstrichene Großbuchstaben*.

[5] Die jeweilge Startereignisse in Rahmen H für Stationen A und B sind A_{LH} and B_{LH}.

Dieses Szenario wird in der Dual-Bezugsrahmen-Karte von Abb. 8.2 dargestellt, wo die Referenz-$x|t$-Achsen des Heimbezugsrahmens H[4] jeweils in einem Winkel $\hat{\phi}$ zu den $\hat{X}|\hat{T}$-Achsen des blauen Rahmens $\hat{C}$. Ereignis N_{LH} markiert die Position der Station N gleichzeitig zum Raketenstart im Heimrahmen H. Da M und N den Heimrahmen H teilen, verlaufen ihre beiden roten Weltlinien parallel, wobei die Weltlinie der Mutterstation M entlang der Zeitachse t des Heimrahmens H liegt. Die blauen Weltlinien der Stationen A und B[5] verlaufen parallel zur Zeitachse $\hat{T}$ des Rahmens $\hat{C}$.

Nach der momentan relativ stationären Begegnung mit der Station A, bewegt sich die vorwärts beschleunigende Rakete R von A weg, deren geradlinige Weltlinie natürlich bei dem Ereignis NRA tangential zu der gekrümmten Weltlinie der beschleunigenden Rakete verläuft, wie dargestellt. Ereignis MB, wenn Station B an der Mutterstation M vorbeigeht, läuft gleichzeitig in Rahmen $\hat{C}$ zu Ereignis NRA. Im Rahmen H jedoch ist das Ereignis NRA gleichzeitig mit dem *getrennten* Ereignis M_{RAH} auf der Weltlinie der Station M.

Die Parameter eines ‚mitfahrenden' Bezugsrahmens

Obwohl sie beschleunigt wird, kann der Rakete immer wechselnde, nicht beschleunigende, d.h. inertiale Bezugsrahmen[6] C zugewiesen werden, jeder mit seiner eigenen bestimmten skalierten Geschwindigkeit $v/c = \sin\phi$ relativ zum Heimrahmen. Solche Rahmen werden als MITFAHRENDE bezeichnet. Beim Ankunftsereignis NRA hat die Rakete eine ‚retrospektive' zurückgelegte Wegstrecke $\hat{X}_{RA}$ im Rahmen $\hat{C}$, die der Entfernung *in diesem Rahmen* zwischen den stationären Raumstationen A und B entspricht:[7]

[6] Rahmen C bezeichnet einen *willkürlichen* sich bewegenden Rahmen, während der Rahmen $\hat{C}$ auf den *spezifischen* Bezugsrahmen der Stationen A und B verweist.

[7] Wir errinnern an die Larmor-Lorentz-Transformationen (4.2)-i
$\Delta x = (\Delta\chi + \Delta\tau.v)\gamma$,
mit $\Delta\tau = 0$ d.h. simultan in Rahmen $\hat{C}$.

$$\text{RETRO-DISTANZ} \qquad \hat{X}_{RA} = \frac{x_{RA}}{\hat{\gamma}} = x_{RA}\cos\hat{\phi} \qquad (8.1)$$

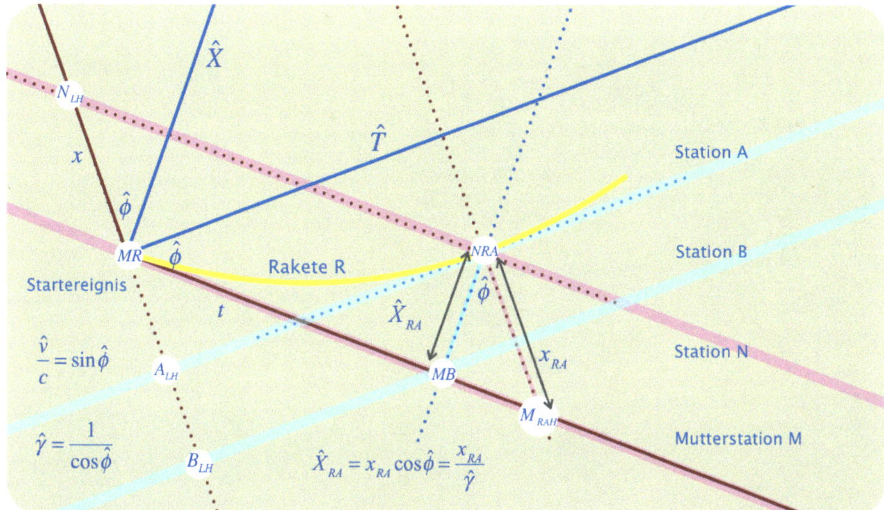

Abbildung 8.2: Koordinaten einer beschleunigenden Rakete

[8]wobei x_{RA} die unveränderliche Distanz *im Heimrahmen* $\underline{H}$ zwischen Stationen M und N ist. Als eine ‚Darstellung' des so benannten ‚Kontraktionsphänomens', wird die Heimrahmendistanz x_{RA} zwischen den Ereignissen NRA und $M_{R}AH$ simultan im Heimrahmen $\underline{H}$, aus Sicht der Rakete im Rahmen $\hat{\underline{C}}$, als kontinuierlich ‚kontrahierende' Distanz $\hat{X}_{RA}$ wahrgenommen, obwohl die Entfernung x_{RA} in Rahmen $\underline{H}$ selbst *nicht* verkürzt wird. Heimrahmenbeobachter würden natürlich behaupten, dass die roten Stationen A und B die Trennung zwischen blauen Stationen N and M *nicht gleichzeitig* registrierten.

[8] Wo-Liniensegment x_{RA} liegt parallel zur $\underline{H}$s x-Achse.

8.2   Die primären Beschleunigungsbeziehungen

Wahrgenommene ‚Retroperspektive-Beschleunigung'

Augenblicklich stationär zu Station A in Rahmen $\hat{\underline{C}}$, befindet sich die Rakete ein *winzigen Inkrement-Eigenzeit* $\Delta\tau$ später dann in einem neuen Rahmen $\underline{C}'$. Wie in Abb. 8.3 schematisch dargestellt, beträgt die Rückwärts-Inkrementalgeschwindigkeit der Station A in Bezug auf die Rakete R in ihrem neuen mitfahrenden Rahmen $\underline{C}'$ einfach $-\Delta u \approx -\alpha\Delta\tau$.[9] Die Rückwärtsgeschwindigkeit der Mutterstation M im Rahmen $\hat{\underline{C}}$ der Station A ist gleich $-\hat{v}$. In dem neuen Rahmen $\underline{C}'$ der Rakete wird daher die *rückwirkende Geschwindigkeit* von M gleich $-(\hat{v} + \Delta\hat{v})$ sein. Wegen der relativistischen Geschwindigkeitsbeziehung (4.6) aber ist $(\hat{v} + \Delta v)$ *nicht* identisch mit $\hat{v} + \alpha\Delta\tau$. Stattdessen

[9] Obwohl die Eigenbeschleunigung α tatsächlich *variieren* kann, kann angenommen werden, dass sie unverändert bleibt während $\Delta\tau \to 0$.

$$(\hat{v} + \Delta v) = \frac{\hat{v} + \Delta v'}{1 + \hat{v}\cdot\Delta v'/c^2} \approx \frac{\hat{v} + \alpha\Delta\tau}{1 + \hat{v}\cdot\alpha\Delta\tau/c^2}. \tag{8.2}$$

Wenn $\Delta\tau \to 0$, Rahmen $\underline{C}'$ wird immer näher an Rahmen $\hat{\underline{C}}$. Also ($\Rightarrow$ Abb. 8.3):

$$\frac{dv}{d\tau} = \alpha\left(1 - \frac{v^2}{c^2}\right). \tag{8.3}$$

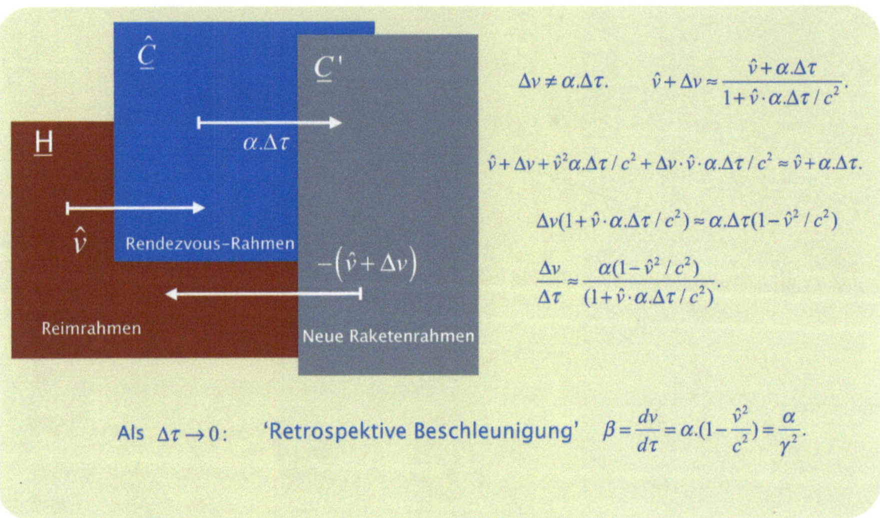

Abbildung 8.3: Retroperspektive-Beschleunigs-Rahmentriade

Die steigende Geschwindigkeiten sukzessiver mitfahrenden Rahmen stellen eine von einem Raketpassagier betrachtete RETROSPEKTIVE BESCHLEUNIGUNG dar:[10]

$$\beta \triangleq \frac{d^2\chi}{d\tau^2} = \frac{dv}{d\tau} = \alpha\left(1 - \frac{v^2}{c^2}\right) = \frac{\alpha}{\gamma^2}. \tag{8.4}$$

Obwohl, bemerkenswerterweise, die Geschwindigkeit v quantitativ reziprok für den Rahmen H und für jeden mitfahrenden Rahmen C ist, sind die Beschleunigungswerte α und β *nicht reziprok*.

[10] Griechisch *beta*. β wird ein positiven Wert haben, genau wie a und α.

Raketenbeschleunigung a im Heimrahmen

[11] Um zu bestimmen, wie ein Raketenpassagier die verstrichenen Δt-Intervallzeiten im Heimrahm relativ zu den eigenen $\Delta\tau$-Differenzen beobachten würde, wenden wir uns den *inversen Larmor-Lorentz-Transformationen* (4.2)-ii zu: $\Delta t = (\Delta\tau + \Delta\chi.v/c^2)\gamma$. Setzt man $\Delta\chi = 0$ für die Rakete in einem mitfahrenden Rahmen C, so erhalten wir für die Δt- and $\Delta\tau$-Intervalle im Limit:[12]

[11] *Romisch a*.

$$\text{ZEITDILATATIONSFAKTOR} \quad \left.\frac{dt}{d\tau}\right|_{\Delta\chi=0} = \gamma. \tag{8.5}$$

[12] Während $\Delta\tau \Rightarrow 0$.

Dies ermöglicht es uns festzustellen, wie sich die Beschleunigung *a im Heimrahmen* auf die Retro-Beschleunigung (β) des mitfahrenden Rahmenbeobachters bezieht. Kombinieren wir die Gleichungen (8.4) und (8.5), können wir die wahrgenommene Änderung der Heimrahmengeschwindigkeit schreiben, wie sie durch die Heimzeit bewertet wird, d.h.:

IM HEIMRAHMEN WAHRGENOMMENE VORWÄRTS-BESCHLEUNIGUNG:

$$a \triangleq \frac{d^2x}{dt^2} = \frac{dv}{dt} = \frac{dv}{d\tau\cdot\left.\frac{dt}{d\tau}\right|_{\Delta\chi=0}} = \frac{dv}{d\tau\cdot\gamma} = \frac{\beta}{\gamma} = \frac{\alpha}{\gamma^3}. \tag{8.6}$$

Wir sind also zu den wichtigen Gleichungen gelangt, die ausdrücken, wie die Beschleunigung aus *drei* verschiedenen Blickwinkeln beurteilt wird.

1. Die der Rakete selbst aus einer mitfahrenden Rahmenperspektive (α).

2. Der Geschwindigkeitsanstieg sukzessiver mitfahrenden Rahmen wahrgenommen[13] von Raketenpassagieren als 'retroperspektive Beschleunigung' wahrnimmt ($\beta = dv/d\tau = \alpha/\gamma^2$).

3. Wie ein Raketenpassagier das rückwärts-beschleunigenden mitfahrenden Rahmen-Szenario wahrnimmt. ($a = dv/dt = \alpha/\gamma^3$).

[13] Individuelle mitfahrende Rahmen selber werden nicht beschleunigt.

> **8.7.**
>
> **Die primäre relativistischen Beschleunigungsbeziehungen**
>
> $$a \triangleq \left.\frac{dv}{dt}\right|_{\Delta\chi=0} = \frac{\alpha}{\gamma^3} \quad \text{and} \quad \beta \triangleq \frac{dv}{d\tau} = \frac{\alpha}{\gamma^2} = \alpha\left(1 - \frac{v^2}{c^2}\right).$$

8.3   Die ‚Apokalyptischen' Dynamik-Identitäten

Schließlich untersuchen wir zwei mathematische Beziehungen, die den Parameter der Eigenbeschleunigung α betreffen. Diese zwar einfachen jedoch sehr wichtigen Gleichungen, die die Relativitätsdynamikbeziehungen in eindeutiger Weise offenbaren, sind allem Anschein nach bisher nicht *in vollem Umfang* begriffen worden.[14]. Jede der folgenden drei Gleichungen verwendet die einfache Kalkülformel: $dp^n/dp = n.p^{n-1}$.

Apokalypse bedeutet ‚*Offenbarung'*.
  Griechsich: ἀποκάλυψις

[14] Vor dem 2005 EJP Paper des jetzigen Autors

$$\frac{d\left(1/\gamma^2\right)}{dv} = \frac{d\left(1 - v^2/c^2\right)}{dv} = \frac{-2v}{c^2} \quad d.h. \quad d\left(1/\gamma^2\right) = \frac{-2v}{c^2}dv \quad ;$$

$$\frac{d(1/\gamma^2)}{d(1/\gamma)} = \frac{d(1/\gamma)^2}{d(1/\gamma)} = \frac{2}{\gamma} \quad d.h. \quad d(1/\gamma) = \frac{\gamma}{2}d(1/\gamma^2) = -\frac{v}{c^2}\gamma dv \quad ;$$

$$\frac{d\gamma}{d\left(1/\gamma\right)} = \frac{d(1/\gamma)^{-1}}{d(1/\gamma)} = -\left(\frac{1}{\gamma}\right)^{-2} = -\gamma^2 \quad d.h. \quad d\gamma = -\gamma^2 d(1/\gamma) = \frac{v}{c^2}\gamma^3 dv = \frac{\gamma^3}{c^2}\frac{dx}{dt}dv.$$

Folglich, anhand der Gleichung (8.7)-i ($\frac{dv}{dt} = \frac{\alpha}{\gamma^3}$):

$$\frac{d\gamma}{dx} = \gamma^3\frac{dx}{c^2 dt}\cdot\frac{dv}{dx} = \gamma^3\frac{dv}{c^2 dt} = \gamma^3\frac{a}{c^2} = \frac{\alpha}{c^2}.$$

[15] https://en.wikipedia.org/
wiki/Chain_rule
[16] Wir bezeichnen eine Derivate mit
$': (pq)' = pq' + qp'.$

[15]Wiederum unter Verwendung von (8.7)-i ($a = \frac{\alpha}{\gamma^3}$), der Kettenregel und der Leibnitz'schen Regel[16] für die Derivate eines Produkts (da $\frac{dx}{dt} = v$) gilt:

$$\frac{d(v\gamma)}{dt} = \frac{dx}{dt}\frac{d(v\gamma)}{dx} = \frac{v^2 d\gamma}{dx} + \frac{v\gamma dv}{dx}\cdot\frac{dt}{dt} = \frac{v^2\alpha}{c^2} + \frac{v\gamma}{v}\frac{dv}{dt} = \frac{v^2\alpha}{c^2} + \frac{\alpha}{\gamma^2} = \alpha\left(\frac{v^2}{c^2} + 1 - \frac{v^2}{c^2}\right) = \alpha.$$

8.8.

DIE ‚APOKALYPTISCHEN' DYNAMIK-IDENTITÄTEN: $\qquad \alpha = \dfrac{d(v\gamma)}{dt} = c^2\dfrac{d\gamma}{dx}.$

Die Eigenbeschleunigung α entspricht somit sowohl einer Heimrahmen-beobachter-Wahrnehmung der Änderungsrate *über die Zeit* des $v\gamma$-Produktes der Rakete, d.h. $d\,(v\gamma)\,/dt$, als auch der vom selben Beobachter wahrgenommenen Änderungsrate *über die Distanz*, des γ-Werts der Rakete, d.h. $d\gamma/dx$, skaliert mit c^2.

Diese äußerst nützlichen Beziehungen werden im nächsten Kapitel angewendet, das sich aber zuerst mit den ernsten Verwirrungen befasst, die in der Relativitätsliteratur bezüglich herrschender Konzeptionen von Impuls und Kraft, die immer noch noch weit verbreitet sind.

9

Diversifikationen von Impuls and Kraft

„…nach dem Verlassen des Armes des Werfers, würde das Projektil durch einen Antrieb durch den Werfer bewegt werden und würde weiter bewegt werden, solange der Impuls stärker als der Widerstand blieb, und wäre von unendlicher Dauer gewesen, wenn nicht durch eine gegenteilige Kraft, die sich ihr widersetzt, oder durch etwas, das sie zu einer entgegengesetzten Bewegung neigt."
,Newtons Erstes Bewegungsgesetz' formuliert im 14. Jahrhundert von Jean Buridan

LAUT DEM 4. LATERANISCHEN KONZIL DER RÖMISCHEN KIRCHE, HATTE DIE ZEIT EINEN ANFANG. Inspiriert von diesem theologischen Aspekt stellte der französische Philosoph *Jean Buridan*[1] im 14. Jahrhundert die Aristotelsche Dynamik in Frage. Er behauptete, dass die Himmelskörper zu Beginn der Zeit göttlich mit ,IMPETUS' ausgestattet und ihre Bewegungen „in Regionen ohne Reibung" konserviert wurden. Dass sich bewegende Körper *nicht* durch externe Wirkungen angeschoben werden müssten, war bereits im 6. Jahrhundert vom Alexandriner Philosophen *Johannes Philoponos* vorgetragen worden. Buridans Impetus, das Produkt der sogenannten ,Masse' eines Objekts und seiner Geschwindigkeit, wie es von einem sich relativ bewegenden Beobachter wahrgenommen wird, wurde auch von Galilei und Descartes gut verstanden.[2,3] In seiner 1687 *Principia-Abhandlung* über die Himmelsmechanik, nannte Isaac Newton dieses Produkt *,Quantitas Motus'* und fasste ihn in einem ,ersten Bewegungsgesetz' zusammen: *Jeder Körper beharrt in seinem Zustand der Ruhe oder der gleichmäßig geradlinigen Bewegung, sofern er nicht gezwungen wird durch eine äußere Kraft seinen Zustand zu ändern.*

Anmerkung: Um Wirkungen durch Gravitationseinflüssen zu vermeiden, beschränken wir unsere Betrachtungen auf kleine Objekte deren Schwerkraftswirkungen aufeinander vernachlässigbar klein bleiben.

Abbildung 9.1: [
  Jean Buridan, französischer Philosoph
  1295-1356
[1] Occams schüler an der Pariser Sorbonne Universitität – und ihr späterer Rektor.
[2] Viele historische Details werden erläutert in:
[3] James Cushing. *Philosophical Concepts in Physics.* Cambridge University Press, 1998

9.1　Klassischer Impuls und klassische Kraft

9.1.

$$\text{KLASSISCHER IMPULS}\qquad \mathfrak{P} \triangleq mv = m\frac{dx}{dt}.$$

[4]Newtons ‚zweites Gesetz der Bewegung', *Kraft entspricht Masse durch Beschleunigung* DEFINIERT *eine willkürliche Ursache* – Kraft, in Bezug auf *ihre quantitative Wirkung* – eine Änderung der Geschwindigkeit eines Objekts multipliziert mit seiner Masse, d.h. seines Impulses. Übrigens erlangt diese wichtige Aussage den Status eines Prinzips[5] *nur* in Verbindung mit Newtons epochalem Gravitationsgesetz. Obwohl diese Tatsache ‚offensichtlich' ist, wird sie in der Physikliteratur selten verdeutlicht.

9.2.

$$\text{KLASSISCHE KRAFT}\qquad \mathfrak{F} \triangleq \frac{d\mathfrak{P}}{dt} \triangleq m\frac{dv}{dt} = ma.$$

9.2　Entthronung des ‚Relativistischen Masse'-Oxymorons

Abgesehen von seinen ballistischen Einsichten ist der mitellälterliche Pariser Philosoph am besten für seine *Buridans-Esel-Parodie* bekannt: Ein Esel, der zwischen zwei Heuballen steht und sich nicht entscheiden kann, welche er wählen soll, verhungert. Der Relativitätsheuball, auf den sich ein Großteil der Literatur bezieht, wird als ‚relativistischer Massenansatz' bezeichnet. In Anlehnung an die obigen klassischen Konzepte von Impuls und Kraft führt dieser Weg in eine eigentlich verwirrende Idee ein, die *sich variierende* ‚relativistische Masse' nennt – *‚ein historisches Artefakt, das immer noch eine Pandemie-Verwirrung in der Speziellen Relativitätsdynamik verursacht'*[6,7] und in dem ‚zweckmäßigen' jedoch irreführenden Aphorismus „eine Masse nimmt mit der Geschwindigkeit zu" verankert ist. Trotz ihres ikonischen Status in der fest vewurzelten $E = Mc^2$-Formel, hob Einstein selbst die Unangemessenheit dieses ‚relativistischen Massen'-Konzeptes in einem Brief von 1948 an Lincoln Barnett hervor:

> „Es ist nicht gut, von der Masse $M = m/\sqrt{1 - v^2/c^2}$ eines sich bewegenden Körpers zu sprechen, da keine klare Definition für M gegeben werden kann. Man sollte nur die Ruhemasse [m] anwenden."

Dazu könnte man eine rhetorische Frage hinzufügen, die derjenigen ähnlich ist, die im Abschnitt Sinnlosigkeit des Gegenwarts-Tempus in der Relativität auf Seite 38 steht:

Abbildung 9.2: Isaac Newton, englischer Wissenschaftler 1643-1727

[4] Wir kennzeichnen die klassische Parameter durch eine 𝔊𝔬𝔱𝔥𝔦𝔰𝔠𝔥𝔢 Schriftart.

[5] die Kombinierung einer Ursache — wie z.B. *Schwerkraft*, mit einer Wirkung — *eine Beschleunigung*.

[6] Lev Okun. *Energy and Mass in Relativity Theory*. World Scientific, 2009

[7] Gary Oas. On the Use of Relativistic Mass in Various Published Works, 2008

Gibt es einen ‚bevorzugten' Beobachter unter mehreren sich relativ bewegenden Beobachtern, der entscheidet, wie eine relativ bewegende Masse selbst
‚erhöht' wird ?

Um dieser Angelegenheit gerecht zu werden, wenden wir uns einem anderen
Heuballen zu, indem wir das klassische puristische Konzept der *unveränderlichen* Eigenmasse m eines Objekts beibehalten, wie sie in ihrem eigenen aktuellen Bezugsrahmen wahrgenommen wird, aber andererseits Buridans elemen-
tare Konzepte von Impuls und Kraft *auseinanderziehen*.

9.3   *Impuls diversifiziert – räumlich und zeitlich*

In Anbetracht der Geschwindigkeits- /Chronositätscharakteristik der relativistischen Bewegung, teilen wir den Impuls in zwei Kategorien – RÄUMLICH
UND ZEITLICH.

9.3.

$$\text{RÄUMLICHER IMPULS}\quad p \triangleq m\frac{dx}{d\tau}\bigg|_{\Delta\chi=0} = m\frac{dx}{dt}\cdot\frac{dt}{d\tau}\bigg|_{\Delta\chi=0} = mv\gamma.$$

Der räumliche Impuls $m.dx/d\tau = mv\gamma$ wird somit als proportional zu einer willkürlich beobachteten Distanz-Änderung (Δx)[8] *definiert*, die aber nicht
durch die Beobachter-Eigenzeit (Δt), sondern durch die Eigenzeit des Partikels (Objekt) bestimmt wird $(\Delta\tau)$. Dimensional gleich dem klassischen Impuls
$\mathfrak{P} \triangleq mv = m.dx/dt$, unterscheidet es sich durch den geschwindigkeitsabhän-
gigen Zeit-Dilatationsfaktor $\frac{dt}{d\tau}\big|_{\Delta\chi=0} = \gamma$ (Gleichung (8.5) auf Seite 68).

[8] im Limit als $\Delta x \to 0$ usw.

9.4.

$$\text{ZEITLICHER IMPULS}\quad q \triangleq m\frac{dt}{d\tau}\bigg|_{\Delta\chi=0} = m\gamma.$$

Der Zeitliche-Impuls definieren wir als Eigenmasse m multipliziert mit einer ‚t-Richtung' *‚Geschwindigkeit der Zeit'* $dt/d\tau$ – ein natürliches räumlich-
zeitliches ‚Komplement' des räumlichen Impulses $m.dx/d\tau$. Objekt-Eigenzeit
τ ist in diesem Fall auch die eigentliche Taktzeit. Unser zeitlicher Impuls $m\gamma$
ist dann nichts anderes als das, was wir gerade als ein Oxymoron, ‚Relativistische Masse', verunglimpft haben, an und für sich ein sehr wichtiges Konzept,
das jedoch dringend *eine Umbenennung* nötig hat.

9.4   *Kraft diversifiziert durch Objekt-Rahmen und Beobachter-Rahmen*

[9] Griechische *Phi.*

Wir bezeichnen als[9] $\Phi = m\alpha$ die *Eigenbeschleunigung* des Objektes mal seiner Masse, d.h. *die Kraft die sich in ihrem ‚eigenen' mitfahrenden Bezugsrahmen* $\underline{C}$ manifestiert. Wenn ein nichtbeschleunigender willkürlicher Bezugsrahmen $\underline{A}$ und der mitfahrende Rahmen $\underline{C}$ des Objekts identisch wären ($v = 0$ und $\gamma = 1$), wären unsere relativistische Kraft Φ und die klassische Kraft $\mathfrak{F} = ma$ identisch. Wir konzentrieren uns also auf die Anwendung von Kraft *aus der Perspektive eines Beobachters in dem mitfahrenden Rahmen des Objekts selbst.* Der Eigen-Impuls des Objekts ist dann Null, aber wenn er einer angewandten Kraft unterworfen ist, wird seine Impuls-Änderungsrate [10] nicht Null sein.

[10] Für eine beschleunigte Rakete *unterscheiden sich* Kräfte Φ und $\mathfrak{F}$ (wie auch t und τ), außer beim Start.

9.5.

$$\text{OBJEKT-RAHMEN-KRAFT} \quad \Phi \triangleq m \cdot \alpha = m \cdot \left.\frac{d^2\chi}{d\tau^2}\right|_{\Delta x = 0} = m \cdot \left.\frac{dv}{d\tau}\right|_{\Delta x = 0}.$$

Die Nullschubperspektive

[11] Eine mechanische Kraft kann sich in einem körpereigenen Bezugsrahmen (z.B. einer durch einen Abgasantrieb beschleunigten Rakete) entfalten, oder in einem ‚Beobachter'-Bezugsrahmen, z.B. ein Ball, der von einem Golfschläger getroffen wird, der während einer sogar kurzen Periode des ‚Kontakts' ziemlich komplexe Änderungen der Kraft und Geschwindigkeit aufgrund seines eigenen sich ständig ändernden (‚mitfahrenden) Bezugsrahmens durchmacht. Wir verzichten bewusst auf nichtmechanische Phänomene wie elektromagnetische Kräfte, die den Rahmen des Buches sprengen würden und nicht direkt für unsere Zwecke gebraucht werden.

[12] Ein *Joule* von Energie wäre erforderlich, um ein Gewicht von 1 Kg 1 Meter in die Höhe zu heben.

[11]Wir betrachten nun ein solches Szenario aus dem Bezugspunkt eines ‚Nullschub'- d.h. nichtbeschleunigenden Beobachters. Das System enthält allgegenwärtige Beobachter in dem willkürlichen Bezugssystem $\underline{A}$, ein einzelnes Teilchen (‚Punktobjekt') mit einer festen Eigenmasse m, das sich anfangs mit der Geschwindigkeit v in Rahmen $\underline{A}$ bewegt, und einen etwas abstrakt konzipierten ‚Beobachter-Agenten'. Auf irgendeine Weise um deren Einzelheiten wir uns *keine* Gedanken machen müssen, bringt unser willkürlicher Beobachter-Agent im Rahmen $\underline{A}$ eine Kraft F auf die Masse m zum Tragen, während sie entlang einer winzigen Entfernung Δx in diesem Rahmen fortschreitet.

Wenn wir bedenken, dass *Energie* die Dimensionen der *Kraft multipliziert mit einer Distanz* hat,[12] können wir sagen, dass unser Agent das, was wir als ein KINETISCHE-ENERGIE-INKREMENT $\Delta K \triangleq F \cdot \Delta x$ definieren, dem Teilchen ‚verleiht'. Da ihr Einsatz über die beobachtete Entfernung Δx beigehalten wird, kommen wir, als $\Delta x \to 0$, zu der DEFINITION:

9.6.

$$\text{BEOBACHTER-RAHMEN-KRAFT} \quad F \triangleq \frac{dK}{dx}.$$

Newtons 3. Gesetz ‚aufgewertet'

Wie von Newton (nach dem die Einheit der Kraft benannt ist) angegeben:[13]

> „Jeder Aktion ist stets eine gleiche Reaktion entgegengesetzt: die gegenseitigen Aktionen zweier Körper aufeinander sind immer gleich und in entgegengesetzten Richtungen."

Die Rolle dieses Grundprinzips in der Relativitätstheorie wird in der Literatur im Allgemeinen mißverstanden und mißachtet – wie in [14] (Seite 31): *„Im Allgemeinen gilt* ACTIO=REACTIO *nicht mehr, was die Behandlung wechselwirkender Körper wesentlich erschwert."*, oder in [15] (Seite 11): *„Logisch wie das dritte Gesetz ist, gibt es ein Schlupfloch darin....."* Ironischerweise läßt sich die Sache ziemlich leicht lösen, indem wir eine ‚ergänzte' Formulierung des Newtonschen Prinzips *als eine erste Hypothese* $P1$ aufstellen:

9.7.

P1: Eine im Beobachter-Rahmen eingesetzte Kraft F entspricht der im Objekt-Rahmen empfundenen Kraft Φ. Zu jeder Aktion gibt es immer eine gleiche Reaktion, wobei die Kräfte von zwei Körpern aufeinander, <u>wie sie jeweils in ihren getrennten Raumzeitrahmen gesehen werden</u>, sind immer gleich und entgegengesetzt gerichtet.

Da ein *Beobachter-Rahmen* und ein *separater beobachteter Objektrahmen* beteiligt sind, müssen wir lediglich zum Ausdruck bringen dass Reaktionen, d.h. *Kraftmanifestationen* in den zwei Raumzeitrahmen SYMMETRISCH GLEICH SIND. Kein ‚Schlupfloch' ist involviert und die früher zitierte ‚Präsentismus'-Behauptung zu diesem Thema: *„... Ideen der Impuls-Erhaltung versagen [in Relativität] ... [die richtigen Gleichungen] müssen erraten werden."*[16], ist ungerechtfertigt.

Schließlich erlauben die apokalyptischen Identitäten (8.8), die α auf die v-, γ- und Heim-Rahmenparameter x und t beziehen, wenn sie auf unser hypothetisches Prinzip $P1$ angewendet werden, dass die relativistische Kraft eines Punktobjekts sich auf vier verschiedene Arten manifestiert wird:

1. Im Object-Rahmen erfahrene Kraft $m\frac{dv}{d\tau}$,

2. Beobachter-Zeitgetaktete räumliche Impulsänderung $m\frac{d(v\gamma)}{dt}$,

3. Beobachter-Raumgetaktete zeitliche Impulsänderung $mc^2\frac{d\gamma}{dx}$,

4. Im Beobachter-Rahmen erfahrene Kraft $\frac{dK}{dx}$.

[13] Wenn sie auf ein 1-Kilogramm-Massenobjekt über einen Zeitraum von einer Sekunde angewendet wird, erhöht ein Newton der Kraft die relative Geschwindigkeit des Objekts um einen weiteren Meter pro Sekunde.

[14] Hans Stephani. *An Introduction to Special and General Relativity.* Cambridge U.P. Cambridge U.P., 3rd edition, 2004

[15] Bernard Schulz. *Gravity from the ground up.* Cambridge University Press, 2003

[16] James H Smith. *Introduction to Special Relativity.* Dover, 1965, 1996

9.8.

VIER RELATIVISTISCHE KRAFT-MANIFESTATIONEN

$$\left\{ \Phi \triangleq m \cdot \alpha \equiv m\frac{dv}{d\tau} \right\} \equiv \left\{ m\frac{d(v\gamma)}{dt} \triangleq \frac{dp}{dt} \right\} \equiv \left\{ mc^2\frac{d\gamma}{dx} \triangleq c^2\frac{dq}{dx} \right\} = \left\{ \frac{dK}{dx} \triangleq F \right\}.$$

Alle diese Beziehungen sind entweder *Definitionen* ($\triangleq$) oder Identitäten ($\equiv$), mit Ausnahme des einfachen Gleichheitzeichens $=$ auf der rechten Seite, das aus unserem $P1$-hypothetischen Prinzip $\Phi = F$ resultiert. Diese Kette von Zusammenhängen ermöglicht es uns, im nächsten Kapitel weitere vier Prinzipien der Relativitätsdynamik herzuleiten, die *sich gegenseitig ergänzen*.

10

Das $E = m\gamma c^2$ Pentagon

„Die Erhaltung der Energie…führt durch wenig geschätzte Identitäten in einem eindimensionalen Kontext zur Gleichheit von Teilchen-Rahmen- und ‚äquivalenten' Beobachter-Rahmen-Kräften (Newtons 3. Bewegungsgesetz relativistisch ‚aufgewertet'), zur Erhaltung des ‚räumlichen Impulses', zur Erhaltung des ‚zeitlichen Impulses' (sog. ‚relativistische Masse') und zur kinetischen Energieformel $K = mc^2(\gamma - 1)$. Wie einfach dargelegt wird, bestätigt die Postulierung eines dieser fünf Prinzipien alle anderen."   European Journal of Physics B.C. 2006

10.1   Kinetische Energie verliehen und erworben

[1] Multiplikation relativistischer Kraftgleichungen (9.8) durch eine infinitesmale Beobachter-Rahmendistanz Δx erzeugt einen Ausdruck für das verliehene kinetische Energie-Inkrement,[2] auf das im vorigen Kapitel verwiesen wurde.

10.1.

KINETISCHE ENERGIE-INCREMENTFORMEL

$$\text{Wenn}\,\Delta x \to 0: \qquad \Delta K = F \cdot \Delta x = \Phi \cdot \Delta x = m\frac{c^2 d\gamma}{dx} \cdot \Delta x.$$

Dies ergibt ein zweites Prinzip P2 für die gesamte kinetische Energie, die einem Objekt von seinem Ruhezustand aus in dem beliebigen Beobachter-Bezugsrahmen verliehen wird:

10.2.

P2: KINETISCHE ENERGIE IN EINEM BELIEBIGEN INERTIALRAHMEN $\underline{A}$

$$K = \int_{v=0}^{v=v} F \cdot dx = \int_{v=0}^{v=v} c^2 m\,d\gamma = mc^2\gamma - mc^2.$$

[1] B.C. A five-fold equivalence in special relativity one-dimensional dynamics. *European Journal of Physics*, 27:983–984, 2006

[2] Der Ausdruck ‚Arbeit' wird gewöhnlich verwendet, um zu bezeichnen, was wir als ‚verliehene Energie' bezeichnen.

Die dem Körper verliehene *kinetische Energie* gleicht somit seinem zeitlichen Impulsanstieg $m(\gamma - 1)$, skaliert mit c^2, einem Produkt, das die gleiche Dimension wie Energie hat. Dies stellt ein weiteres Schlüsselprinzip P3 dar:

10.3.

P3: IN JEDEM GESCHLOSSENEN SYSTEM BLEIBT ENERGIE ERHALTEN

Die über einen beliebigen Zeitraum akkumulierte Energie kann quantitativ als das integrale Produkt unserer Beobachter-Rahmen-Kraft und der Beobachter-Distanz, entlang derer eine solche Kraft aufrechterhalten wurde, definiert werden. Wir haben angenommen, dass die gesamte Energie, die dem Partikel verliehen wird, zu seiner fortlaufenden Beschleunigung beiträgt ($\Rightarrow$nachfolgende Abschnitt *Unelastische Kollisionen).

Kernenergie

Eine Umordnung der kinetischen Energiegleichung (10.2) veranlaßt uns, uns auf den zeitlichen Impuls eines Körpers (skaliert mit c^2) zu beziehen:

10.4.

GESAMTENERGIE IN EINEM BELIEBIGEN INERTIALRAHMEN $\underline{A}$

$$E \triangleq qc^2 = m\gamma c^2 = \frac{mc^2}{\sqrt{1 - v^2/c^2}} = K + mc^2.$$

Jede ,Transmutation' eines Objekts, das bewirkt, dass seine Masse um (sagen wir mal) Faktor Δm reduziert wird, wäre äquivalent zu einem Energieinkrement $\Delta m.c^2$, das in einer anderen Form, wie zum Beispiel kinetischer Energie, ,freigesetzt' wird. Dies ist die Grundlage der Atomenergieerzeugung sowie auch das Prinzip der zerstörerischen Kraft von Atombomben.

Kosmische Grenzgeschwindigkeitsbegrenzung

Eine weitere Kernbeziehung ergibt sich aus Gleichung (10.2). Damit die Geschwindigkeit v eines Massenobjekts sich der Grenzgeschwindigkeit c nähern sollte, und der Faktor $\gamma = 1/\sqrt{1 - v^2/c^2}$ dabei gegen unendlich streben müsste, *wäre eine unendliche Menge an kinetischer Energie erforderlich.*

EINE ENERGIEBEGRENZUNG VERHINDERT, DASS MASSENOBJEKTE IN IRGENDEINEM INERTIALRAHMEN JEMALS DIE KOSMISCHE GRENZGESCHWINDIGKEIT ERREICHEN.

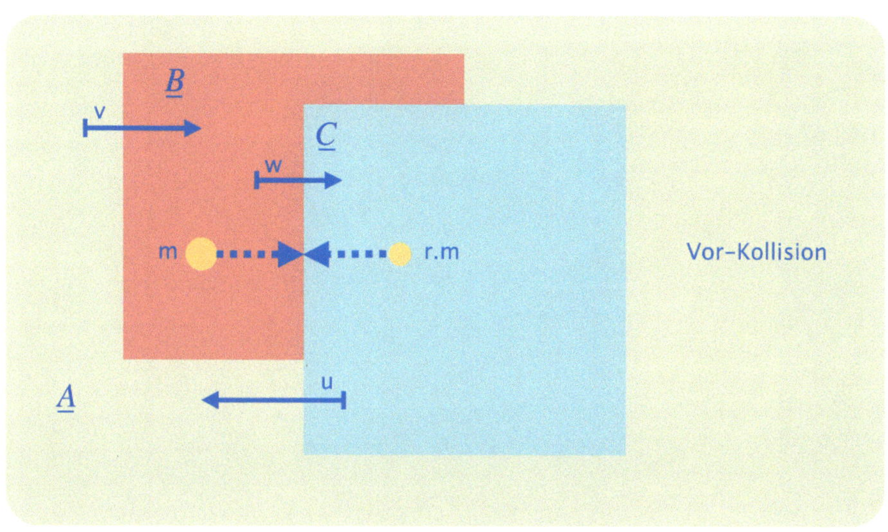

Abbildung 10.1: Vor-Kollision Bezugsrahmen und relative Geschwindigkeiten

Wir erinnern daran, dass Pfeile in unseren schematischen Diagrammen die Geschwindigkeit des Bezugsrahmens anzeigen, der den Pfeilkopf enthält – den beobachteten Bezugsrahmen, wie er durch den Bezugsrahmen wahrgenommen wird, der den Pfeilschwanz enthält – den Bezugsrahmen des Beobachters. (Für eine negative Geschwindigkeit ist die tatsächliche Bewegung in der Richtung entgegengesetzt zu der des Pfeils.).

10.2   *Etwas Thermodynamik*

Stellen wir uns zwei Teilchen mit *fester* Masse $m_1 = m$ und $m_2 = r.m$ vor, kurz vor einer elastischen Kollision, wie schematisch in Abbildung 10.1 dargestellt. Die zyklischen Geschwindigkeiten eines Beobachters in einem beliebigen Beobachterrahmen $\underline{A}$ und der Teilchenrahmen $\underline{B}$ und $\underline{C}$ sind v, w und u (die anfängliche relative zyklische Geschwindigkeit w hat tatsächlich einen *negativen* Wert von rechts nach links – ebenso wie die zyklische Geschwindigkeit u.). Im Rahmen $\underline{A}$

$$p_1 = mv\gamma_v, \qquad p_2 = -rmu\gamma_u, \qquad q_1 = m\gamma_v \qquad and \qquad q_2 = rm\gamma_u. \quad (10.5)$$

[3]Wir definieren eine ELASTISCHE KOLLISION als eine, bei der DIE RELATIVE GESCHWINDIGKEIT w ZWISCHEN DEN PARTIKELN LEDIGLICH DIE RICHTUNG WECHSELT. Nachkollisions-Partikelrahmen sind $\underline{B'}$ und $\underline{C'}$.[4] Für eine elastische Kollision:

$$W = -w \qquad und \qquad \gamma_W = \gamma_w. \qquad (10.6)$$

Darüber hinaus ist die auf den Partikel m_2 ausgeübte Kraft von m_1 entgegengesetzt zur angewandten Kraft von m_2 auf den Partikel m_1. Ebenso ist die von m_1 erfahrene Kraft aufgrund des Partikels m_2 entgegengesetzt gerichtet zu der von m_2 erlebte Kraft aufgrund des Partikels m_1.[5] Aus dem Rahmenkraftprinzip P1 (9.7) gilt $m_1\alpha_1 = -m_2\alpha_2$. Also mittels (9.8):

[3] m_2 hat anfangs die Geschwindigkeit $-u$ im Bezugsrahmen $\underline{A}$.

[4] Wir bezeichnen Vorkollisionswerte in *Kleinbuchstaben* und Nachkollisionswerte in *Großbuchstaben*.

[5] Dies stellt tatsächlich Newtons drittes Gesetz dar, das für jedes Teilchen *jedoch in den jeweiligen Bezugssystemen* gesondert betrachtet wird.

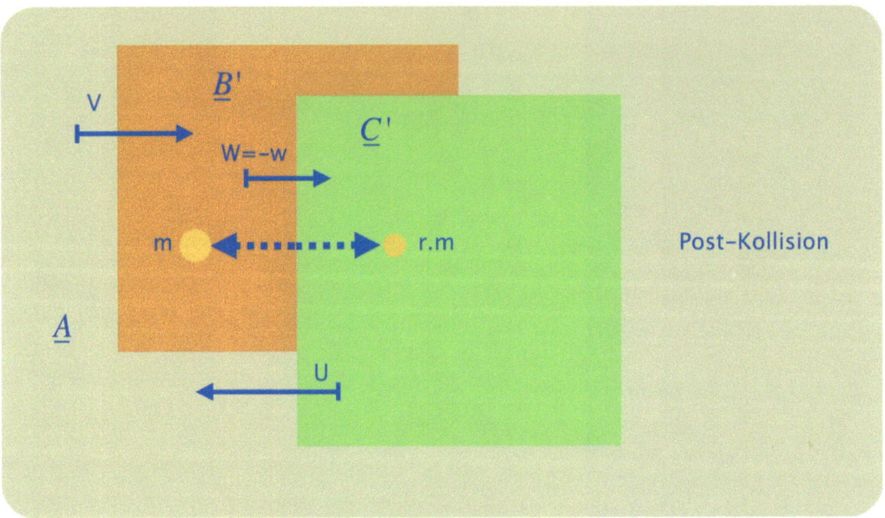

Abbildung 10.2: Post-Kollision
Bezugsrahmen und relative
Geschwindigkeiten

10.7.

KRAFT-BEZIEHUNGEN VON KOLLISIONSPARTIKELN

$$\left\{ \Phi_1 = \frac{dp_1}{dt} \equiv \frac{c^2 dq_1}{dx} = m_1 \alpha_1 \right\} = -\left\{ \Phi_2 = \frac{dp_2}{dt} \equiv \frac{c^2 dq_2}{dx} = m_2 \alpha_2 \right\}.$$

Die Beziehungen(10.7) ergeben sofort zwei weitere Prinzipien:

$$\frac{dp_1}{dt} = \frac{-dp_2}{dt} \quad d.h. \quad \int dp_1 + \int dp_2 = \int 0 \cdot dt = 0 \quad also \quad (P_1 - p_1) + (P_2 - p_2) = 0.$$

10.8.

P4: EINE BELIEBIGE RÄUMLICHE IMPULS-SUMME BLEIBT ERHALTEN: $P_1 + P_2 = p_1 + p_2$.

Aus Sicht eines jeden Beobachters wird der räumliche Impuls, den ein Teil-chen während einer elastischen Kollision erhält, durch den räumlichen Im-pulsverlust des anderen Teilchens ausgeglichen. Außerdem

$$\frac{dq_1}{dx} = \frac{-dq_2}{dx} \quad d.h. \quad \int dq_1 + \int dq_2 = \int 0 \cdot dx = 0, \quad also \quad Q_1 - q_1 = -(Q_2 - q_2).$$

10.9.

P5: EINE BELIEBIGE ZEITLICHE IMPULS-SUMME BLEIBT ERHALTEN: $Q_1 + Q_2 = q_1 + q_2$.

In ähnlicher Weise wird aus der Sicht jedes Beobachters der skalierte zeitliche Impuls. d.h. *die Energie*, die von einem Teilchen während einer elastischen Kollision gewonnen wird, durch den zeitlichen Impulsverlust des anderen Teilchens ausgeglichen.

10.3   *Eine fünffache Äquivalenz*

[6]Bezeichnenderweise könnte jedes der Prinzipien P1, P2 and P3 des vorhergehenden Kapitels, ALLEIN als eine Anfangshypothese angenommen werden, aus der die beiden anderen direkt folgen. Mit anderen Worten sind *die Prinzipien P1, P2 und P3 äquivalent*. Offensichtlich könnte entweder P4 oder P5 auch als Starthypothese (anstelle von P1) angenommen werden und hätte als Konsequenz zu den Prinzipien P1, P2 und P3 geführt.

[6] Wie bereits im 2006 EJP-Aufsatz des Autors ausgeführt wurde.

10.10.

PENTAGONALE ÄQUIVALENZEN DER RELATIVITÄTS-DYNAMIK: ALLE FÜNF PRINZIPIEN P1- P5 – RELATIVISTISCHE KRÄFTEGLEICHHEIT, KINETISCHE ENERGIEFORMEL, ENERGIEERHALTUNG, RÄUMLICHE IMPULSERHALTUNG UND ZEITLICHE IMPULSERHALTUNG – SIND ÄQUIVALENT, D.H. ENTWEDER SIND SIE ALLE WAHR ODER SIE SIND ALLE FALSCH.

10.4   *Unelastische Kollisionen*

Unser Kollisionsszenario hat vorausgesetzt, dass Partikelobjekte während des Zusammenstoßes keine Wärmeenergie absorbieren, d.h. die gesamte vermittelte Energie trägt zu den Bewegungsänderungen der Partikel bei. Bei solchen idealen ‚elastischen' Kollisionen spiegelt sich die kinetische Energie relativ zu einem Beobachter in der *externen* Bewegung der einzelnen Partikel wider. Wenn andererseits zwei Körper als eine Ansammlung einzelner Subpartikel (z. B. *Moleküle*) betrachtet werden, würde nach einem unelastischen Zusammenstoß ein Teil der Energie in Wärme umgewandelt. Die resultierende *interne Bewegungsenergie* in nichtelastischen Kollisionen lässt jedoch den gesamten räumlichen Impuls und den gesamten zeitlichen Impuls in jedem Beobachter-Bezugsrahmen jeweils unverändert. Es geht keine Energie verloren. Die innere Hitze ist einfach eine Manifestation der Teilchenmoleküle, die schneller umherprallen.

SPHÄRISCHE ÜBERRASCHUNGEN
IV

Umseitig: Ein ‚Zwillings-Ovoiden'-Model für Zeitreisen.

[7] http://www.fisica.net/relatividade/ the_non_euclidean_style_of_ minkowskian_relativity_by_ scott_walter.pdf.

[8] Arnold Sommerfeld. Über die Zusammensetzung der Geschwindigkeiten in der Relativitätstheorie (On the composition of velocities in relativity theory). *Physikalische Zeitschrift*, 10:826–829, 1909

[9] Walters Diskussion erwähnt auch 1912/13 Arbeiten von Emil Borel, die sich auf Sommerfelds ‚Pseudo-Sphärisches-Dreieck' beziehen.

[10] Nach bestem Wissen des gegenwärtigen Autors.

[11] Später in *Teil VI* Kapiteln 17 und 18, dürfen ein oder mehrere beschleunigende ‚Inkremente' unterschiedliche α-Werte haben, die jedoch für jedes Inkrement fest bleiben.

[12] Aus mehreren Gründen wurde diese außergewöhnliche Erkenntnis bis zur Veröffentlichung der originellen englischen Ausgabe dieses Buchs in den Startlöchern gehalten.

Der historische Kontext der sphärischen Trigonometrie in der Relativitätstheorie wurde vor einiger Zeit in einem Aufsatz von *Scott Walter*[7] vorgetragen. Dieser enthielt einen Hinweis auf einen 1909 Aufsatz von *Arnold Sommerfeld*, einem Kollegen von Einstein ($\Rightarrow$1911 Solvay Conference Abb. 2 Foto auf Seite 4), mit dem Titel *Über die Zusammensetzung der Geschwindigkeiten in der Relativitätstheorie*.[8] Sommerfeld beschrieb Geschwindigkeitsbeziehungen in drei Raumdimensionen, benützte aber *imaginäre* Winkel deren jeweilige *Tangenswerte* – anstatt *Sinuswerte* – die relativen Geschwindigkeiten repräsentierten.[9] Durch eine Reihe wissenschaftlicher Versehen ist jedoch eine viel unmittelbarere Anwendung der Kugeldreiecksgeometrie auf die Relativitätstheorie bisher - aller Anschein nach - in der Literatur völlig außer Acht gelassen worden.[10]

Das Kapitel Die Einheits-Festschubrakete befaßt sich mit einem einzelnen beschleunigenden Objekt wie einer Rakete, deren Eigenschub – ihre selbst wahrgenommene Beschleunigung α – *unverändert* bleibt, wobei Zeit- und Entfernungswerte so skaliert werden, dass α *selbst gleich Eins wird*.[11] Die primären Beschleunigungsbeziehungen des ersten Kapitels des vorherigen Buchteils werden jetzt benutzt, um mittels normalen Kalküls eine ganze Reihe von Parametern zu ermitteln, die alle direkt mit dem skalierten *Velchronos*-Winkel, der im Kapitel 3 aufgetaucht ist, in engem Zusammenhang stehen.

Das Kapitel Das reelle Relativitäts-Kugeldreieck zeigt wie EINE VARIANTE DES KOSINUSSATZES DER KUGELDREIECKE EINE EPITOME DER RELATIVISTISCHEN GESCHWINDIGKEITS-ADDITION DARSTELLT, ein Befund aus dem Jahr 2004 der diesen Autor sehr überraschte.[12] Anschließend stellt das Kapitel Die neu endeckte ‚HEMIX' eine einmalige dreidimensionale Spiralkurve vor, die die Beziehung zwischen der Eigenzeit τ einer Einheitsschub-Rakete und ihrer skalierten Geschwindigkeit v direkt geometrisch widerspiegelt.

Schließlich wird im Kapitel Eine Odyssee durch die Raumzeit ein umfassendes Zeitreisemodell vorgestellt. Dabei werden *siebzehn* relativistischen Parameter der Hin- und Rückfahrt einer Rakete geometrisch repräsentiert. Ein Ableger dieser Geometrie bildet im letzten *Teil VII* des Buches die Grundlage für die relativistische Aufklärung eines *ausgedehnten* gleichmäßig beschleunigenden Medium – das berühmte (und berüchtigte) ‚Bellsche Raumschiff-Paradoxon'.

11

Die Einheits-Festschubrakete

„Nach unserer bisherigen Erfahrung sind wir nämlich zu dem Vertrauen berechtigt, dass die Natur die Realisierung des mathematisch denkbar Einfachsten ist. Durch rein mathematischen Konstruktion vermögen wir nach meiner Überzeugung, diejenigen Begriffe und diejenigen satzlichen Verknüpfungen zwischen ihnen zu finden, die den Schlüssel für das Verstehen der Naturerscheinungen liefern." Albert Einstein Oxford 1933.

[1]Hält eine Rakete eine konstante Eigenbeschleunigung α aufrecht, ergibt sich anhand der primären relativistischen Beschleunigungsgleichungen (8.7), eine bemerkenswerte Folge weiterer Parametern als Funktionen des Velchronos-Winkels. Darüber hinaus können die jeweiligen Ausdrücke ohne Verlust ihrer Allgemeinheit erheblich gestrafft werden, indem Zeiten um α/c und Längen um α/c^2 skaliert werden.

Dies reduziert alle Parameter[2] zur ‚dimensionslosen' Form und SOWOHL DIE GRENZGESCHWINDIGKEIT C ALS AUCH DER FESTE EIGENBESCHLEUNIGUNGSFAKTOR α WERDEN JEWEILS *Eins*. Numerische Lösungen für einen bestimmten Beschleunigungswert können dann anschließend durch *Rückskalierungen* ermittelt werden.

VON NUN AN SKALIEREN WIR DIE ZEIT AUF EINHEITS-GRENZGESCHWINDIGKEIT UND (IN DEN MEISTEN FÄLLEN) DIE LÄNGE AUF EINHEITSBESCHLEUNIGUNG.

[1] Der kürzere Ausdruck *Festschub* deutet auf *feste Eigenbeschleunigung* hin, wobei Raketenpassagiere und die Rakete selbst eine unveränderliche Beschleunigung erfahren. Eine echte Rakete müsste ihren tatsächlichen Triebwerksschub kontinuierlich verringern, um die immer geringer werdende Treibstoffmasse zu berücksichtigen.

[2] Geschwindigkeiten, die Dimensionen der Länge durch Zeit haben, werden dann um den Faktor $(\alpha/c^2)/(\alpha/c) = 1/c$ skaliert.

11.1   Normierte Eigenbeschleunigungs-Beziehungen

Das Velchronos-Winkel-Differential

Wie die Geschwindigkeit $\frac{dx}{dt} = v = \sin\phi$ (ϕ ist der Velchronos-Winkel und x und t Heimrahmen-Werte) sich auf die Raketen-Eigenzeit[3] τ bei Einheits-Raketenschub bezieht, resultiert aus der Retro-Beschleunigungsgleichung (8.7)-iii:

$$\beta = \left.\frac{dv}{d\tau}\right|_{\Delta x=0} = 1/\gamma^2 = 1 - v^2 = 1 - \sin^2\phi = \cos^2\phi. \qquad (11.1)$$

Anhand des Kettenregels gilt $\cos^2\phi = \frac{dv}{d\tau} = \frac{d\sin\phi}{d\tau} = \cos\phi.\frac{d\phi}{d\tau}$ und wir erhalten sofort eine weitere signifikante Beschleunigungsbeziehung:

11.2.

DIE EIGENZEIT-ÄNDERUNGSGESRATE DES RAKETEN-VELCRONOS-WINKELS ENTSPRICHT SEINEM KOSINUS:

$$\frac{d\phi}{d\tau} = \cos\phi = \frac{1}{\gamma}.$$

Alternativ gilt $\frac{d\tau}{d\phi} = 1/\cos\phi = \gamma$ *– der Gammafaktor ist gleich der Raketen-Eigenzeitänderungsrate bezüglich Velchronos-Winkel.*

Raketengeschwindigkeit als eine Funktion ihrer Eigenzeit

Der Leser mag mit den *hyperbolischen Funktionen* $\sinh\tau = \frac{e^\tau - e^{-\tau}}{2}, \cosh\tau = \frac{e^\tau + e^{-\tau}}{2}$, und $\tanh\tau = \frac{\sinh\tau}{\cosh\tau}$ evtl. nicht vertraut sein. Da $d\frac{\sinh\tau}{d\tau} = \frac{d(e^\tau - e^{-\tau})}{d\tau} = \frac{e^\tau + e^{-\tau}}{2} = \cosh\tau$ and $d\frac{\cosh\tau}{d\tau} = \frac{d(e^\tau + e^{-\tau})}{d\tau} = \frac{e^\tau - e^{-\tau}}{2} = \sinh\tau$, mittels der Leibniz-Formel zur Differenzierung eines Verhältnisses[4], löst sich Gleichung (11.1) $\frac{dv}{d\tau} = 1 - v^2$ als:

11.3.

EINHEITSSCHUB-RAKETENGESCHWINDIGKEIT $v = \sin\phi = \dfrac{(e^\tau - e^{-\tau})}{(e^\tau + e^{-\tau})} = \tanh\tau.$

[5]Die Verknüpfung von τ mit dem momentanen Velchronos-Winkel ϕ der Rakete wird als DIE GUDERMANNFUNKTION der Raketen-Eigenzeit bezeichnet.

---

[3] τ entspricht dem Parameter der in der Literatur traditionell als ‚Rapidität' bezeichnet wird.

[4] $(\frac{p}{q})' = (qp' - pq')/q^2$ also gilt $d\frac{\sinh\tau}{\cosh\tau} = \frac{\cosh\tau.\cosh\tau - \sinh\tau.\sinh\tau}{\cosh^2\tau} = 1 - \sinh^2\tau/\cosh^2\tau.$

[5] Christoph Gudermann. *Theorie der Potential- oder Cyklisch-Hyperbolischen Funktionen.* Crelle's Journal der Mathematik 6, 7, 8, 9, 1833

11.4.

DER EINHEITSSCHUB-VELCHRONOS-WINKEL STELLT AUCH DIE GUDERMANNFUNKTION DER RAKETEN-EIGENZEIT DAR:

$$\phi = gd(\tau) = arcsin(\tanh\tau).$$

Heimrahmen-Zeit und -Distanzen

Wir wenden uns nun an die Heimrahmen-Zeit-Dilatationsformel (8.5) abgeleitet aus den inversen Lorentz-Transformation für ein *Punktobjekt*: $\frac{dt}{d\tau}\big|_{\Delta\chi=0} = \gamma$.

Aus Identität[6] $\cosh^2\tau - \sinh^2\tau \equiv 1$ und der Gleichung (11.3):

$$\frac{1}{\cos\phi} = \frac{1}{\sqrt{1-v^2}} = \gamma = \frac{1}{\sqrt{1-\tanh^2\tau}} = \frac{\cosh\tau}{\sqrt{\cosh^2\tau - \sinh^2\tau}} = \cosh\tau.$$

$$(11.5)$$

Da[7] $\frac{d\sinh\tau}{d\tau} = \cosh\tau$ und $\frac{d\cosh\tau}{d\tau} = \sinh\tau$, dürfen wir dementsprechend für die Rakete[8] schreiben:

$$t = \int_0^\tau \gamma.d\tau = \int_0^\tau \cosh\tau.d\tau = \sinh\tau = \tanh\tau.\cosh\tau = v\gamma = \frac{\sin\phi}{\cos\phi} = \tan\phi.$$

$$(11.6)$$

Ferner gilt $\tanh\tau = v = \frac{dx}{dt}\big|_{\Delta\chi=0} = \frac{dx}{d\tau}\Big/\frac{dt}{d\tau}\big|_{\Delta\chi=0} = \frac{dx}{d\tau}\Big/\gamma = \frac{dx}{d\tau}\Big/\cosh\tau$

d.h. $\quad \frac{dx}{d\tau} = \frac{dx}{dt}\cosh\tau = \tanh\tau\cosh\tau = \sinh\tau.$

Folglich $\quad x = \int_0^\tau \sinh\tau d\tau = \cosh\tau - 1 = \gamma - 1 = \frac{1}{\cos\phi} - 1, \quad (11.7)$

und aus (11.5)–(11.6) ergibt sich: $1 + t^2 = 1 + \sinh^2\tau = \cosh^2\tau = \gamma^2$ nämlich

$$\gamma = \sqrt{1+t^2}.$$

$$(11.8)$$

[9]Außerdem, anhand der Beziehung (8.1) für die *momentan* wahrgenommene ‚Retro-Distanz' $\hat{X}_{RA} = \frac{x_{RA}}{\hat{\gamma}}$ der Rakete, entsteht aus (11.7) und (11.2):

11.9.

DIE RETRO-DISTANZ IST GLEICH DEM VERSIERTEN SINUS DES VELCHRONOS-WINKELS.

$$\chi = \frac{x}{\gamma} = 1 - \frac{1}{\gamma} = 1 - \cos\phi.$$

---

[6] $\cosh^2\tau - \sinh^2\tau = (e^\tau + e^{-\tau})^2/4 - (e^\tau - e^{-\tau})^2/4 = 4e^\tau.e^{-\tau}/4 = 1.$

[7] $d(\sinh\tau)/d\tau = d(e^\tau - e^{-\tau})/2d\tau = (e^\tau + e^{-\tau})/2$ usw..

[8] wobei $\Delta\chi = 0$.

[9] Während $\tau \to \infty$, $\tanh\tau = v = \sin\phi \to 1$ und $\cos\phi \to 0$.

Nähert sich die Raketengeschwindigkeit $v = \sin\phi$ der Grenzgeschwindigkeit Eins, geht $\cos\phi$ gegen Null. *Die wahrgenommene Retro-Distanz einer Rakete erreicht daher niemals den Wert Eins*, was einem *unskalierten* Wert von $\frac{c^2}{\alpha}$ entspricht.[10]

Die Heimrahmen-Weltlinie bei Einheitsschub

Bedeutungsvoll ergeben Gleichungen (11.6)-iii und (11.7)-ii zusammen:

> **11.10.**
>
> DIE HEIMRAHMEN-WELTLINIENGLEICHUNG: $(x+1)^2 - t^2 = 1.$

Laut Gleichungen (9.3) and (9.4) des Abschnitts Impuls diversifiziert – räumlich und zeitlich, sind *die räumlichen und zeitlichen Impulse* gleich $mv\gamma$ bzw. $m\gamma$. Signifikanterweise, reduzieren sich die ,Apokalyptische Identitäten' (8.8) für die konstante skalierte Einheitsbeschleunigung *auf Eins*:

$$\frac{d(v\gamma)}{dt} = \frac{d\sinh\tau}{dt} = \frac{dt}{dt} = 1 \quad \text{und} \quad \frac{d\gamma}{dx} = \frac{d(x+1)}{dx} = 1.$$

11.2 *Lieferungen eines Einheitsschubkuriers an mehrere Stationen*

Die ,Einzel-Heimrahmen'-Karte

[11]Abb. 11.1 zeigt eine $x\,|\,t$,*Heimrahmen'-Karte* mit der hyperbolischen Weltlinie einer Einheitsschub-'Kurierrakete' nach Gleichung (11.10), sowie die geradlinige Weltlinien von inertialen Stationen, die sich der Rakete von hinten nähern. Die hinteren, sich schneller bewegenden Stationen sind anfangs weiter entfernt von der Rakete als die langsamere Stationen. Jede Station holt die Kurierrakete der Reihe nach ein, jeweils just als die relative Raketengeschwindigkeit *momentan* Null ist, als ob eine ,stoßfreie' Lieferung erfolgen sollte. Beide Fahrzeuge haben dann dieselbe momentane Heimrahmengeschwindigkeit $v_i = dx/dt = \tan\theta_i$ (im Gegensatz zu dem *Sinus* des Dual-Bezugsrahmen-Winkels ϕ). Die gerade Weltlinie der entsprechenden Station befindet sich zu diesem Zeitpunkt *in Tangente* an die Weltlinien-Hyperbel der Rakete, sowie an den jeweiligen Winkel θ_i zur horizontalen Zeitachse des Heimrahmens.

---

[10] Unter Hinweis darauf, dass der Längenskalierungsfaktor ist α/c^2.

[11] Abb. 11.1 stellt ein auf einen Bezugsrahmen beschränktes ,*Minkowski-Diagramms'* dar, das normalerweise nach innen geneigte Achsen eines zweiten Bezugssystems enthält dessen Distanz- und Zeitskalierungen sich jedoch *unterscheiden* von denen der senkrechten Achsen des Heimbezugsrahmens. Dieses Buch verwendet keine solchen *asymmetrischen* Bezugsrahmen-Karten. Bemerkenswerterweise sind die x- und t-Werte der Rakete beim Start beide *Null*. Dies ist oft nicht der Fall inMinkowski-Diagrammen aus Lehrbuchern, was sehr verwirrend wirken kann.

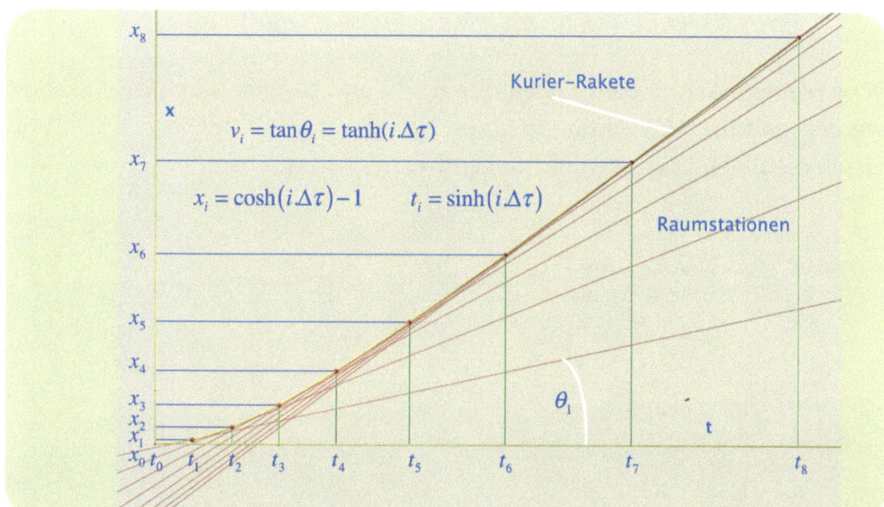

Abbildung 11.1: Eine Heimrahmenkarte mit der hyperbolischen Weltlinie einer beschleunigenden Kurierrakete und tangentialen Weltlinien von inertialen Stationen.

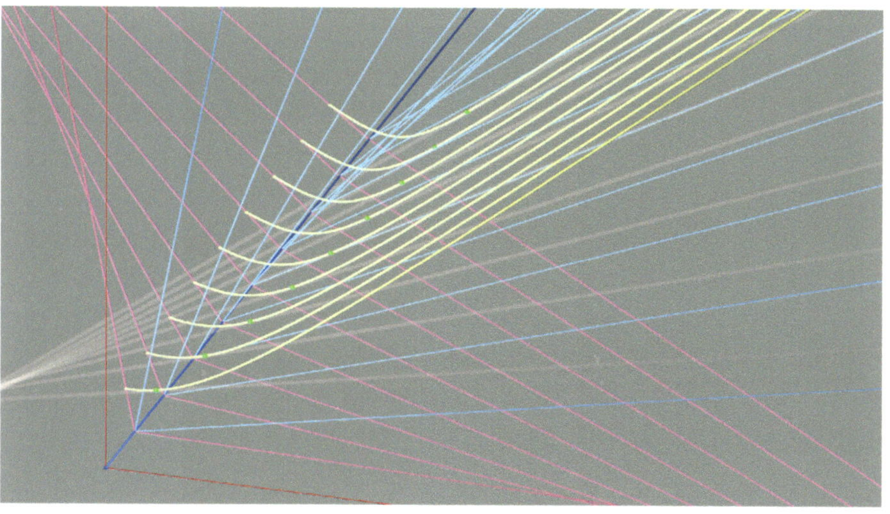

Abbildung 11.2: Kaskadierte Dual-Rahmen-Karten von nacheinanderfolgenden Lieferungen, mit gekrümmten Raketenweltlinien und Stationsweltlinien-Tangenten.

Die Rakete zieht dann vorwärts von der momentan begegneten Station weg, die selber später von den von hinten kommenden Stationen überholt wird. Die steigenden Heimrahmen-‚Lieferzeit'-Intervalle entsprechen, wie gezeigt, gleichen Raketentaktintervallen $\Delta\tau$ gemäß Gleichung (11.6)-iii: $t = \sinh\tau$.

Gestaffelte Dual-Bezugsrahmen-Karten

Die entsprechende Bezugsrahmen-Karten für Heim-/Raumstationen, die jeweils der Karte von Abb. 8.2 ähneln, sind in Abb. 11.2 über Rakete-Eigenzeit-Intervallen $\Delta\tau$ nach hinten ‚versetzt' dargestellt, wobei die Weltlinie (grau) jeder Station parallel zu seiner jeweiligen T_i Rahmen-Achse (blau) liegt, die selbst einen Velchronos-Winkel ϕ_i mit dem entsprechenden Heimrahmen t_i-Achse (rot) hat, d.h. die relative Geschwindigkeit zum Heimrahmen beträgt $v_i = \sin\phi_i$, der Gleichung (11.3)-i entsprechend.

11.3   *Einheitsschub-Gleichungen zusammengefaßt*

Wir errinnern daran, dass Zeiten durch α/c und Längen durch α/c^2 skaliert werden und nach Gleichung (8.6) die Heimbeschleunigung $a = \alpha/\gamma^3$, und fassen die Einheitsschub-Gleichungen wie folgt zusammen:

11.11.

EINHEITSSCHUB-VELCHRONOS-WINKEL-FORMELN

(i) HEIMZEIT | RÄUMLICHER IMPULS $t = \sinh\tau = v\gamma = \tan\phi$,

(ii) RAKETENGESCHWINDIGKEIT $v = \tanh\tau = \dfrac{t}{\sqrt{1+t^2}} = \sin\phi$,

(iii) DILATATION | ZEITLICHER IMPULS $\gamma \triangleq \dfrac{1}{\sqrt{1-v^2}} = \sqrt{1+t^2} = x+1 = \cosh\tau = \dfrac{1}{\cos\phi}$,

(iv) HEIMDISTANZ | KINETISCHE ENERGIE $x = \sqrt{1+t^2} - 1 = \cosh\tau - 1 = \gamma - 1 = \dfrac{1}{\cos\phi} - 1$,

(v) RETRO-DISTANZ $\chi = \dfrac{x}{\gamma} = 1 - \dfrac{1}{\gamma} = 1 - \dfrac{1}{\cosh\tau} = 1 - \cos\phi$ (‚versierter Sinus'),

(vi) HEIM-BESCHLEUNIGUNG $a = \dfrac{1}{\gamma^3} = \cos^3\phi$,

(vii) RETRO-BESCHLEUNIGUNG $-\beta = \dfrac{1}{\gamma^2} = \cos^2\phi$,

(vii) VELCHRONOS-WINKEL ÄNDERUNGSRATE $\dfrac{d\phi}{d\tau} = \dfrac{1}{\gamma} = \cos\phi$,

(ix) RAKETEN-EIGENZEIT $\tau = \tanh^{-1}(\sin\phi)$,

(x) VELCHRONOS-WINKEL $\phi = gd(\tau) = arcsin(\tanh\tau)$ – DIE GUDERMANNFUNKTION,

(xi) EINHEITSSCHUB-,APOKALYPTISTISCHE-IDENTITÄTEN' $\dfrac{d(v\gamma)}{dt} = \dfrac{d\gamma}{dx} = 1$ $(\Rightarrow$ *Gleichung* (8.8)) und

(xii) HEIMRAHMEN-HYPERBOLE $(x+1)^2 - t^2 = \cosh^2\tau - \sinh^2\tau \equiv 1$.

Die Beziehungen zwischen τ, t, x, χ, v und γ eines Punktobjekts unter Einheitsschub sind in der Relativitätstheorie gut bekannt. Dennoch wird der Raketen-Eigenzeit-τ-Parameter in Lehrbüchern immer noch anachronistisch als ‚Rapidität' bezeichnet, ungeachtet seiner offensichtlich einfachen physikalischen Identität. Darüber hinaus scheint die vielfältige Rolle des Velchronos-Winkels ϕ – wie später in Kapitel 14 Eine Odyssee durch die Raumzeit, besonders deutlich gemacht wird – im Allgemeinen unterschätzt worden ist.

12

Das <u>reelle</u> Relativitäts-Kugeldreieck

In jedem aus großen Kreisbögen aufgebauten Kugeldreieck entspricht das Verhältnis des versierten Sinus [1-Kosinus] eines beliebigen Winkels [φ̂] zum Unterschied zwischen dem versierten Sinus der Seite, die ihm gegenüberliegt [φ], und dem versierten Sinus der Differenz der einschließenden Bögen [β − α] dem Verhältnis des Quadrats des ganz rechten Sinus [1] zum rechtwinkligen Produkt der Sinus der umgebenden Bögen [sin α. sin β].
REGIOMONTANUS (JOHANNES MÜLLER) 1464

In omni triangulo sphaerali ex arcubus circulorum magnorum constante, proportio sinus versi anguli cuiuslibet ad differentiam duorum sinuum versorum, quorum unus est lateris cum angulum subtendentis, alius vero differentiae duorum arcuum ipsi angulo circumiacentium est tamquam proportio quadrati sinus recti totius ad id, quod sub sinibus arcuum dicto angulo circupositorum rectangulum.
REGIOMONTANUS MCDLXIV
De Triangulis Omnimodis - Liber V–II.

$$\frac{(1 - \cos \phi) - (1 - \cos(\beta - \alpha))}{(1 - \cos \hat{\phi})} = \frac{\sin \alpha \sin \beta}{1}.$$

Kreise auf einer Kugelfläche, die ihren Zentrumspunkt teilen, werden *Großkreise* genannt. Zwei Großkreise durch einen ‚Nordpol' und einen kreuzenden dritten Großkreis schließen zusammen ein *Kugeldreieck* ein, – wie *HMN* in Abb. 12.2. Für eine Kugel mit *Einheitsradius* entsprechen die Flächenbogenlängen des Dreiecks ihren jeweiligen *Zentrumswinkeln* α, β, ϕ am Kugelzentrum (in Bogenmaß). Diese unterscheiden sich i.A. von ihren jeweils entgegensatzten *Dreiecksflächenwinkeln* $\hat{\alpha}, \hat{\beta}$ und $\hat{\phi}$. Ihre Beziehungen zueinander sind durch die wohlbekannten *Kugeldreiecksinus- und -Kosinussätze* beschrieben.

Um etwa 980 leitete ein persischer Astronom, der auch den Satz $\sin(a + b) = \sin a \cos b + \sin b \cos a$ bewies, den Kugeldreiecks-Sinussatz explizit ab. Er führte dann zwei Gleichungen für die indirekte Bestimmung sowohl der *Qibla*-Richtung von jedem Ort bekannter Breiten- und Längengrade zur heiligen Stadt Mekka, als auch der eigentlichen Entfernung davon ein. Letztere Gleichungen entsprechen implizit dem Kosinussatz, der aber erst 1464 in expliziter Form erschien. Wie die Sinus- und Kosinus-Sätze in der globalen Navigation verwendet werden, wird am Ende dieses Kapitels erläutert.

Abbildung 12.1: Abu'l-Wafa Buzjani, 940-998. Persischer Mathematiker, nach dem ein Mondkrater benannt ist, wurde in Torbate Jam, Iran, geboren.

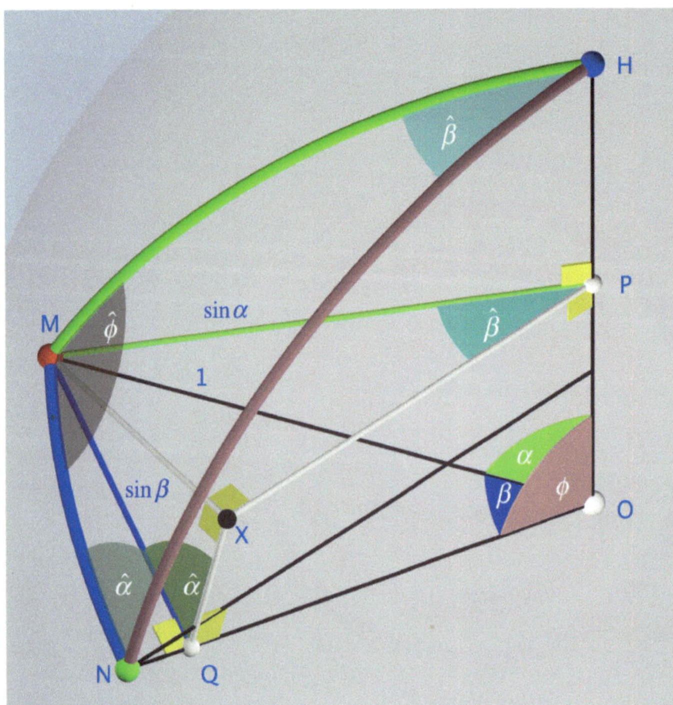

Abbildung 12.2: Kugeldreiecks-Sinussatz. Rechte Winkel sind gelb dargestellt.

12.1 Die Kugeldreiecks-Sinus- und -Kosinus-Sätze

Abb. 12.2 zeigt einen einfachen Beweis Abu'l-Wafas Sinussätzes (12.1).

12.1.

DER KUGELDREIECKS-SINUSSATZ $\dfrac{\sin\alpha}{\sin\hat{\alpha}} = \dfrac{\sin\beta}{\sin\hat{\beta}} = \dfrac{\sin\phi}{\sin\hat{\phi}}.$

[1] Regiomontanus / Johannes Müller. *De Triangulis Omnimodis - On Triangles of All Kinds.* Published in Nuremberg, 1464/1533

[2] Erstmals 1533 in Nürnberg als Buch erschienen.

[3] Da $\cos(\alpha - \beta) = \cos\alpha\cos\beta + \sin\alpha\sin\beta$, aus (12.2) wird $1 - \cos\phi - 1 + \cos\alpha\cos\beta + \sin\alpha\sin\beta = \sin\beta\sin\alpha(1 - \cos\hat{\phi})$, und folglich (12.3).

Der Kosinussatz selber wurde 1464 vom deutschen Astronomen[1,2] und Mathematiker Regiomontanus bewiesen und folgendermaßen formuliert:

$$\frac{(1 - \cos\phi) - (1 - \cos(\alpha - \beta))}{(1 - \cos\hat{\phi})} = \frac{\sin\alpha\,\sin\beta}{1}. \tag{12.2}$$

[3]Diese Gleichung ruft den *versierten Sinus* auf, dem wir bereits im Abschnitt 3.5, Zeitreise – das einfache Zwillings-Paradoxon begegnet sind. Ein äquivalenter ‚moderner' Beweis wird in Abb. 12.3 präsentiert. Das Kugeldreiecks-Sinussatz (12.1) (direkt) und das Kosinussatz (12.3) (indirekt) werden seit mehr als einem Jahrtausend in der Navigation verwendet.

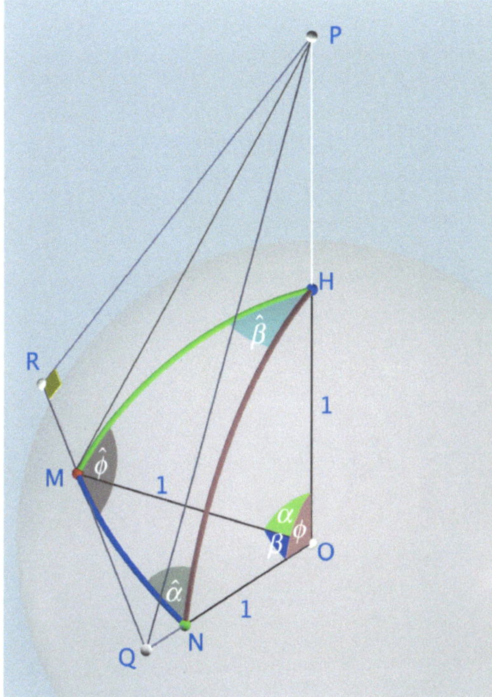

Tangent MP zum Bogen MH trifft Radius OH erweitert auf P.

Tangent QR zum Bogen MN trifft Radius ON erweitert auf Q, und ist senkrecht zu RP. Mittels Pythagoras–Satz (verallgemeinert) für PQ in Dreiecken POQ und PRQ gilt:

$$PQ^2 = OP^2 + OQ^2 - 2\,OP.OQ\cos\phi = \frac{1}{\cos^2\alpha} + \frac{1}{\cos^2\beta} - \frac{2\cos\phi}{\cos\alpha\cos\beta}.$$

$$und \quad PQ^2 = (MQ + MP\cos(\pi - \hat\phi))^2 + (MP\sin(\pi - \hat\phi))^2$$

$$= MP^2 + MQ^2 - 2\,MP.MQ\cos\hat\phi = \tan^2\alpha + \tan^2\beta - 2\tan\alpha\tan\beta\cos\hat\phi.$$

$$Multiplizierung\ mit\ \cos^2\alpha\cos^2\beta\ ergibt:$$

$$(1 - \sin^2\alpha)\cos^2\beta + (1 - \sin^2\beta)\cos^2\alpha$$

$$= 2\cos\alpha\cos\beta(\cos\phi - \sin\alpha\sin\beta\cos\hat\phi).$$

$$Dividierung\ durch\ 2\cos\alpha\cos\beta\cos\phi: \quad \frac{\cos\alpha\cos\beta}{\cos\phi} = 1 - \sin\alpha\sin\beta\frac{\cos\hat\phi}{\cos\phi}$$

$$d.h.\quad \cos\phi = \cos\alpha\cos\beta + \sin\alpha\sin\beta\cos\hat\phi.$$

Beweis des Kugeldreiecks–Kosinussatzes

Abbildung 12.3: Kugeldreiecks-Kosinussatz

12.3.

Der Kugeldreiecks-Kosinussatz

$$\frac{\cos\alpha\cos\beta}{\cos\phi} = 1 - \sin\alpha\sin\beta\left(\frac{\cos\hat\phi}{\cos\phi}\right) \qquad d.h.$$

$$\cos\phi = \sin\alpha\sin\beta\cos\hat\phi + \cos\alpha\cos\beta$$

Abbildung 12.4: Regiomontanus, deutscher Astronom (Johannes Müller) 1436-1476. Geboren in Königsberg in Franken.

12.2 *Kugeldreiecke mit Einheitssinussatz-Verhältnis*

Wir betrachten nun Kugeldreiecke *bei denen der Sinus jedes Flächenwinkels gleich dem Sinus seines gegenüberliegenden Zentrumswinkels ist*. Ein einfacher Fall ist in Abb. 12.5 (links) dargestellt wo $\hat\alpha = \alpha$ und $\hat\phi = \phi$ beide rechte Winkel sind und der Äquatorbogen $MN = \beta$ gleich dem Zentrumswinkel β ist, wobei der Flächenwinkel $\hat\beta = \beta$ des Pols H ein beliebiger spitzer Winkel sein darf.[4] Wir möchten den Bogen β von seiner anfänglichen Äquatorposition nach oben anheben, ohne die Bogenlänge selbst zu ändern (wobei derselber Winkel β am Zentrum auch gleich bleibt). Dies ist nur möglich wenn der β-Bogen ‚gekippt' wird, d.h. der Winkels $\hat\phi$ erhöht und der Winkel $\hat\alpha$ verringert wird bzw. umgekehrt, wie in Abb. 12.5 rechts gezeigt.

[4] d.h. kleiner als ein rechter Winkel.

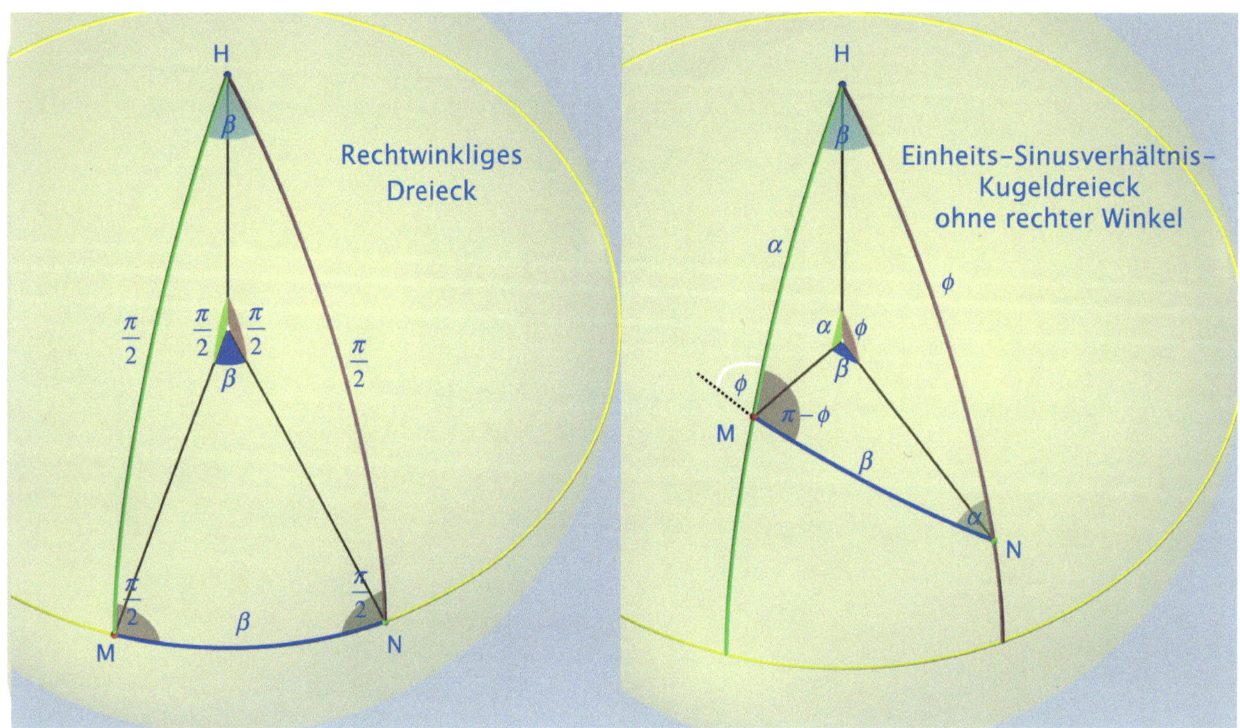

Abbildung 12.5: Einheits-Sinusverhältnis-Kugeldreiecken

[5] Größer als ein rechter Winkel.

[6] Der Bogen $MN = \beta$, der der Länge des gleichen Äquatorsegments entspricht, muss seitlich geneigt sein – es sei denn, α bildet *einen rechten Winkel.*
[7] $\sin(\pi - \phi) = \sin\pi\cos\phi - \cos\pi\sin\phi = \sin\phi.$
[8] $\cos(\pi - \phi) = \cos\pi\cos\phi + \sin\pi\sin\phi = -\cos\phi.$

KEIN KUGELDREIECK MIT NUR SPITZEN WINKELN BESITZT EIN EINHEITS-SINUSSATZ-VERHÄLTNIS. Ist aber der Flächenwinkel $\hat\phi$ *stumpf*[5] und gleich der *Ergänzung* des spitzen Zentrumswinkels ϕ, der kein rechter Winkel sein muß, d.h. $\hat\phi = \pi - \phi$, dann bildet der Bogen MN, wie in Abb. 12.6, einen stumpfen Winkel $\pi - \phi$ mit dem Meridianbogen HM[6]. Es entstehen dann *sehr überraschende Verknüpfungen*. Der spitzen Winkel $\alpha = \hat\alpha$ und das laterale Bogensegment β bleibt gleich dem ebenfalls spitzen Längengrad-Türwinkel $\hat\beta$. Das Sinus-Verhältnis $\sin\hat\phi / \sin\phi = \sin(\pi - \phi) / \sin\phi$ [7]bleibt plus Eins aber das Verhältnis[8] $\cos\hat\phi / \cos\phi = \cos(\pi - \phi) / \cos\phi$ wird jetzt *minus Eins* und die Zentrumswinkel α, β, ϕ des Kosinussatzes (12.3)-i beziehen sich auf:

$$\frac{\cos\alpha\cos\beta}{\cos\phi} = 1 - \sin\alpha\sin\beta\left(\frac{-\cos\phi}{\cos\phi}\right) = 1 + \sin\alpha\sin\beta. \qquad (12.4)$$

Daraus resultiert was wir ein RELATIVITÄTS-KUGELDREIECK nennen.

Die dreifache Gamma-Geschwindigkeitsformel

Anhand des Gammafaktors (3.3) und der Geschwindigkeits-Additionsgleichung (4.6), $-u(1 + vw) = v + w$, können wir schreiben:

$$\frac{\gamma_u^2}{\gamma_w^2\gamma_v^2} = \frac{(1-w^2)(1-v^2)}{1-u^2} = \frac{1+(vw)^2 - v^2 + 2vw - 2vw - w^2}{1-u^2} = \frac{(1+vw)^2 - (v+w)^2}{1-u^2} = \frac{(1+vw)^2(1-u^2)}{1-u^2}.$$

Dies ergibt eine alternative relativistische Geschwindigkeits-Additionsgleichung:[9]

12.5.

$$\text{DIE DREIFACHE-GAMMAS-FORMEL} \qquad \frac{\gamma_u}{\gamma_w \gamma_v} = 1 + vw.$$

[9] Da wir v, w und u als *zyklische* Geschwindigkeiten gewählt haben, können sie in der Gleichung (12.5) beliebig vertauscht werden.

12.3 *Die unerkannte Relativitätsbeziehung eines Kugeldreiecks*

[10]Sind die *Zentrumswinkel* α, β, ϕ eines Kugeldreiecks alle Spitzwinkel, und ersetzen wir in (12.5) $\sin\alpha = v$, $1/\cos\alpha = \gamma_v$, $\sin\beta = w$, $1/\cos\beta = \gamma_w$, $\sin\phi = -u$ und $1/\cos\phi = \gamma_u$, *entsteht derselber Kugeldreiecks-Kosinussatz mit Einheitssinus-Verhältnis wie Gleichung (12.4):*

[10] Symbol $\Longleftrightarrow$ bedeutet, dass die Gleichungen *äquivalent* sind, d.h. jede impliziert den anderen

12.6.

DIE ZENTRUMSWINKEL JEDES KUGELDREIECKS MIT EINHEITSSINUS-VERHÄLTNIS BEZIEHEN SICH AUF EINE RELATIVITÄTS-TRIADE ZYKLISCHER, SKALIERTER GESCHWINDIGKEITEN:

$$\frac{\cos\alpha\cos\beta}{\cos\phi} = 1 + \sin\alpha\sin\beta \qquad \Longleftrightarrow \qquad \frac{\gamma_u}{\gamma_v\gamma_w} = 1 + vw.$$

$$\Updownarrow \qquad\qquad\qquad\qquad\qquad \Updownarrow$$

$$\sin\phi = \frac{\sin\alpha + \sin\beta}{1 + \sin\alpha\sin\beta} \qquad \Longleftrightarrow \qquad (-u) = \frac{v + w}{1 + vw}.$$

$$\Updownarrow \qquad\qquad\qquad\qquad\qquad \Updownarrow$$

$$\sin\alpha + \sin\beta + (-\sin\phi) + \sin\alpha\sin\beta(-\sin\phi) = 0 \;\Longleftrightarrow\; v + w + u + vwu = 0.$$

DEMENTSPRECHEND BILDET DIE SPHÄRISCHE GEOMETRIE EINEN DIREKTEN ZUSAMMENHANG MIT DER RELATIVITÄTS-GESCHWINDIGKEITSADDITION – EINE AUSSERORDENTLICHE, BISHER SCHEINBAR VÖLLIG UNERKANNTE TATSACHE.

Die Einheitssinus-Verhältnisbedingung, wobei $\beta = \hat{\beta}$, lautet dann wie folgt:

12.7.

DAS LÄNGENGRADS-KRITERIUM DES RELATIVITÄTS-KUGELDREIECKS MIT EINHEITSSINUS-VERHÄLTNIS: DIE ‚LATERALE' BOGENLÄNGE IST GLEICH DEM ENTGEGENSETZTEN (OBEREN) KUGELDREIECKSWINKEL, WAS AUCH DEM LÄNGENGRADSDIFFERENTIAL DES BOGENS ENTSPRICHT.

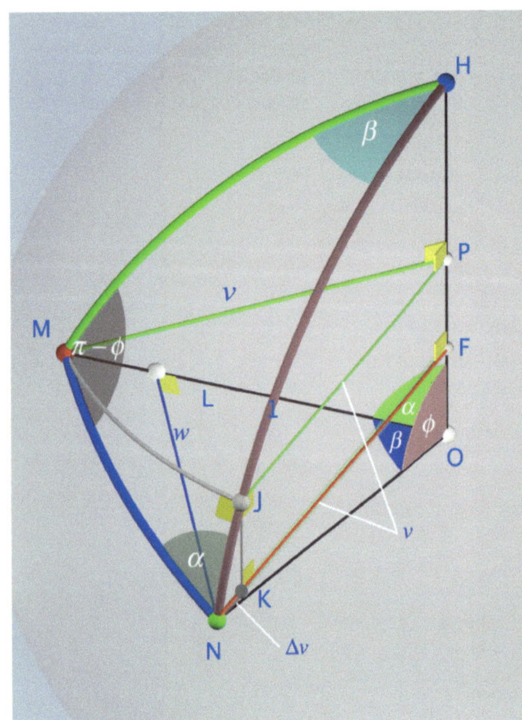

$$\frac{\cos\alpha\cos\beta}{\cos\phi} = 1 + \sin\alpha\sin\beta \qquad\qquad \frac{\gamma_u}{\gamma_v\gamma_w} = \left(1 + \frac{vw}{c^2}\right).$$

Quadriert: $\left(1-\sin^2\alpha\right)\left(1-\sin^2\beta\right) = \left(1+\sin\alpha\sin\beta\right)^2\left(1-\sin^2\phi\right)$

d.h. $\quad 1 - \sin^2\alpha - \sin^2\beta + \sin^2\alpha\sin^2\beta$
$$= 1 + 2\sin\alpha\sin\beta + \sin^2\alpha\sin^2\beta - \sin^2\phi\left(1+\sin\alpha\sin\beta\right)^2$$

Folglich $\quad \sin^2\phi\left(1+\sin\alpha\sin\beta\right)^2 = \sin^2\alpha + \sin^2\beta + 2\sin\alpha\sin\beta$

Also $\qquad \sin\phi = \dfrac{\sin\alpha + \sin\beta}{1 + \sin\alpha\sin\beta}. \qquad -u = v + \Delta v = \dfrac{v+w}{1+vw}.$

Relativitäts–Geschwindigkeitsaddition visualisiert

Abbildung 12.6: Relativitäts-Geschwindigkeitsaddition visualisiert.

Eine direkte Darbietung der Relativitäts-Geschwindigkeitsaddition

Die Kugeldreiecksbögen von Abb. 12.6 stellen Bogenmaßwinkel dar, deren Sinuswerte jeweils die *skalierten* Vorwärtsgeschwindigkeiten v, w und $-u$ aufweisen – wie im Abschnitt Relativistische Geschwindigkeiten von drei Bezugsrahmen auf Seite 45. Die Triade-Bezugsrahmengeschwindigkeiten selber sind gleich den jeweiligen Senkrechten (rot, grün und blau) von den Eckpunkten M und N auf die Radien OH und OM. Das Geschwindigkeitsinkrement Δv wird durch das Segment NK der Senkrechten zur vertikalen Achse dargestellt.

12.4 *Relativitäts-Kugeldreiecks-Volumen und -Flächen*

Die Fläche eines planaren Dreiecks mit zwei Einheitsseiten entspricht der Hälfte des *Sinus* des eingeschlossenen Winkels, z.B. $HON = \sin(\phi)/2$ ([11]unter Hinweis darauf, dass v positiv ist). Auch ist das Volumen eines *Tetraeders* gleich einem Drittel der Fläche jeder seiner vier Ebenen (z.B. Fläche HON), multipliziert mit der Senkrechten vom gegenüberliegenden Scheitelpunkt. Nach der Senkrechtengleichung $MX = \sin\alpha\sin\beta$ von Abb. 12.2, erhalten wir $6V = \sin\alpha\sin\beta\sin\phi = \sin\alpha + \sin\beta - \sin\phi$. Daher folgern wir aus Gleichung (4.4):

[11] Ein Beobachter, der die kleinere Seitenebene des Tetraeders als positiv (‚innen') betrachtet, würde die größere Seitenebene HON als negativ (‚außen') betrachten.

12.8.

DAS VOLUMEN EINES RELATIVITÄTSTETRAEDERS ENTSPRICHT EINEM SECHSTEL DER SUMME SEINER GESCHWENKTEN ‚SIGNIERTEN' FLÄCHEN ALS AUCH DEREN PRODUKT:

$$6V = \sin\alpha\,\sin\beta\,\sin\phi = \sin\alpha + \sin\beta - \sin\phi = v + w + u = vw(-u).$$

Wenn man den *Herriot/Girard-Satz* des 17. Jahrhunderts[12] anwendet, der die Fläche A eines Kugeldreiecks (mit Einheitsradius) mit der Summe seiner Flächenwinkeln in Beziehung setzt, erhalten wir für die Winkel eines Kugeldreiecks: $A = \hat{\alpha} + \hat{\beta} + \hat{\phi} - \pi = \alpha + \beta + (\pi - \phi) - \pi$.

[12] Der 1626 veröffentlichte Satz von *Albert Girard* wurde 1603 von *Thomas Herriot*, dem englischen Astronomen, der die Kartoffel nach Europa einführte, entdeckt.

12.9.

EINE RELATIVITÄTS-KUGELDREIECKSFLÄCHE IST GLEICH DER SUMME IHRER ZWEI KLEINEREN ZENTRUMSWINKEL MINUS DEN ZENTRUMSWINKEL DER SUMMIERTEN GESCHWINDIGKEIT: $A = \alpha + \beta - \phi$.

Ein bemerkenswertes Beispiel ist eine rechtwinkliger (Grenzgeschwindigkeit) ‚Halb-Lune'-Kugeldreiecksfläche $A = \alpha + \beta - \phi = \pi/2 + \beta - \pi/2 = \beta$. Jeder Velchronos-Winkel β, der zu einer Velchronos-Winkels $\alpha = \pi/2$ addiert wird, ergibt den gleichen Velchronos-Winkel $\phi = \pi/2$.

12.5 *Sphärische Kosinus- und Sinussätze in der globalen Navigation*

Die Verwendung des Kosinussatzes in der Navigation wird in Abb. 12.7 gezeigt (unter Verwendung der Gleichungen (12.3) mit Winkeln β und ϕ vertauscht).

12.10.

DER ALLGEMEINE KUGELDREIECKS-KOSINUSSATZ

$$\frac{\cos\alpha\,\cos\phi}{\cos\beta} = 1 - \sin\alpha\,\sin\phi\left(\frac{\cos\hat{\beta}}{\cos\beta}\right) \quad \text{d.h.}\quad \cos\beta = \sin\alpha\,\sin\phi\,\cos\hat{\beta} + \cos\alpha\,\cos\phi.$$

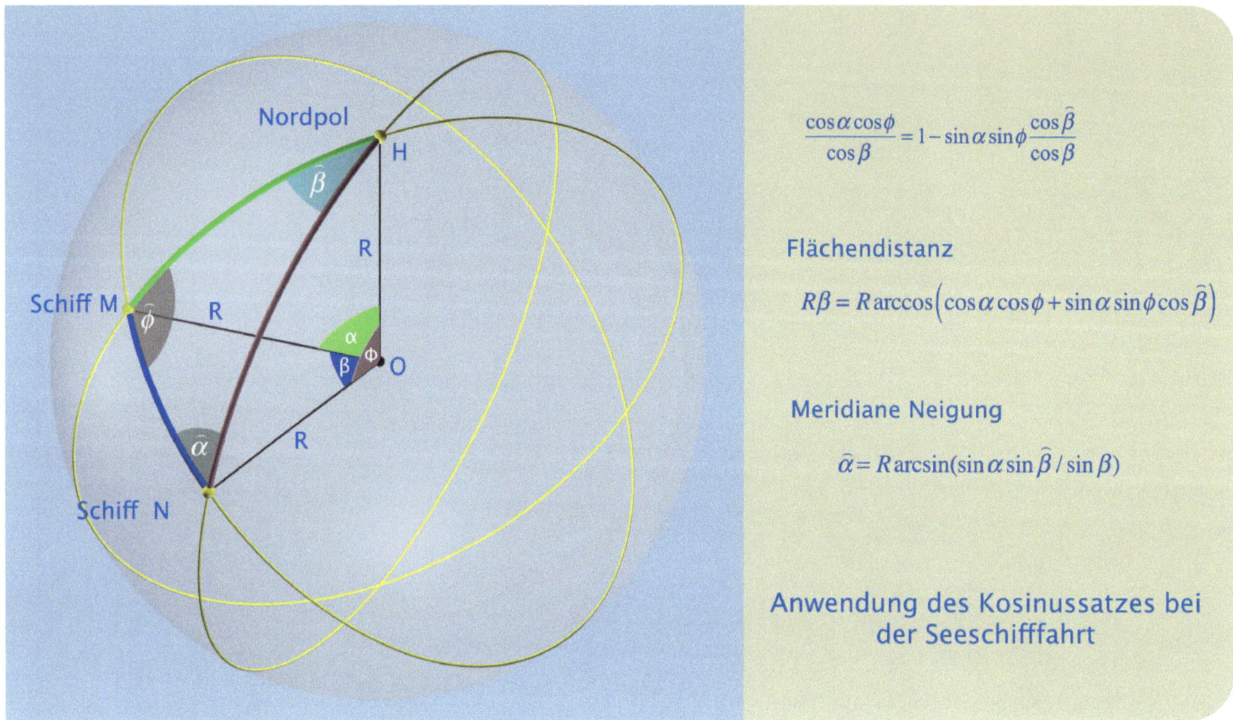

Abbildung 12.7: Bestimmen der Flächenentfernung zwischen Schiffen.

[13] *Die Kolatitude* ist der Winkel vom Kugelnordpol, im Gegensatz zum Äquator – der Breitengrad.

Der Kugelflächenabstand MN ist gleich dem Erdradius R mal Winkel β. Bei bekannten Kolatituden α and ϕ und bekannter Längengradsdifferenz $\hat{\beta}$ gilt dann:[13]

LÄNGE DES BOGENS MN: $R\beta = R\arccos(\cos\alpha\cos\phi + \sin\alpha\sin\phi\cos\hat{\beta})$.

$$(12.11)$$

Von dem Ort N aus betrachtet ist dann auch *der Meridianrichtungswinkel* $\hat{\alpha}$ von M erhältlich (nach der Berechnung des Winkels β) durch Verwendung des Sinussatzes (12.1):

MERIDIONALE NEIGUNG DES BOGENS MN: $\hat{\alpha} = \arcsin\left(\sin\alpha\sin\hat{\beta}/\sin\beta\right)$.

$$(12.12)$$

Die Gleichungen (12.11) und (12.12)) ermitteln somit den relativen Abstand zweier Schiffe sowie ihre jeweiligen Richtungen, wenn ihre Längengradsdifferenz und Kolatitude-Werte bekannt sind.

13

Die neu endeckte ‚HEMIX'

„Das scheint sehr hübsch zu sein, " sagte sie, als sie es zu Ende gelesen hatte, „aber es ist ziemlich schwer zu verstehen." (Sie wollte nämlich nicht gerne zugeben, nicht einmal vor sich selbst, dass sie gar nichts davon verstand.) „Ich fühle in meinem Kopf allerlei Vorstellungen, ich weiß nur nicht genau, was sie bedeuten! Jedenfalls ist so viel klar, irgendjemand hat irgendjemanden getötet." Alice sprang plötzlich auf. „Wenn ich mich nicht beeile, werde ich durch den Spiegel zurückgehen müssen, bevor ich gesehen habe, wie das übrige Haus aussieht!"
ALICE IM SPIEGELLAND   Lewis Carrol 1871 / (Deutsch von *Helene Scheu-Riesz* 1923)

13.1   *Kaskadierte Relativitäts-Tetraeder*

[1,2] Zwei Weltlinien, die ein Paar nichtbeschleunigender Stationen repräsentieren die sich relativ zueinander entlang einer geraden Linie bewegen, wurden in der Abb. 7.2 der Dual-Bezugsrahmen in Kapitel 7 gezeigt. Eine Triade solcher Stationen wird durch einen interessanten geometrischen Abkömmling unseres Relativitäts-Kugeldreiecks dargestellt. Das ‚RELATIVITÄTS-TETRAEDER' von Abb. 13.2 entsteht durch die gerade Verbindungslinien zwischen den Eckpunkten des Kugeldreieckes und dem Kugelzentrum, wobei die Winkel α, β und ϕ zwischen den jeweiligen Radien liegen, die ihrerseits die Stationsweltlinien von drei seitlichen Dual-Bezugsrahmen repräsentieren. Es wird angenommen, dass die Eigenzeituhren der drei Stationen, die zufällig einen Referenzpunkt gleichzeitig passierten, dabei synchronisiert wurden.

Außerdem werden ‚Photon-Trajektorien' emittierter und reflektierter Radarsignale auf jedem der drei seitlichen Dual-Bezugsrahmen gezeigt. Bemerkenswert ist, dass aufgrund der Doppler-Faktoren-Beziehung (7.3), die auch in Abb. 7.2 dargestellt wurde, die Emissionsradartrajektorie über die α-Karte durch die β-Karte weiterfortschreitet und sich mit der ϕ-Kartenemissions-Trajektorie zusammentrifft. Dasselbe gilt für die Reflexionstrajektorie zurück über die β-Karte, die über die α-Karte auch zurückgeht, und sich mit der ϕ-Kartenreflexions-Trajektorie nochmals trifft.

Abbildung 13.1: Alice plaudert über Physik und Erkenntnistheorie.

[1] Lewis Carrol (Charles Lutwidge Dodson). *Through the Looking-Glass, and What Alice Found There*. Macmillan London, 1871

[2] Lewis Carrol / Helene Scheu-Riesz (Übersetzerin). *Alice im Spiegelland*. Sesam-Verlag, 1923

Abbildung 13.2: Radartrajektorien eines Relativitätstetraeders

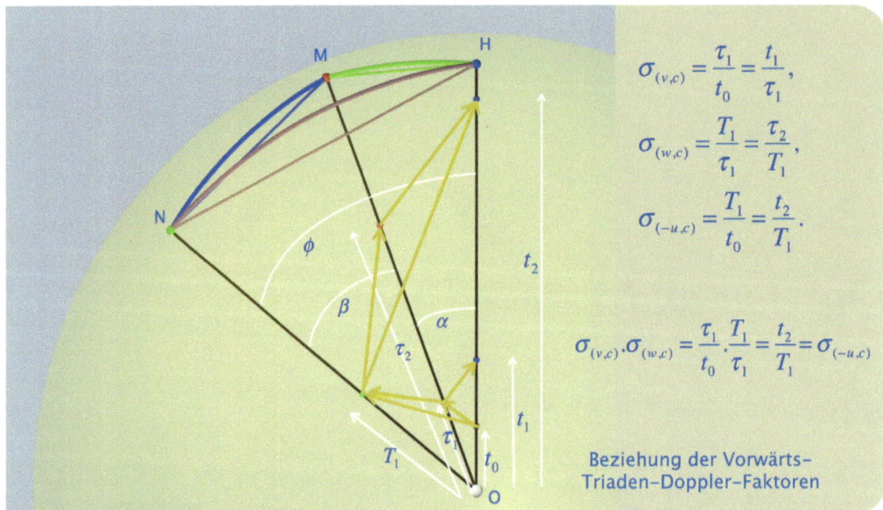

Abbildung 13.3: Kaskadierte Relativitäts-Dreiecken und - Tetraeder, und ihre Relativitäts-Polyeder

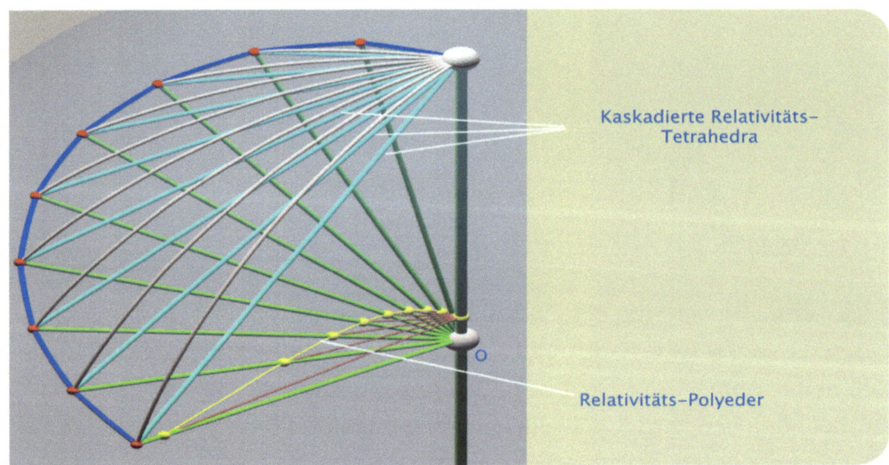

Abb. 13.3 zeigt mehrere ‚kaskadierte' Relativitäts-Tetraeder, die konsekutive Dual-Bezugsrahmen von jeweils inertialen Stationspaaren mit unterschiedlichen Geschwindigkeiten relativ zum Heimrahmen darstellen. Auch hier wird angenommen, dass die Stationen zusammen einen Referenzpunkt (O) passiert haben während ihre Uhren synchronisiert wurden. Nach Bedingung (12.7) bildet der Winkel zwischen der Weltlinie der vertikalen Achse und der Weltlinie jeder Station - eine Bogenlänge des entsprechenden Einheitsradius-Kugeldreiecks - den entsprechenden Velchronos-Winkel.

*Ein Relativitäts-Doppler-Polyeder

[3]Trajektorien eines Radarsignals, das von einem Referenzpunkt des Heimrahmens (*nach* Synchronisation der Stationsuhren) emittiert wird, überqueren jede Dual-Bezugsrahmenfläche und treffen sich ebenfalls. Wie dargestellt, bewegt sich jedes konsekutives Paar von inertialen Stationen mit *der gleichen* re-

[3] Diese zwei mit * markierten Abschnitte sind *optional* d.h. nicht erforderlich für das Verständnis nachfolgenden Teilen des Buchs.

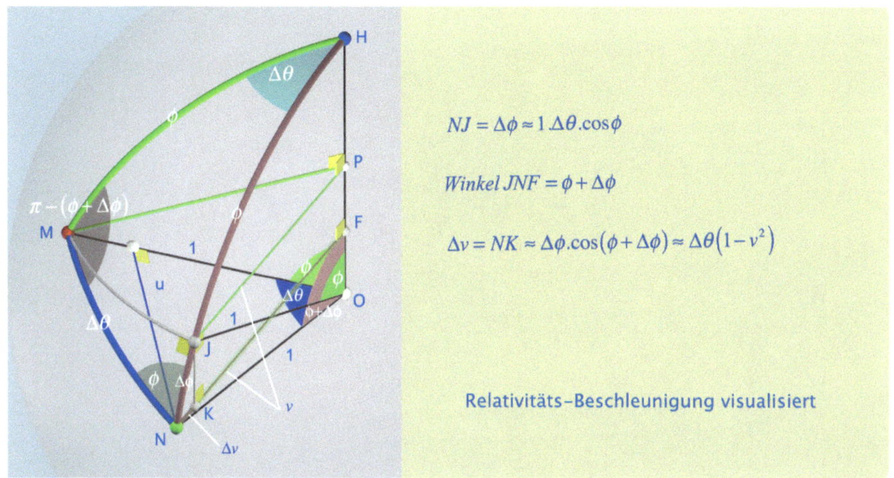

Abbildung 13.4: Relativitäts-Beschleunigung visualisiert.

lativen Geschwindigkeit. Selbst wenn sie unterscheidlich wären, wäre aber die Geometrie genauso gültig und die jeweiligen Radartrajektorien würden ebenfalls immer aufeinander treffen. Besonders bemerkenswert sind an jedem Kugeldreieckscheitel j, die benachbarte Flächenwinkel α_j und $\pi - \phi_{j+1} = \pi - \alpha_{j+2}$. Weil $\alpha_{j+2} > \alpha_j$, verbinden sich die jeweilgen lateralen Bögen *diskontinuierlich*, im Gegenstz zu dem Grenzfall der kaskadierten Differential-Kugeldreiecke die wir demnächst beschreiben werden. Gleichermaßen bemerkenswert ist das ‚Relativitäts–Polyeder', das eine Reihe von kaskadierten Tetraedern umfaßt, deren obere planare Dreiecksflächen durch entsprechende Photonenweltlinien gebildet werden, die mit dem Radaremissions-Ereignispunkt auf der vertikalen Heimrahmen-Weltlinie verbunden sind.

Die Zentrumswinkel α, β und ϕ aus Abb. 12.6 des vorherigen Kapitels bezeichnen wir nun in Abb. 13.4 als *Anfangs-*, *Differenzial-* und *End-Velchronoswinkel* $\phi, \Delta\theta$ bzw. $\phi + \Delta\phi$ einer Einheitsschubrakete entsprechend dem Verlauf einer winzigen Raketeneigenzeit $\Delta\tau$. Von speziellem Interesse, als $\Delta\tau$ und dementsprechend die Winkel $\Delta\theta$ and $\Delta\phi$ zusammen gegen Null tendieren, sind die entstehenden *Kugeldreiecks-Differentiale* und *inkrementellen Relativitäts-Tetraeder*.

13.2   *Das Relativitäts-Kugeldreiecks-Differential*

[4]Die Differenzgeschwindigkeit Δv der Rakete erhält man durch Drehen des Punktes M um die Achse OH durch den Tür-Winkel $\Delta\theta$ zum Punkt J auf dem Bogen HJN, und Fallenlassen einer Senkrechten auf den Punkt K der Senkrechten NKF, die die Geschwindigkeit $v + \Delta v$ darstellt.

[4] Eine Tangente zum Bogen HJN am Scheitelpunkt N ist senkrecht zum Radius NO. Auch die Linie NKF ist senkrecht zu HO. Daher sind die Winkel JNK und HON beide gleich $\phi + \Delta\phi$.

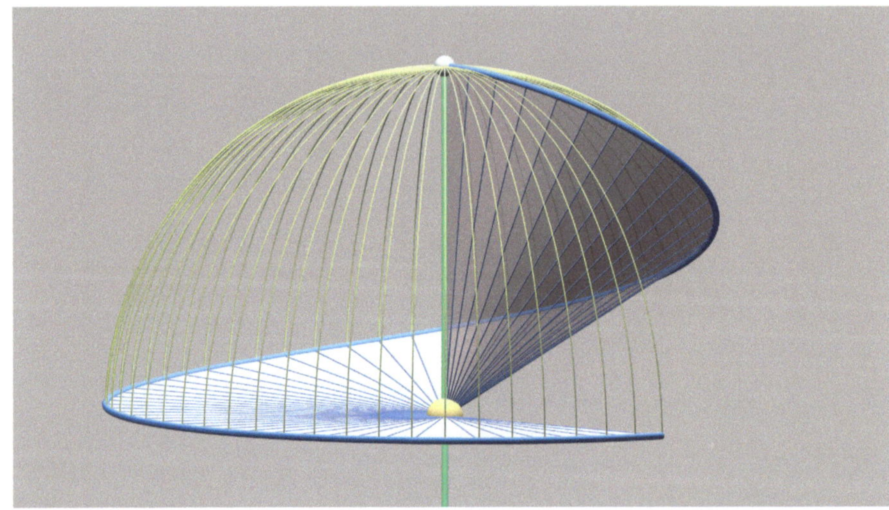

Abbildung 13.5: Differential-Bezugsrahmen-Karten, Velchronos-Winkelbögen und eine ‚Tetraeder-Spiral'-Eigenlinie.

[5] $NJ = MN \cos \phi$,
$NK = NJ \cos(\phi + \Delta\phi)$ usw.

In dieser Geometrie,[5] spiegelt das inkrementelle Δv-Geschwindigkeitsegment NK DIE KUGELDREIECKS-ZUSAMMENSETZUNG DER RELATIVITÄTS-BESCHLEUNIGUNG:

$$\Delta v \approx 1.\Delta\theta \cos\phi \cos(\phi + \Delta\phi) = \Delta\theta(1 - \sin^2\phi) = \Delta\theta(1 - v^2). \qquad (13.1)$$

Im Limit während $\Delta\theta \to 0$, gilt $\frac{dv}{d\theta} = \cos^2\phi = 1 - v^2 = \frac{1}{\gamma^2}$. Diese Formel hat die gleiche Form wie die Retro-Beschleunigungsgleichung (11.11)-vii im Kapitel 8 für eine Einheitsschubkraft (bzw. erhältlich durch Differenzierung der Geschwindigkeitsgleichung (11.3)):[6]

[6] $\frac{dv}{d\tau} = \frac{d\tanh\tau}{d\tau} = \frac{d(\sinh\tau / \cosh\tau)}{d\tau} = \frac{\cosh\tau\cosh\tau - \sinh\tau\sinh\tau}{\cosh^2\tau} = \frac{1}{\cosh^2\tau} = \frac{1}{\gamma^2}$.

$$\text{RETRO-BESCHLEUNIGUNG} \qquad -\beta = \frac{dv}{d\tau} = \frac{1}{\gamma^2}. \qquad (13.2)$$

13.3.

IM LIMIT, WENN $\Delta\theta$, $\Delta\theta$ UND $\Delta\phi$ GEGEN NULL GEHEN, REPRÄSENTIERT DAS LATERALE BOGENINKREMENT $d\theta$ DAS EIGENZEITDIFFERENTIAL $d\tau$ DES KUGELDREIECKS.

13.3   *Der Hemix: eine ‚transzendentale'* EIGENLINIE

Wenn die Winkelinkremente immer kleiner werden, wird die Anzahl der kaskadierten Bezugsrahmen unendlich und die differentiellen Eigenzeit-Bogensegmente der Rakete wandeln sich zu einer glatten kontinuierlichen Halbkugelkurve, wie in Abb. 13.5 gezeigt. So wie Wo-Linien- und Wann-Liniensegmente einer Dual-Bezugsrahmen-Karte Zeit- und Distanzintervalle repräsentieren, entsprechen Bogensegmente dieser neuen Kurve individuellen Eigenzeitintervallen der Rakete in ihren ständig wechselnden mitfahrenden Bezugsrahmen.

Aus dem Kriterium (12.7) des Einheitsradius-Sinussatz-Verhältnisses ergibt sich dann die akkumulierte Raketeneigenezeit $\tau = \int_0^\tau d\tau$ als gleich sowohl der Pfadlänge der Kurve als auch ihrer zurückgelegten Längengradstrecke d.h. dem um die vertikale Achse verschwenkten Tür-Winkel. Wir bezeichnen diese einzigartige Kurve, die in vielen der verbleibenden Kapitel des Buches eine Schlüsselrolle spielt, *,die Hemix-Eigenlinie'* und weisen ihr ein spezielles Symbol[7] zu: $\mathfrak{H}$. Zusätzlich zu der Darstellung unserer sphärischen Kurve in *sphärischen Koordinaten* $_{Sph}[1, \theta, \phi]$, wobei θ der *Längengrad* und ϕ die Kolatitude ist, mussen wir nun auch von *Zylinderkoordinaten* $_{Cyl}[r, \theta, z]$ Gebrauch machen sowie natürlich von kartesischen Koordinaten $[x, y, z]$ (ohne Suffix darstellt). Die zylindrische Radiuskoordinate r der Hemix entspricht auch dem Sinus seiner Kolatitude. Folglich ergibt sich aus (11.11)-ii die momentanen Geschwindigkeit der Rakete $r = \sin\phi = v = \tanh\tau$. Ihre zylindrische Elevation z ist gleich dem Kosinus seiner Kolatitude d.h. $z = \cos\phi = 1/\gamma = 1/\cosh\tau$.

[7] $\mathfrak{H}$s Schriftart heißt ,*Eulid Fraktur'*.

13.4.

EIGENSCHAFTEN DER HEMISPHÄRISCHEN HEMIX $\mathfrak{H}$

RAKETEN-EIGENZEIT τ ENTSPRICHT DER KURVENLÄNGE SOWIE DEM ÜBERQUERTEN LÄNGENGRAD θ.

DIE MERIDIONALE NEIGUNG IST GLEICH DER KOLATITUDE ϕ WOBEI $\sin\phi = v = \tanh\tau$.

DIE τ-ÄNDERUNGSRATE DER KOLATITUDE ϕ ENTSPRICHT AUCH IHREM KOSINUS: $\dfrac{d\phi}{d\tau} = \cos\phi = \dfrac{1}{\gamma}$.

Die Längengradeigenschaft ergibt sich daraus, dass die Kurve immer einen vertikalen Meridian im Winkel ϕ trifft; die dritte Eigenschaft entspricht der Einheitsschub-Beziehung (11.11)-viii.

Hemix-Vektorkoordinaten

Später in TEILEN VI und *VII* benötigen wir *die Vektorkoordinaten* der Hemix. Bei einer *Einheitsradiuskugel* werden diese am einfachsten in den sphärischen Längengrad- und Kolatituden-Koordinaten $\theta = \tau$ bzw. ϕ ausgedrückt:

13.5.

HEMIX-VEKTORKOORDINATEN

$$\mathfrak{H} = {}_{Sph}[1, \tau, \phi] = {}_{Cyl}[v, \tau, \tfrac{1}{\gamma}] = {}_{Cyl}[\tanh\tau, \tau, \tfrac{1}{\cosh\tau}] = [\tanh\tau\cos\tau, \tanh\tau\sin\tau, \tfrac{1}{\cosh\tau}].$$

Abbildung 13.6: Loxodromen von Pedro Nuñes 1502-1578.

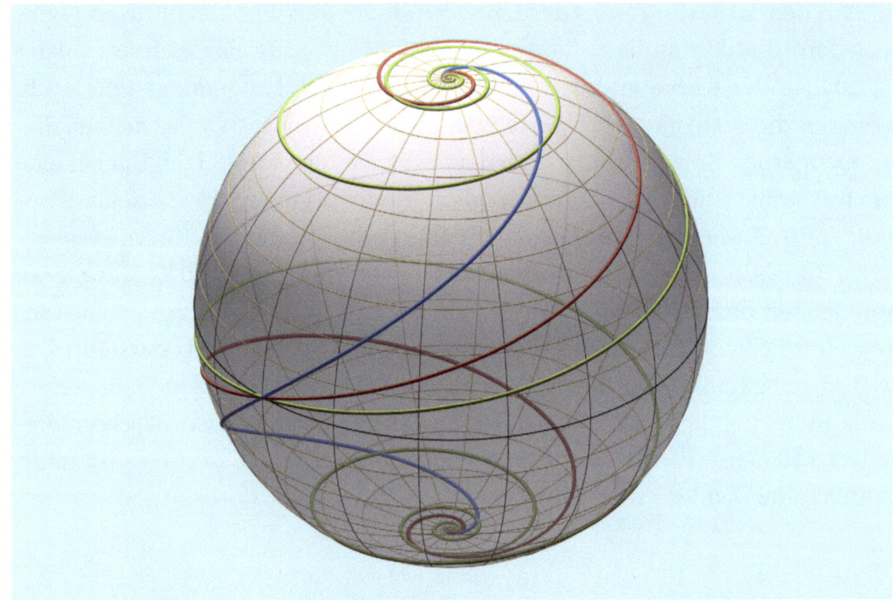

Unsere hemisphärische Kurve hat mehrere weitere Eigenschaften die zusammen mit anderen Details von mathematischem Interesse im 2017 Aufsatz des Autors beschrieben worden sind.[8] Überraschenderweise werden in der dem Autor bekannten Literatur über Kurven wie *Yates* 1947 *Handbook on Curves*[9] oder *Davies* lange zweiteiliger Abhandlung von 1834 über sphärische Kurven[10], keine kolatituden-abhängige Meridiankurven erwähnt. Dasselbe gilt (bis jetzt) für die interessante französische ENCYCLOPÉDIE DES FORMES MATHEMATIQUE REMARQUABLES.[11]

13.4 *Die Hemix-Schwester:* DIE 1537 LOXODROME

Eine verwandte sphärische Kurve, die 1537 vom portugiesischen Mathematiker *Pedro Nuñes* entdeckt wurde, ist dadurch definiert, dass ihre meridionale Neigung sich nicht wie bei unserer Hemix variiert, sondern konstant bleibt. Die Portugiesen benutzten Loxodromkurven um zu navigieren, wobei Schiffe auf einem bestimmten ozeanischen Pfad bleiben, indem sie in einem bestimmten festen Winkel zur Nordpolrichtung vorrücken. Im nächsten Kapitel werden wir mittels der Hemix die vielfältigen relativistischen Verwicklungen einer Beschleunigungsrakete darstellen. Die Anwendung dieser Geometrie auf ein *ausgedehntes* beschleunigendes Medium führt dann später zur Lösung des (bisher) rätselhaften '*Bellschen Raumschiffparadoxons*'.

[8] B.C. Bell's twin rockets non-inertial length enigma resolved by real geometry. *Results in Physics*, 7:2575–2581, July 2017

[9] Robert C. Yates. *A Handbook on Curves and their Properties.* J. W. Edwards - Ann Arbor, 1947

[10] T. S. Davies. On the equations of loci traced upon the surface of the sphere, as expressed by spherical co-ordinates. *Transactions of the Royal Society of Edinburgh*, XII: 259–362, 379–428, 1834

[11] http://www.mathcurve.com

14

Eine Odyssee durch die Raumzeit

DIE ZEITREISE-KRISTALLE

> „Seit Augustinus [354 - 430], haben die Menschen mit der Zeit gerungen. Es gibt allerlei Dinge, die sie nicht darstellt. Es ist kein Fluß von etwas, weil, was fließt sie vorbei? Wir nutzen die Zeit, um den Fluß zu messen. Wie könnten wir Zeit nutzen, um Zeit zu messen? Wir stecken fest, jeder von uns reist jedes Jahr in die Zukunft, ein Jahr. … Es könnte sein, dass Sie eine Zeitmaschine bauen können, um in die Zukunft zu gehen, aber nicht in die Vergangenheit."
> CARL SAGAN Autor von CONTACT   1986

In der Tat, jedes Mal, wenn jemand an irgendeiner Rundreise teilnimmt, ‚altert' er oder sie etwas weniger als Personen die sitzenbleiben, obwohl eine solche ‚Zeit-Dehnung' vom Reisenden selbst gar nicht bemerkt wird. Zurückgebliebene Heimbewohner hingegen *würden merken, dass die Uhr des Reisenden langsamer vorangeschritten war*, während der Reisender behaupten könnte, dass Heimbewohner, relativ gesehen, älter geworden wären.

Im letzten Abschnitt von Kapitel 3, ‚Miragen' von Länge und Zeit, betrachteten wir Stationspassagiere, die jeweils in das führende Abteil der anderen vorbeifahrenden Station hüpften und später wieder in ein Heckabteil der ursprünglichen Station zurücksprangen. Ihre jeweilige Eigenzeiten würden um einen Faktor ausgedehnt, der dem versierten Sinus ($1 - \cos\alpha$) des Velchronos-Winkels α der zwei sich relativ bewegenden inertialen Stationen entspricht. In diesem Kapitel betrachten wir ein realistischeres und weniger gefährliches Zeitreiseszenario, eine Hin- und Rückfahrt in einer beschleunigenden Rakete, die wir mithilfe der Hemix-Kurve des vorherigen Kapitels sehr detailliert *geometrisch visualisieren können*.

14.1 ‚Ovoidale' Zeitreiseprojektionen

Ein kohärentes Ovoiden-Model

Die relativistischen Parameter (11.11) einer Rakete mit festem Schub, die auf Seite 90 aufgeführt sind, beziehen sich überwiegend auf Potenzen des Faktors $\cos\phi = 1/\gamma$. Vor diesem Hintergrund bauen wir jetzt einen geometrischen Rahmen von fünf ‚OVOID–FLÄCHEN'[1] auf, die zentriert um eine vertikale Achse liegen. [2]Mit der Bezeichnung ρ_n als der Entfernung eines beliebigen Punktes auf jedem solchen Ovoid von einem Ursprungsreferenzpunkt O ($= [0,0,0]$), und mit der Kolatitude ϕ als der jeweiligen Velcronos-Winkel, definieren wir diese Ovoide durch die einfachen Gleichung $\rho_n = \cos^n\phi = \gamma^{-n}$ für *Ovalitätsfaktoren* $n = -1,\ 0,\ 1,\ 2$ und 3.

[3]Wie in Abb. 14.3 gezeigt (mit Ausschnitten zur Verdeutlichung), sind dies

- Einheitshöhe ‚Gamma'-Ebene $z = 1$ d.h. $\rho_{-1} = 1/\cos\phi = \gamma$,

- Einheitsradius Hemisphäre $\rho_0 = \cos^0\phi = 1$,

- Einheitsdurchmesser ‚Kontraktionskugel' $\rho_1 = \cos\phi = \gamma^{-1}$,

- Retro-Beschleunigugs-Ovoid $\rho_2 = \cos^2\phi = \gamma^{-2}$ und

- Heim-Beschleunigugs-Ovoid $\rho_3 = \cos^3\phi = \gamma^{-3}$.

Stereographische Projectionen der Hemixkurve

Analog zum bekannten Mercator-Kartierung unsereres sphärischen Weltkugels (https://en.wikipedia.org/wiki/List_of_map_projections), nehmen wir nun die Hemix unseres vorherigen Kapitels auf der Einheitsradius-Halbkugel und projizieren mittels eines am Ursprung O geschwenkten ρ-‚DISTANZ-STRAHLS', diese Kurve auf die anderen vier Ovoid-Flächen.

In *Zylinderkoordinaten* ausgedrückt,[4] ist unsere Hemixkurve $\mathfrak{H} = {}_{Cyl}[v, \tau, 1/\gamma]$ ($\Rightarrow$ Gleichungen (13.5)), die γ-radius Gamma-Flächenkurve $G = {}_{Cyl}[v\gamma, \tau, 1] = {}_{Cyl}[t, \tau, 1]$ und die $1/\gamma$-radius ‚Kontraktions'-Flächenkurve $F = {}_{Cyl}[v/\gamma, \tau, 1/\gamma^2]$, wobei alle die Raketeneigenzeit τ als Längengrad und den Velchronos-Winkel ϕ als sphärische Kolatitude gemeinsam teilen.

Siebzehn relativistische Parameter einer Zeitreise

Für jeden willkürlichen Punkt j auf der Hemix sind die jeweiligen projizierten Punkte auf den anderen Flächen a, b, f and g, wie in Abb. 14.3 gezeigt. Die Linie jq ist eine Senkrechte auf die vertikale Achse. Insgesamt stellt diese geometrische Struktur *siebzehn* Parameter dar, meist als Funktionen des Velchronos-Winkels ϕ:

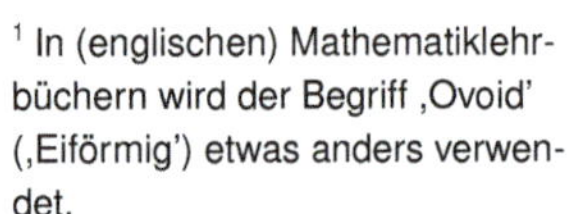
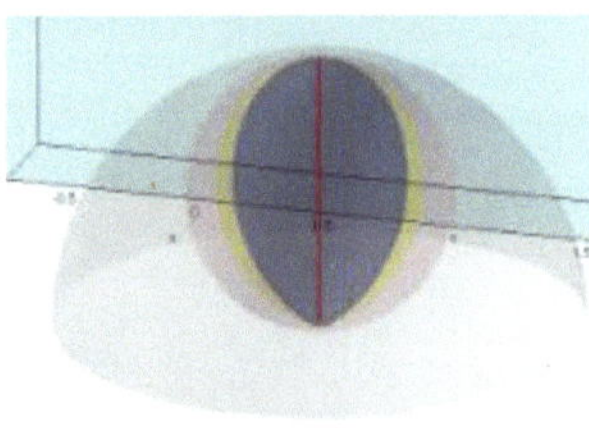

Abbildung 14.1: Astronomy Ireland 2005 Vortrags-Webgraphik.

Abbildung 14.2: Mercator-Projektion. Bild hochgeladen Sept. 2015 auf Wikipedia von *Daniel R. Strebe.*

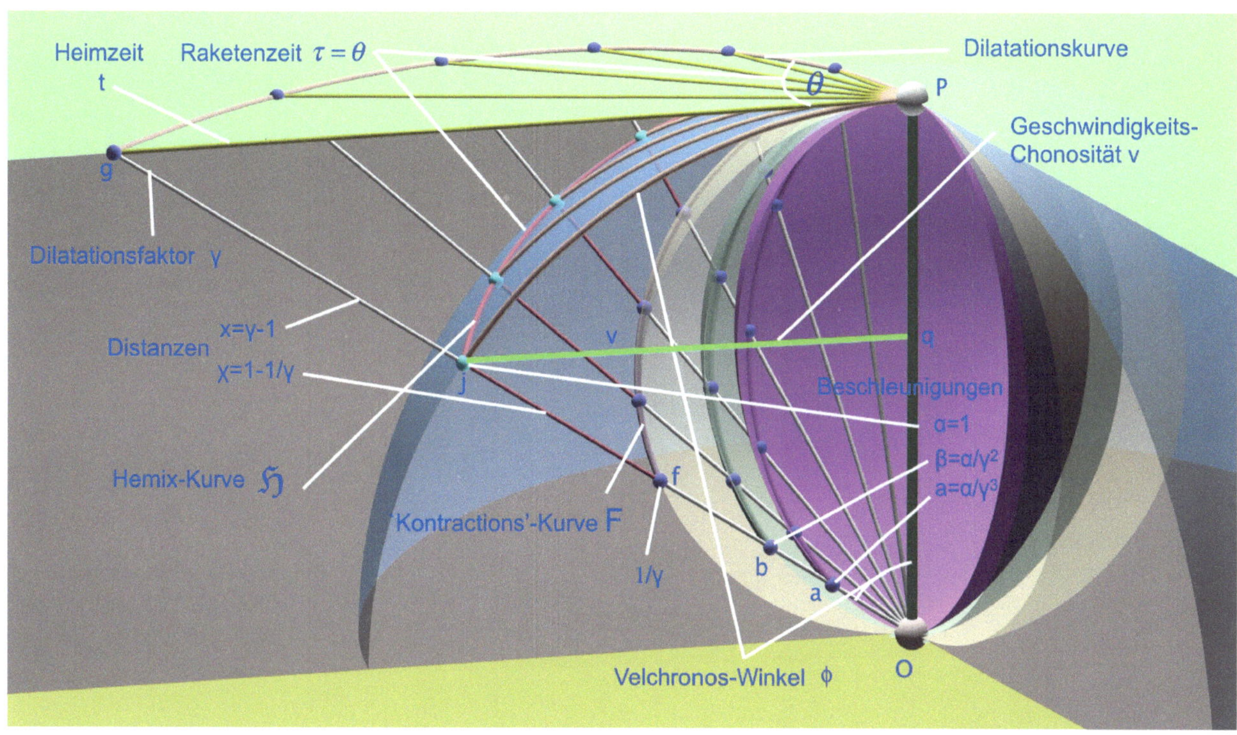

Abbildung 14.3: Raketenbeschleunigungs-Parameter

5

- Og: ‚Dilatation' | Zeitlicher Impuls | Gesamtenergie $\gamma = \frac{1}{\cos\phi}$.

- Oj: Einheitsgrenzgeschwindigkeit | Einheitsbeschleunigung | Einheitsmasse.

- Of: Pseudo-Kontraktionsfaktor $\frac{1}{\gamma} = \cos\phi$.

- fj: Retro-Distanz $\chi = 1 - \frac{1}{\gamma} = 1 - \cos\phi$ (versierter Sinus).

- jg: Heim-Distanz | Kinetische Energie $x = \gamma - 1 = \frac{1}{\cos\phi} - 1$.

- Ob: Retro-Beschleunigung $\beta = \frac{1}{\gamma^2} = \cos^2\phi$.

- Oa: Heim-Beschleunigung $a = \frac{1}{\gamma^3} = \cos^3\phi$.

- jq: Geschwindigkeit $v = \sin\phi$.

- Pg: Heim-Zeit | Räumlicher Impuls $t = v\gamma = \tan\phi$.

- Hemix-Bogenlänge Pj: Raketeneigenzeit $\tau = gd^{-1}(\phi)$.

- Meridian-Pfadlänge Pj: Velchronos-Winkel $\phi = arcsin(\tanh\tau) = gd(\tau)$.

- Winkel POj: Velchronos-Winkel ϕ.

5 Zeitlicher Impuls, räumlicher Impuls, Gesamtenergie und kinetische Energie wurden im Abschnitt Impuls diversifiziert – räumlich und zeitlich auf Seite 73, Abschnitt Kinetische Energie verliehen und erworben auf Seite 77, bzw. Abschnitt Kernenergie auf Seite 78 erläutert.

Abbildung 14.4: Eine Zeitreise-Umfahrt

Für eine Einheitsschubrakete sind die relativistischen Parameter - skalierte Geschwindigkeit/Chronosität, Dilatations- und Kontraktionsfaktoren, Vorwärts- und Retro-Beschleunigungen, Heim- und Raketenzeiten und -Distanzen, räumliche und zeitliche Impulse sowie kinetische und Gesamtenergien, jeweils Elementarfunktionen des Velcronos-Winkels ϕ. Dementsprechend scheint es vernünftig zu behaupten, dass dieser Geschwindigkeits-/Chronositäts-Velchronos-Winkel unserer symmetrischen Dual-Bezugsrahmenkarte einen Anspruch darauf hat als DER BEVORZUGTE BEWEGUNGSPARAMETER IN DER RELATIVITÄTSTHEORIE betrachtet zu sein, anstatt *die Geschwindigkeit selbst*.

14.2   *Eine ausgehende und zurückkehrende Raumzeitfahrt*

Betrachten wir jetzt die Hin- und Rückfahrten einer Zeitreise in einer Einheitsschubrakete. Just als *ein Viertel* ihres Treibstoffs verbraucht wird und die

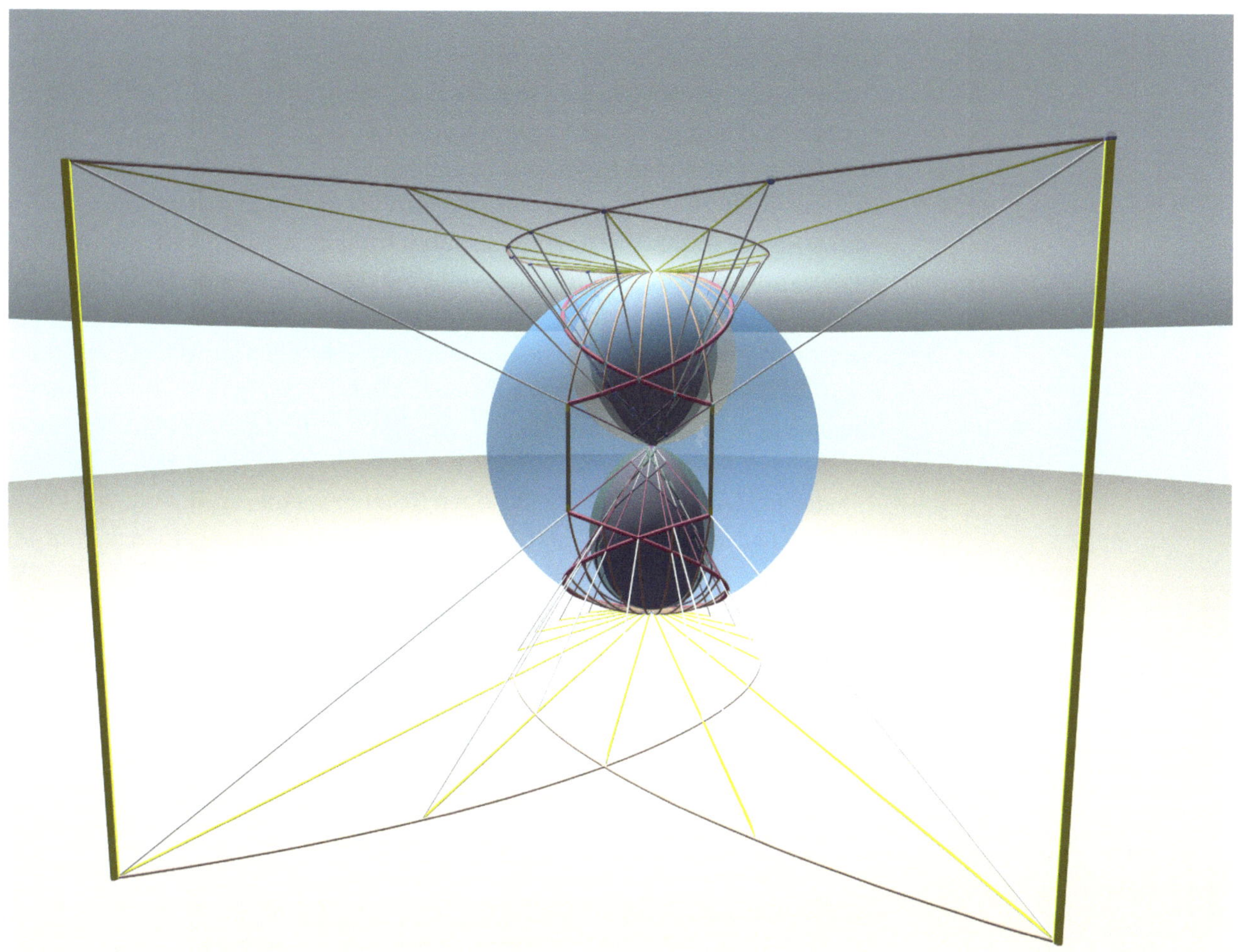

Abbildung 14.5: Eine *längere* Zeitreise-Umfahrt

Rakete eine bestimmte maximale Geschwindigkeit erreicht, wird sie veranlaßt, sich umzudrehen, und dabei den Schub umzukehren. Dies führt dazu, dass sie sich anschließend allmählich verlangsamt, solange bis es in Bezug auf den Start-Raumzeitrahmen *momentan* stationär wird. Die Rakete setzt ihre Rückwärtsbeschleunigung dann weiter fort aber jetzt in Richtung Heimbasis, bis *drei Viertel* ihres Treibstoffs verbraucht ist. Wiederum wird sie umgedreht, wenn sie ihre maximale Rückwärtsgeschwindigkeit erreicht, und verlangsamt sich dann so lange, bis sie zu ihrem ursprünglichen Startort bei Null-Relativgeschwindigkeit zurückkommmt – wobei ihr gesamter Treibstoff dann erschöpft sein wird.

　Um diese Odyssee mit unserer Geometrie darzustellen, nehmen wir die Ovoidenstruktur des Hemix-Graphen in Abb. 14.3 als ihre erste Phase und spiegeln sie *horizontal*, um die äquivalente *letzte* Umkehrphase der vierphasigen Reise der Rakete zu porträtieren. Diese erste und vierte Phasen werden dann *vertikal* gespiegelt, um die Modellteile der zweiten und dritten Phasen zu erzeugen.

Die resultierenden Modelle in Abb. 14.4 und Abb. 14.5 enthalten jeweils eine obere und untere ‚Dilatationsebene', zwei Kugeln mit ‚Kontraktions'-Einheitsdurchmesser und eine Kugel mit Einheitsradius. Die obere linke Hemix, die am oberen Polpunkt beginnt, erstreckt sich bis zum maximalen Vorwärtsgeschwindigkeitspunkt der Rakete. Verbunden mit dem linken vertikalen *Schubumkehr–Tunnel*, repräsentiert die zweite untere linke Hemix die Rakete, die sich verlangsamt, bis sie die weiteste Entfernung bei Null-Relativgeschwindigkeit erreicht. Die dritte Phase ist die der unteren rechten Hemix, deren Endpunkt ebenfalls durch einen rechten vertikalen *Rückfahrt-Schubumkehr–Tunnel* mit der oberen rechten Hemix verbunden ist, die glatt zum ursprünglichen Startpunkt am oberen Pol zurückkehrt.

Jede der Hemixen ist in regelmäßigen Raketeneigenzeitabständen mit Punkten versehen und zeigt die aktuellen Velchronos-Winkelbogenlänge vom jeweiligen Pol. Die Retro-und Heim-Distanzen sowie die Gamma- und Pseudo-Kontraktionsfaktoren spiegeln sich in den jeweiligen ‚Distanzstrahl'-Intervallen wider. Die Raketeneigenzeit- und Heimzeit-Intervalle sind ebenfalls die gleichen wie in der vorherigen Abb. 14.3 – die jeweiligen akkumulierten Hemixpfadlängen und die Heimrahmenzeitradiale der Dilatationsebene. Damit beschreibt unseres geometrische Modell die Parameter einer Zeitreise-Umfahrt *umfassend*, wie sie unter konstantem Raketenschub erlebt wird.

Eine weitere Überraschung dieser Geometrie ist ihre entscheidende Rolle bei der Lösung der bisher ungeklärten Frage der ‚nichtinertialen Relativistischen-Länge' – das Thema des abschließenden *Teil VII* ACHTERBAHN-RAUMZEITEN, das seit 1959 in der Physikwelt heftig umstritten gewesen ist.

EIN OCCAMESQUES RENNEN

Umseitig: Orion-Konstellation
NASA-Bild

[6] Ausnahmen: , .

F Sears and R Brehme. *Introduction to Special Relativity*. Addison Wesley, 1968; and Dragan Redžic. Relativistic Length Agony Continued. *Serb. Astron. J.*, 188:55 – 65, 2014

[7] Wie bereits im *Prolog des Buchs erwähnt, scheinen die meisten Physiker immer noch heute zu glauben, dass das Prinzip der Grenzgeschwindigkeit auch für Raketen mit identischen festen Beschleunigungen gilt, d.h. dass solche Intervalle *konstant* bleiben müssten – wie z.B. in:

[8] D A Desloge and R J Philpott. Uniformly accelerated reference frames in special relativity. *American Journal of Physics*, 55: 252–261, 1987

Jetzt kommen wir dazu, die Zusammenhänge zwischen *mehreren* beschleunigenden Punktobjekten in Betracht zu ziehen. Das nächste Kapitel, ,Zeitdispersion' und ,Retrotrennung', konzentriert sich auf ein selten diskutiertes Thema:[6] Zwei räumlich getrennte Raketen werden über eine bestimmte Zeitperiode mit identischem, skaliertem Einheitsschub beschleunigt, bis ihre jeweiligen Triebwerke plötzlich abgeschaltet werden. Dieses Szenario, das dem Finale eines Pferderennens ähnelt während die Renntiere, nachdem sie am Zielpfosten angekommen sind, sich nicht weiter bemühen, schneller zu laufen, verwendet den Dual-Bezugsrahmen in Abb. 8.2 des Kapitels Drei Beschleunigungsperspektiven. Zwei wichtige Parameter kommen dabei zum Vorschein: die steigende Eigenzeit-Diskrepanz des beschleunigenden Raketen-Duos in ihrem geteilten sich ständig ändernden, mitfahrenden *inertialen* Rahmen, und die von der Frontrakete ,retrospektiv' wahrgenommene Trennungsdistanz zur Heckrakete. Beide Rakete sind immer (außer beim Start und nachdem *beide* Raketen abschaltet werden) relativ instationär. Wir stellen in diesem Zusammenhang ein möglicherweise bisher unbekanntes Konzept vor: den *,Resynchronisations-Zeitlücken-Rahmen'*.

Das Kapitel Zwei verblüffende Radarintervalle' stellt die Weltlinien des Heimrahmens dar, die durch identische parallele Hyperbeln gemäß der Standardgleichung (11.11)-xii auf Seite 90 repräsentiert werden. Eine hervortretende Einsicht, die meistens irrtümlicherweise als nur zur *Allgemeine Relativitätstheorie* gehörend angenommen wird, besteht darin, dass jede Rakete, die *permanent* schneller als $1g$ beschleunigt wird, niemals ein Ereignis über ein Lichtjahr hinweg (ihren ,asymptotischen Horizont') wahrnehmen kann. Noch überraschender sicherlich für viele, da im inertialen Heimrahmen alle Zwischen-Raketen-Radartrajektorien einfache nach oben und nach unten gerichtete diagonale Linien gemäß der skalierten Einheitsgrenzgeschwindigkeit darstellen, wird es sofort ersichtlich, dass die entstehende Radarperioden tatsächlich VARIABLE sind.[7] [8] Seltsamerweise, obwohl diese Intervalle auch leicht analytisch hergeleitet werden können, erscheinen sie in den Lehrbüchern der Relativitätstheorie *nicht* – eine außerordentliche Ambivalenz, die in Kapitel 16, Beweise unwissentlich ,zurückgehalten', etwas verächtlich kommentiert wird.

Ein wichtiges *Gedankenexperiment* wird dann diskutiert: Mediumgetakte Photon-Durchquerungsraten. Ein von der Heckraketen emittiertes ,Radar-Photon' durchquert ein homogen mitbeschleunigendes Medium zwischen den Raketen, deren einzelne Inkremente mit Uhren ausgestattet sind. Im letzten Tei des Buches, *Teil VII* – ACHTERBAHN-RAUMZEITEN, werden weitere Aspekte dieses Szenarios umfassend behandelt.

15

‚Zeitdispersion' und ‚Retrotrennung'

AUF DER SUCHE NACH DER VERLORENEN ZEIT

„Die beste Methode ... ist es, den wirklichen Umfang und die Anwendungsmodi von Konzepten kennenzulernen, die in der populären Sprache der oberflächlichen Exposition – und sogar im ungeschützten und spielerischen Paradoxon ihrer Autoren, oft nur für das unterwiesene Auge gedacht sind und bizarr genug aussehen. Aber ... es wird von großem Vorteil sein, wenn Männer der Wissenschaft zu ihren eigenen Erkenntnistheoretikern werden und der Welt durch kritische Darlegung der Resultate und Methoden ihrer konstruktiven Arbeit in nichttechnischem Sinne zeigen, dass mehr als bloßes Instinkt daran beteiligt ist: die Gemeinschaft hat tatsächlich ein Recht, so viel zu erwarten."

Joseph Larmor im Vorwort zur englischen Übersetzung Poincarés 1902 *Wissenschaft und Hypothese*

15.1 Zwei Raketen docken sich an zwei Raumstationen

[1,2]Wie von allgegenwärtigen Heimrahmenbeobachtern[3] wahrgenommen, bleiben zwei gleichzeitig gestartete Einheitsschubraketen den gleichen festen Abstand L im Heimrahmen getrennt, solange sie sich weiterhin identisch beschleunigen. In diesem Kapitel klären wir die ‚Zwischenphänomene' hinter den *Kulissen*, die auftreten als die beiden Raketen gleichzeitig aufhören sich zu beschleunigen, als sie zusammen eine bestimmte ‚Abschaltgeschwindigkeit' $\breve{v} = \tanh \breve{\tau}$ in diesem Rahmen erreichen (der Überschrift-*Breve* bezeichnet *Abschaltung*).

Wir stellen uns vor, dass genau wenn die Heckrakete r und die Frontrakete f ihre Motoren abschalten, zufällig docken sie an zwei nicht beschleunigenden Raumstationen R und F, die sich von hinten kommend mit der gleichen Geschwindigkeit $\hat{v}$ im Heimrahmen bewegen. Dies wird in Abb. 15.1 dargestellt, wo die geradlinige Weltlinien der Stationen tangential zu den anfänglich hyperbolischen Weltlinien der Raketen liegen und dann die geradlinige Weltlinienabschnitte der anschließend inertialen Raketen überlappen.

[1] Henri Poincaré. *La Science et l'hypothèse.* Flammarion, Paris, 1902

[2] Henri Poincaré. *Wissenschaft und Hypothese.* Xenomoi Verlag, Berlin, 1902/1904

[3] Darunter verstehen wir Beobachter die stationär in Heimrahmen $\underline{H}$ sind, *von denen angenommen wird*, dass sie immer zufällig anwesend an irgendeiner gewünschten Position liegen.

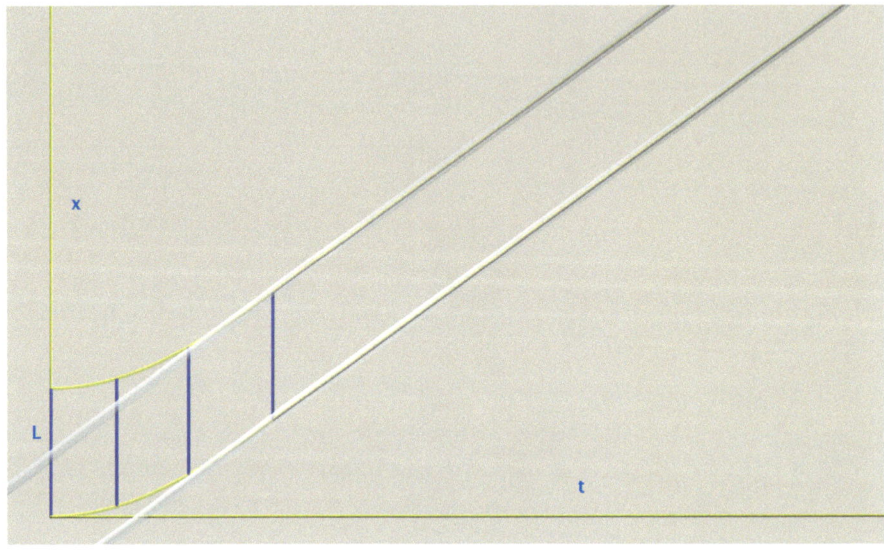

Abbildung 15.1: Heimrahmen hyperbolische Weltlinien von gleichmäßig beschleunigenden Raketen, die an zwei Raumstationen andocken.

[4] Ereignisse bezeichnen wir mit Doppelzeichen, z.B fF bedeutet die Ankunft der Rakete f an Station F.

[5] Die vertikalen (Z) und horizontalen (Y) Koordinaten der Beschleunigungsphase der Weltlinien *implizit* (nicht dargestellt) in Abb. 15.2 beziehen sich auf $\underline{H}$-Koordinaten $x|t$ und $\underline{\check{C}}$-Koordinaten $X|T$ als:

$$Y = t \cos \tfrac{\phi}{2} - x \sin \tfrac{\phi}{2}$$
$$= X \sin \tfrac{\phi}{2} + T \cos \tfrac{\phi}{2} \text{ und}$$
$$Z = x \cos \tfrac{\phi}{2} - t \sin \tfrac{\phi}{2}$$
$$= T \sin \tfrac{\phi}{2} + X \cos \tfrac{\phi}{2},$$

mit Abschaltgeschwindigkeitswinkel zwischen den jeweiligen Achsen $\phi = \arcsin \breve{v}$.

[6] In Form und Größe gleich, aber nicht notwendigerweise in der Position.

Heim-/Stationsrahmen-Weltlinien

[4] Schauen wir nun dieses Szenario in Abb. 15.2s symmetrischer *Dual-Bezugsrahmen-Karte* an – die der Karte der früheren Abb. 8.2 ähnelt – mit den roten $x|t$-Referenz-Achsen des Start-Heimrahmens $\underline{H}$ und den blauen $X|T$-Referenzachsen des Abschaltrahmens $\underline{\check{C}}$. Das Startereignis $r0$ der Heckrakete (der Kartenreferenzpunkt) und Startereignis $f0$ der Frontrakete finden simultan in Rahmen $\underline{H}$ statt. Parallel zur T-Achse der Karte sind gerade Weltlinien (transparent weiß) der Stationen R und F, die sich jeweils mit Abschaltgeschwindigkeit $\breve{v}$ relativ zum Heimrahmen bewegen und somit im Rahmen $\underline{\check{C}}$ stationär bleiben.

Beide Raketen beschleunigen sich durch ständig wechselnde mitfahrende Rahmen $\underline{C}$, wie durch die *gekrümmten* gelben Weltlinien der Karte angedeutet wird.[5] Anhand der Gleichungen (11.11)-v,-iii, werden die Variablen $\chi|\tau$ (wobei $\chi = 1 - 1/\sqrt{1+t^2}$ und $\tau = \sinh^{-1} t$) der Rahmen $\underline{C}$ natürlich nicht direkt in der Karte dargestellt – im Gegensatz zu den Variablen $x|t$ des Heimrahmens $\underline{H}$ und den Variablen $X|T$ des Abschaltrahmens $\underline{\check{C}}$. Übrigens ist es erwähnenswert, dass die kongruente[6] gekrümmte Weltliniensegmente *der Beschleunigungsphase*, die die Ereignisse $r0$ und rR bzw. die Ereignisse $f0$ und fF verbinden, *horizontal symmetrisch* sind. Diese Kurven sind ,Abbildungen' der *asymmetrischen* Hyperbeln in der Heimrahmenkarte der Raketen von Abb. 15.1 – geometrische Transformationen der *symmetrischen* Weltlinien der Dual-Bezugsrahmen-Karte.

Wie im Abschaltrahmen $\underline{\check{C}}$ wahrgenommen wird, liegt die Heckrakete r beim Start *vor* der nicht beschleunigenden Station R und bewegt sich *rück-*

wärts auf sie zu, als ihre negative Relativgeschwindigkeit in $\underline{\check{C}}$ gegen Null tendiert. So wie ihr Motor abgeschaltet wird, geht r auf R zurück (Ereignis rR) und bleibt ‚angedockt' – die beiden Weltlinien überlappen sich von da an.[7] Die Frontrakete f bewegt sich rückwärts auf inertiale Station F (Ereignis fF), und bleibt ebenfalls mit relativen Heimrahmengeschwindigkeit $\check{v}$ angedockt.

[7] Hätten sich die Raketen weiter beschleunigt, so wäre jeder nach seiner Ankunft in Vorwärtsrichtung von der Station weggefahren.

15.2 Abschaltzeit- und Abschaltdistanz-‚Dispersionen'

[8] Bei den jeweiligen Abschaltungen könnten Heimrahmen-Beobachter identische Heimzeiten für die zwei Ankunftsereignisse, d.h. $t_{fF} = t_{rR} = \check{t} = \sinh \check{\tau}$, notieren (Gleichung (11.11)-i), und beobachten, dass die Raketen *während und nach der Beschleunigungsphase* eine immer konstante Heimrahmen-Entfernung $L = x_{fF} - x_{rR}$ getrennt bleiben. Im Abschaltrahmen $\underline{\check{C}}$ hingegen sind die Raketenankünfte jedoch *zeitlich gestreut*.[9] Anhand der Gleichungen (11.11) und der Larmor-Lorentz-Transformationen (4.1)-i,ii, beziehen sich die Parameter $X|T$ des Rahmens $\underline{\check{C}}$ auf Rahmen $\underline{H}$-Parameter $x|t$ als (da $t_{fF} - t_{rR} = 0$):[10]

$$\check{\Sigma} \triangleq (X_{fF} - X_{rR}) = \left[(x_{fF} - x_{rR}) - (t_{fF} - t_{rR})\check{v}\right]\check{\gamma} = L\check{\gamma}.$$

$$\check{\Theta} \triangleq -(T_{fF} - T_{rR}) = -\left[(t_{fF} - t_{rR}) - (x_{fF} - x_{rR})\check{v}\right]\check{\gamma} = L\check{v}\check{\gamma}.$$

[8] Wir bezeichnen die auf Raketenuhren *selbst* als τ_r und τ_f und ihre *Ereigniswerte* wie als (z.B.) τ_{rR} und τ_{fF}.

[9] Die beiden Stationsuhrzeiten T_F und T_R wären bereits gegenseitig synchronisiert. Ihre absolute Uhrzeiten sind irrelevant, nur *ihre Differenz* ist signifikant.

[10] $\triangleq$ hießt ‚*wird definiert als*'. Θ ist griechisch *Theta* und Σ griechisch *Sigma*.

15.1.

Die endgültige Distanzdisperion im Abschaltungsrahmen $\underline{\check{C}}$

$$\check{\Sigma} \triangleq L\check{\gamma} = L\cosh \check{\tau} = L/\cos \check{\phi}.$$

15.2.

Die endgültige Ankunftszeitendispersion im Abschaltrahmen $\underline{\check{C}}$

$$\check{\Theta} \triangleq L\check{v}\check{\gamma} = L\tanh \check{\tau} \cosh \check{\tau} = L\sinh \check{\tau} = L\check{t} = L\tan \check{\phi}.$$

Abb. 15.2s ‚Dispersionsdreieck' ($rR - fF - fS$) stellt die Raketenstart-Trennung L, die *anfängliche* Abschaltzeit-Dispersion $\check{\Theta} = L\check{v}\check{\gamma} = L\tan \check{\phi}$ und die *endgültige* Synchronisations-Trennung $\check{\Sigma} = L\check{\gamma} = L/\cos \check{\phi}$ dar. Wir bezeichnen das Ereignis fS als das ‚Resynchronisationsereignis'. Beim Ereignis fS beträgt die Eigenzeit der an der Station F angedockten Frontrakete $\tau_{fS} = \tau_{fF} + \check{\Theta} = \check{\tau} + L\sinh \check{\tau}$. Diese Dispersionsgleichungen stellen einen interessanten Vergleich mit den Rigor Mortis-Dispersionsgleichungen (17.12) und (17.13) des späteren Kapitels 17 dar. Bedeutungsvoll wird das Verhältnis von Dispersionszeit zu Dispersionsabstand gleich der skalierten Geschwindigkeit v, die sich den Wert Eins nähert als die Heimrahmenzeit t immer größer wird.

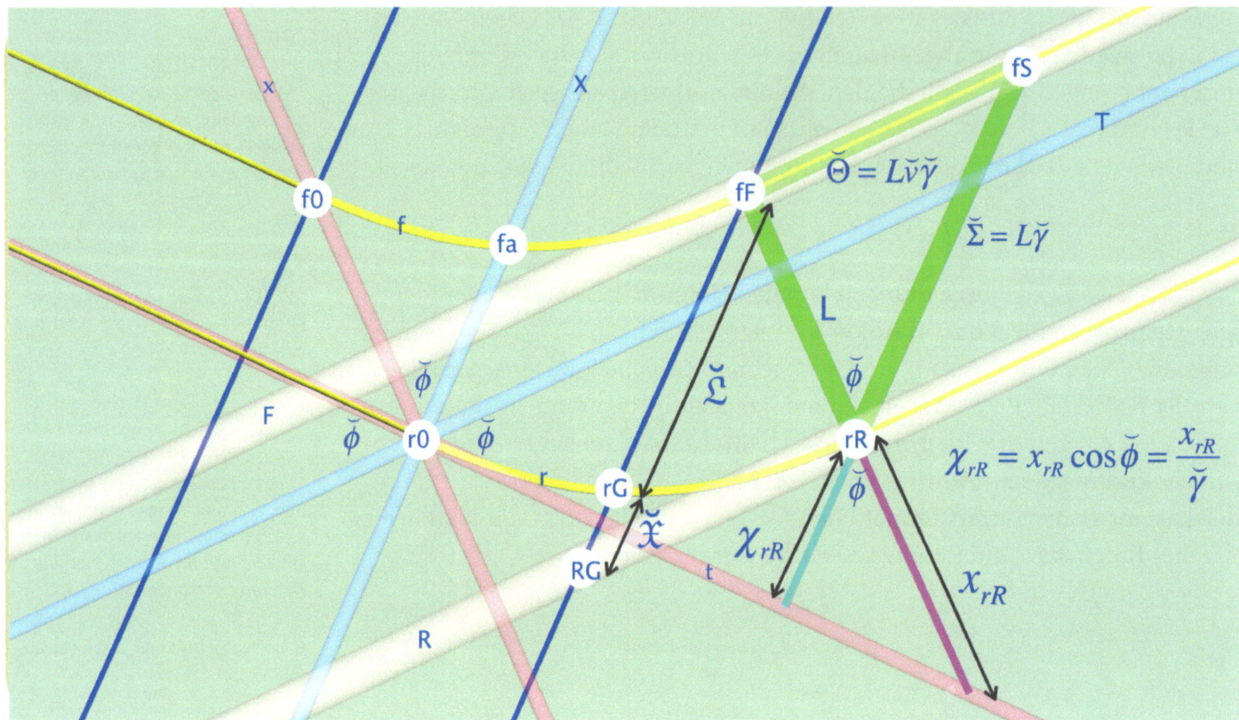

Abbildung 15.2: *Loedel-Karte mit Raketen- und Stations-Weltlinien und Abschaltrahmen-Raumzeit-,Dispersionsdreieck'*

Die Endstations-Zeitlücke

In Abschaltrahmen $\underline{\breve{C}}$ tritt das Start-Ereignis $f0$ der Frontrakete früher auf als das Start-Ereignis $r0$ der Heckrakete, das zur gleichen Abschaltrahmenzeit auftritt wie das Ereignis fa der Frontrakete f, d.h. die Frontrakete ist bereits gut unterwegs (rückwärts) zu seiner Zielstation F.[11] Ebenso wie im Rahmen $\underline{\breve{C}}$ gesehen, liegt simultan zu f's Ankunft an der Station F, Ereignis fF, die Heckrakete r bei Ereignis rG immer noch eine Distanz $\mathcal{X} \triangleq rG - RG$ von der Station R entfernt. Wir nennen $\mathcal{X}$ DIE SOLO-LÜCKENDISTANZ DER ZEITDISPERSIERTEN HECKRAKETE.

Obwohl sie im Heimrahmen $\underline{H}$ sich immer noch *vorwärts* beschleunigt, bewegt sich im Abschaltrahmen $\underline{\breve{C}}$ die Heckrakete r weiterhin mit *immer kleiner werdender* Geschwindigkeit *rückwärts*[12] in Richtung Station R, bis eine weitere Zeitperiode entsprechend der Dispersionszeitspanne $\breve{\Theta} = fS - fF = L \tan \breve{\phi} = L \sinh \breve{\tau}$ verstrichen ist und die Solo–Lückendistanz $\mathcal{X}$ in Rahmen $\underline{\breve{C}}$ abgedeckt wird. ,Endgültig' koexistieren dann beide Raketen gleichzeitig stationär in dem gemeinsamen Bezugsrahmen $\underline{\breve{C}}$ der Stationen, permanent getrennt durch die Dispersionsdistanz $L\breve{\gamma}$.

[11] Das durch die Frontrakete führende Ereignis $f0$ durchschneidet die T Achse zu einer früheren T-Zeit als die des Ereignisses $r0$ – der Start der Heckrakete.

[12] im Abschaltrahmen $\underline{\breve{C}}$ in einer *negative* Richtung der X-Achse.

Simultan zum Ereignis fS im Rahmen $\underset{\smile}{C}$ hat die Station R die gleiche Uhrzeit $T_{rR} = T_{fS}$ wie die der Station F, aber R's gerade angedockte Heckraketenuhrzeit $\tau_{rR} = \breve{\tau}$ liegt *hinter* F's früher angedockter Frontraketenuhrzeit τ_{fS} um den Betrag $\breve{\Theta} = \tau_{fS} - \breve{\tau} = L \sinh \breve{\tau}$. Obwohl die Raketen im Heimrahmen $\underline{H}$ weiterhin die Heimatzeit t teilen, identische Eigenzeiten τ verweisen und durch die unveränderte Starttrennung L getrennt bleiben, würden die beiden Andock-Raumstationen die stationär in dem Abschaltrahmen und ein Abstand $L\breve{\gamma}$ darin getrennt sind, gleichzeitig *verschiedene Ablesungen* der Raketenuhren registrieren. Dies wirft die Frage auf: GIBT ES EINEN ‚STANDPUNKT', DER DIESEN ‚ZEITVERLUST' DER HECKRAKETE ERKLÄRT ?

Die Zeitlücken-Resynchronisationsrahmen

Für jede voreingestellte Abschaltzeit $\breve{\tau}$ grösser $\breve{\Theta} = L \sinh \breve{\tau}$ und gleichzeitig in Rahmen $\underset{\smile}{C}$, wenn die Frontrakete f an der Station F ankommt (Ereignis fF), erreicht die Primäruhr der Heckraketen r beim Ereignis rG eine Eigenzeit Φ,[13] die, zur endgültigen *Abschaltdispersionszeit* $\breve{\Theta}$ addiert, der Endabschaltungszeit $\breve{\tau}$ der hintere Rakete entspricht, d.h. $\Phi \triangleq \breve{\tau} - \breve{\Theta}$. Unter Hinweis auf Gleichung (11.11)-ii, bei der Raketengeschwindigkeit $\hat{v} \triangleq \tanh \Phi = \tanh(\breve{\tau} - \breve{\Theta})$, wird es daher einen *spezifischen* inertialen mitfahrenden Rahmen geben, den wir als DEN ZEITLÜCKEN-RESYNCHRONISATIONSRAHMEN $\hat{G}$ DER HECKRAKETE bezeichnen.

> **15.3.**
>
> DIE RESYNCHRONISATIONSBEGINNZEIT $\Phi \triangleq \breve{\tau} - \breve{\Theta} = \breve{\tau} - L.\sinh \breve{\tau}.$

> **15.4.**
>
> EIN ‚ZEITLÜCKENRAHMEN' BEHERBERGT ‚IM HINTERGRUND' EINE SOLOBESCHLEUNIGUNG
>
> DER HECKRAKETEN IN EINER RESYNCHRONISATIONSPHASE (VORAUSGESETZT $L < \breve{\tau} / \sinh \breve{\tau}$).

Der ‚Ereignishorizont'

Aus Gleichung (15.3) ergibt sich, dass die Resynchronisationsbeginnzeit $\Phi = \breve{\tau} - L. \sinh \breve{\tau}$ beträgt. Für jede spezifische Abschaltzeit ist $\breve{\tau}$ kleiner als $\sinh \breve{\tau}$.[14] Damit die Resynchronisationsbeginnzeit nicht Null ist, muss L kleiner als Eins und auch kleiner als $\breve{\tau} / \sinh \breve{\tau}$ sein. Daher kann nach dem Start kein Hintergrundrahmen die Resynchronisation der Heckrakete repräsentieren, bei der die Starttrennung L nicht kleiner als $\breve{\tau} / \sinh \breve{\tau}$ ist.

[13] Φ ist griechisch *Phi*.

[14] Anhand der *Taylor-Expansion* von $\sinh \breve{\tau}$.

Wie im Abschnitt Der asymptotische Horizont der Einheitsschubraketen auf Seite 124 erläutert wird, liegen Ereignisse, die in einem Inertialrahmen räumlich um mehr als die skalierte Länge L gleich *Eins* auseinander sind, außerhalb des Gültigkeitsbereichs unserer mathematischen Beziehungen.[15] In solchen Fällen können Resynchronisationen nur vorgestellt werden unter Berücksichtigung einer Trennungslänge, die in mehrere Unterabschnitte L_i zu unterteilen ist, wobei jeweils $L_i < \check{\tau}/\sinh\check{\tau}$. Natürlich ähnelt die Resynchronisation jedes dazwischenliegenden Inkrements derjenigen der Heckrakete für ein kürzeres Medium.

[15] Eine faszinierende *Folge* davon, dass es in unserem Kosmos eine Grenzgeschwindigkeit gibt.

15.3   *Die retrospektive Trennung $\mathfrak{L}$ der Frontrakete*

Aus dem Standpunkt des inertialen Zeitlücken-Resynchronisationsrahmens $\underline{\hat{G}}$ würde eine angenommene zweite $\mathfrak{T}$-Uhr (gotische T) der Heckrakete die beim Ereignis rG synchronisiert wäre, die Resynchronisationsperiode durchlaufen und bei der Ankunft an der Station R eine Uhrzeit $\check{\mathfrak{T}} = \check{\Theta} = \Phi - \check{\tau} = L.\sinh\check{\tau}$ vorweisen. Anhand Gleichung (11.11)-v:

15.5.

DIE SOLOLÜCKEN-DISTANZ IM ABSCHALTUNGSRAHMEN

$$\check{\mathfrak{X}} \triangleq 1 - \frac{1}{\cosh\check{\mathfrak{T}}} = 1 - \frac{1}{\cosh\left(L.\sinh\check{\tau}\right)}.$$

Wie in Abbildung 15.2 auch zu sehen ist, liegen im Abschaltrahmen $\underline{\check{C}}$ die Ereignisse rG und fF gleichzeitig um den Abstand $L\check{\gamma} - \check{\mathfrak{X}}$ auseinander.[16] Dann können wir für die Eigenzeit τ *jedes* mitfahrenden Rahmens schreiben, indem wir $\check{\mathfrak{T}}$ durch $\mathfrak{T} = \Theta = \tau - L.\sinh\tau$ und $\check{\mathfrak{X}}$ durch $\mathfrak{X} = 1 - \frac{1}{\cosh(L.\sinh\tau)}$ ersetzen:

[16] Es ist dabei unerheblich, ob die Raketen tatsächlich aufhören zu beschleunigen oder nicht.

15.6.

DIE RETROSPEKTIVE TRENNUNG IM MITFAHRENDEN RAHMEN DER FRONTRAKETE

$$\mathfrak{L} \triangleq L\gamma - \mathfrak{X} = L\cosh\tau + \frac{1}{\cosh\left(L\sinh\tau\right)} - 1.$$

Es mag verlockend sein anzunehmen, dass die obige Betrachtungen die Frage der Länge in beschleunigenden Rahmen löst. Die Dinge sind jedoch nicht so einfach. Während der Resynchronisationsphase im Rahmen $\underline{\check{C}}$ *bewegt* sich die Heckrakete r, während die Frontrakete f schon stationär ist. *Dem Kriterium der inertialen Eigenlängenmessung eines Mediums, das sich in einem inertialen Rahmen ‚in Ruhe' befinden muss, wird nicht entsprochen.*

THROUGH A SPACETIME LOOKING GLASS (Anonym)

Transcendental its increming and all its clocks like-knelled,
'Tis stretchy, yet yon rockets' string does gamma not—propelled;
Its head arrives in great dismay—string's tail still dares recede away !
They're TIME-DISPERSED, *one ought surmise,* THE REAR HAS YET TO SYNCHRONIZE.

16

Zwei verblüffende Radarintervalle

PHOTON-BAHNEN

„Die Sekunde ist die Dauer von 9192631770 Perioden der Strahlung, die dem Übergang zwischen den beiden Hyperfein-Niveaus des Grundzustands des Cäsium 133-Atoms entspricht.
Das Meter ist die Länge des Weges, den das Licht im Vakuum während 1/299 792 458 einer Sekunde zurücklegt.
Organisation Intergouvernementale de la Convention du Métre,　Paris　1996

Quantitative Definitionen von Zeit und Länge basieren auf elektromagnetischen Wellen – *Instanzen* der kosmischen Grenzgeschwindigkeit, die in jedem Inertialrahmen mit gleicher Geschwindigkeit fortschreiten, unabhängig davon, ob sie im Beobachterrahmen oder (im Längenmessungsfall) von einem anderer Bezugsrahmen ausgehen. Implizit dabei wird angenommen, dass sowohl Quelle als auch Beobachter in *Inertialrahmen ruhen*. Die Definitionen sehen keine *Beschleunigung* der jeweiligen Bezugsrahmen vor.

In diesem Kapitel untersuchen wir das ‚Occams-Messer'-Szenario eines homogen beschleunigenden Mediums zwischen zwei Raketen die dieselbe feste Eigenbeschleunigung aufrechterhalten. Gleichung (11.11)-vi $a = 1/\gamma^3$ entsprechend, reduzieren sich die im Heimrahmen wahrgenommene Beschleunigungen der zwei Raketen gleichmäßig mit der Heimatzeit t. Daher bleiben sie eine konstante Heimrahmen-Distanz L voneinander entfernt.

16.1 Die Heimraumzeitrahmen-Weltfläche des Einheitsschubmediums

Der Gleichung (11.11)-xii entsprechend, zeigt Abb. 16.1 eine einzelne Heimrahmenkarte mit hyperbolischen Weltlinien sowohl der Einheitsschubsraketen r und f als auch von ‚Zwischen-Raketen', von denen jede für sich als ein ‚Inkrement' l eines *‚mitfahrenden'* Mediums betrachtet werden kann ($0 \leq l \leq L$). Ihre identischen Heimrahmen-Strecken x die unter Beschleunigung zurückgelegt werden, sind durch entsprechende $x + l$-Kartenpositionen dargestellt. Identifiziert durch ihr anfängliche Start-Distanz l von der Heckrakete, wird jedes solches Einheitsschubinkrement eine vorgestellte Eigenzeit-τ-Uhr aufweisen, die beim Start auf Null gesetzt wird. In (11.11)-xii ergibt die Heimrahmen-Weltfläche eines homogen beschleunigenden Mediums:[1]

16.1.

DIE HEIMRAHMEN-WELTFLÄCHE DES EINHEITSSCHUBMEDIUMS
$$(x + 1)^2 - t^2 = 1 \qquad (0 \leq l \leq L).$$

Radarimpulse, die wir als ‚Photonen'[2] bezeichnen, breiten sich in Inertialrahmen mit einer skalierten Einheits-Grenzgeschwindigkeit $\frac{dx}{dt} = 1$ aus.[3] In der $x|t$-Heimrahmenkarte erscheinen daher Photonen-Weltlinien als nach oben oder nach unten gerichtete *diagonale Linien*, die, beginnend bei periodischen Raketen-Eigenzeitintervallen auf der unteren Weltlinie unserer Heckrakete , und von der oberen Frontraketenweltlinie nach unten reflektiert werden. Abb. 16.1 zeigt auch vertikale Linien, die an gleichen $\Delta\tau$-Intervallen der Raketen-Eigenzeit[4] stehen, die zunehmend größeren Δt Intervallen entsprechen, nach der Gleichung (11.11)-i $t = \sinh\tau$. Aus diesem Grunddiagramm ist sofort ersichtlich, dass *die Zwischen-Raketen-Radarintervalle hinsichtlich der gleichen Eigenzeit-Emissions-intervalle sich tatsächlich variieren.* Wie später auf Seite 127 im Abschnitt Beweise unwissentlich ‚zurückgehalten' kommentiert wird, scheint diese einfache Schlußfolgerung in Relativitätslehrbüchern nicht offen diskutiert worden zu sein. Wir fahren nun fort, diese Intervalle *analytisch* zu bestimmen.

16.2 Emittierte Photon-Tnsitzeiten

Mit ‚Akzenten' (anstelle vraon Indizes) ordnen wir einem Photon die Uhrzeiten der Frontraketen und der Heckrakete r zu, bei Emissionen ($\acute{\tau}$), Reflexion ($\hat{\tau}$), Re-emission ($\grave{\tau}$) und Re-reflexion ($\check{\tau}$). Die Variablen τ, t und x *ohne* Akzent bezeichnen Werte eines beliebigen *Zwischeninkrements* ($0 < l < L$), auf das das Photon trifft. Alle Raketen- und (gedachten) Inkrementuhren sind beim Start auf Null gesetzt worden. Für ein Photon, das von der Heckrakete r bei der

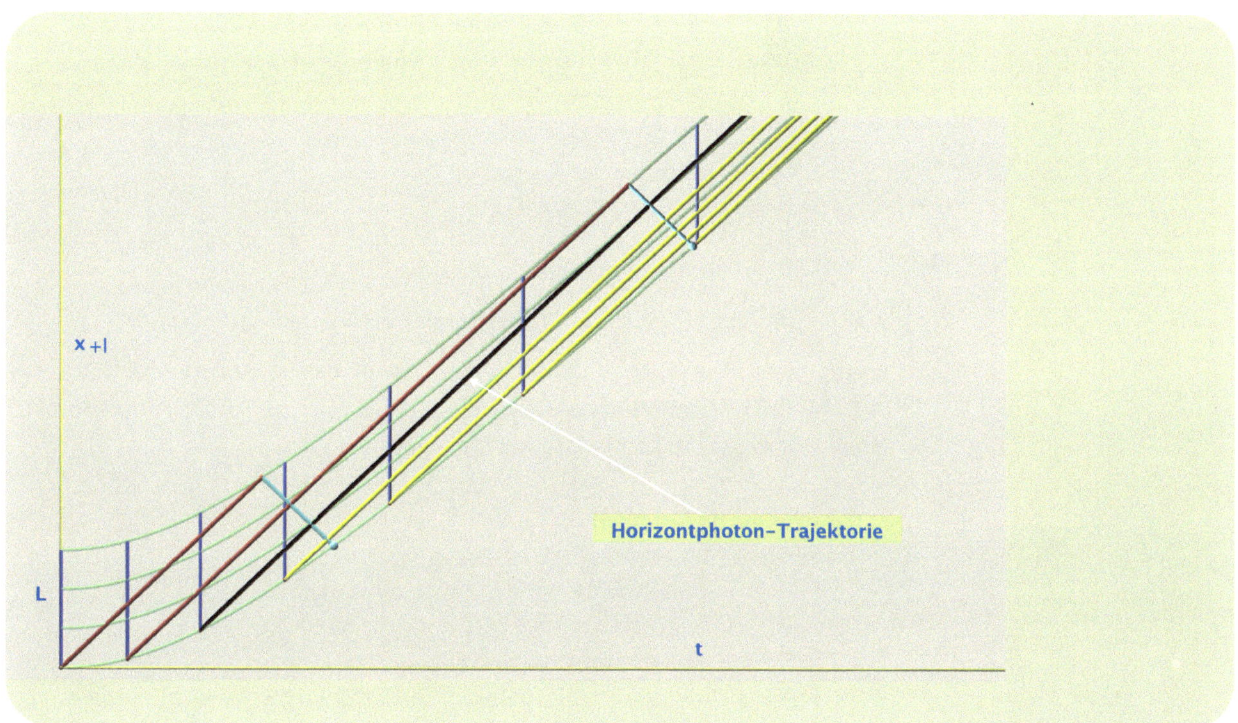

Abbildung 16.1: Heimrahmen-Weltfläche eines gleichmäßig beschleunigenden Mediums mit Radartrajektorien und Festgeschwindigkeitsloci.

Eigenzeit $\acute{\tau} = \sinh^{-1}\acute{t}$ emittiert wird, d.h. zur Heimrahmenzeit $\acute{t} = \sinh\acute{\tau}$, wird r auf eine Heimrahmenposition $\acute{x} = \cosh\acute{\tau} - 1$ beschleunigt worden sein. Das gleiche Photon erreicht ein beliebiges Einheitsschubinkrement l, zur dessen Heimrahmenzeit $t = \sinh\tau$ bei Eigenzeit $\tau = \sinh^{-1}t$, [5]während dieses Inkrement die Heimrahmenposition $x + l = \cosh\tau - 1 + l$ hat.[6] Da sich das Photon im Heimrahmen mit der Einheitsgeschwindigkeit bewegt, können wir schreiben: $x + l - \acute{x} = t - \acute{t}$. Folglich $(\cosh\tau - 1 + l) - (\cosh\acute{\tau} - 1) = \sinh\tau - \sinh\acute{\tau}$ d.h. $\cosh\tau - \sinh\tau = \cosh\acute{\tau} - \sinh\acute{\tau} - l$. Dies ergibt:[7]

16.2.

Ausgehende Photontransitgleichungen $e^{-\tau} = e^{-\acute{\tau}} - l$ d.h. $\dfrac{\partial l}{\partial\tau} = e^{-\tau}$.

[5] $\sinh^{-1}$ bezeichnet die *Umkehrfunktion* des hyperbolischen Sinus, nicht den tatsächlichen *Umkehrwert* der Funktion.

[6] Aus Gleichung (11.11)-iv, bezeichnet $\acute{x}$ eine Emissionsereignisposition, in diesem Fall die Position der Heckrakete.

[7] Da $\cosh\rho \pm \sinh\rho$
$= (e^{\rho} + e^{-\rho})/2$
$\pm (e^{\rho} - e^{-\rho})/2 = e^{\pm\rho}$.

Da $\hat{\tau}$ die Eigenzeit der Frontrakete bei Photonankunft ist, wobei $l = L$, durch Ersetzen von l durch L und von τ durch $\hat{\tau}$ in (16.2) haben wir:

16.3.

DIE AUSGEHENDE PHOTONREFLEXIONSGLEICHUNGEN $\qquad e^{\hat{t}} = 1/(e^{-\hat{t}} - L)$ d.h. $e^{-\hat{t}} = e^{-\hat{t}} + L$

16.3 *Der asymptotische Horizont der Einheitsschubraketen*

Das ‚Schicksal' emittierter Photonen, ein Thema das normalerweise nur in der Allgemeinen Relativitätstheorie behandelt wird, wird ersichtlich wenn man einen wichtigen Abstandsparameter definiert:

16.4.

DIE EMISSIONSZEIT EINES HORIZONT-PHOTONS $\qquad \overline{\tau} \triangleq \ln(1/L).$

Für ein Photon, das emittiert wird bei asymptotischer Horizontemissionszeit $\hat{\tau} = \overline{\tau}$ d.h. $e^{-\hat{\tau}} = e^{-\overline{\tau}} = L$, wäre $e^{\hat{t}}$ in Gleichung (16.3)-i unendlich. Das Photon würde sich der Frontrakete asymptotisch annähern, aber sie nie wirklich erreichen, und wäre deshalb auch nicht reflektiert. Unserer asymptotische Horizont legt als eine Funktion der *Emissionszeit* eines Photons die Starttrennung der Frontrakete fest, wobei das Photon zu surfen tendieren würde, ohne jemals die Frontrakete tatsächlich zu erreichen.

Abb. 16.1 zeigt die diagonale Trajektorien von Photonen, die in Raketen-Eigenzeitintervallen von $\Delta\tau = 3\pi/32$ von der Heckrakete emittiert und anschließend von der Frontrakete reflektiert wurden. Die dritte ausgehende Trajektorie (in Schwarz) ist die eines ‚Horizontphotons', wobei $\hat{\tau}_2 = 2 \cdot \frac{3\pi}{32} = 0.5890$ und die gewählte Starttrennung $L = e^{-\hat{\tau}_2} = 0.5548$ ist. Daher werden nur die ersten zwei Photonen ($\hat{\tau}_0 = 0$ und $\hat{\tau}_1 = \frac{3\pi}{32} = 0.2945$) reflektiert. Natürlich wird auch kein Photon nach diesem Zeitpunkt reflektiert. Ein Photon, das beim Start von der Heckrakete in Richtung einer Frontrakete einer skalierten Einheitslänge entfernt ($\hat{\tau} = 0, L = e^0 = 1$) emittiert wird, nähert sich asymptotisch als $\tau \to \infty$. Mit einer Erdanziehungskraft,[8] wäre eine solche Entfernung knapp $c^2/g \approx 9 \cdot 10^{15}$ Meter – *zufälligerweise gerade unter ein Lichtjahr*. Eine solche skalierter Zeiteinheit würde $c/10 \approx 3 \cdot 10^7 s$ betragen – knapp unter einem Jahr. [9]Unser asymptotischer Horizont ist äquivalent dem in der allgemeinen Relativitätstheorie als *Ereignishorizont* bekannt und, wie *R H Good* in1987 bemerkte: "…stellt einen dominanten Meilenstein in einem beschleunigten Rahmen dar".

[8] $g \approx 10m/s^2.$

[9] R H Good. Behind the event horizon. *European Journal of Physics*, 8(3):174–175, 1987

16.5.

EINE RAKETE, DIE PERMANENT SCHNELLER ALS $1g$ BESCHLEUNIGT WIRD, SIEHT NIEMALS EIN EREIGNIS ÜBER EIN LICHTJAHR HINWEG, IN ALLEN MITFAHRENDEN RAKETENBEZUGSRAHMEN.

16.4 Zurückkehrende Photonen

Ein Reflektiertes Photon mit Emissionszeit $\hat{\tau} < \ln(1/L)$,[10] läuft *rückwärts* und trifft auf ein beliebiges Inkrement l mit Heimrahmenzeit $t = \sinh\tau$ und bei Heimrahmenposition $x + l = \cosh\tau - 1 + l$, über gleiche Heimrahmenzeit und Distanzintervallen:[11] $t - \hat{t} = (\hat{x} + L) - (x + l)$. Durch Substitution, $\sinh\tau - \sinh\hat{\tau} = (\cosh\hat{\tau} - 1 + L) - (\cosh\tau - 1 + l)$ d.h. $e^{\tau} - e^{\hat{\tau}} = L - l$. Unter Verwendung von (16.3)-i resultiert:

[10] d.h. $e^{\hat{\tau}} < 1/L$. Ansonsten erreicht das Photon niemals die Frontrakete.

[11] $\hat{x} + L$ ist die Position der Frontrakete, wenn das Photon reflektiert wird..

16.6.

DIE RÜCKKEHRENDE-PHOTONTRANSIT-GLEICHUNGEN $l = -e^{\tau} + L + 1/(e^{-\hat{\tau}} - L)$ d.h. $\dfrac{\partial l}{\partial \tau} = -e^{\tau}$.

Für die Heckrakete $l = 0$ und $\tau = \hat{\tau}$. Also wieder durch (16.3)-i gilt:

16.7.

DIE ZURÜCKGEKEHRTES-PHOTON-GLEICHUNGEN $\quad e^{\hat{\tau}} = L + 1/(e^{-\hat{\tau}} - L) = L + e^{\hat{\tau}}$.

Da $e^{\hat{\tau}} = 1/(e^{-\hat{\tau}} - L)$, erhalten wir für ein zurückgekehrtes Photon:

$$\tau - \hat{\tau} = \ln\left[L + \frac{1}{e^{-\hat{\tau}} - L}\right] - \ln\left[\frac{1}{e^{-\hat{\tau}} - L}\right] = \ln\left[\frac{L + \frac{1}{e^{-\hat{\tau}} - L}}{\frac{1}{e^{-\hat{\tau}} - L}}\right] = \ln\left[L(e^{-\hat{\tau}} - L) + 1\right]. \qquad (16.8)$$

Also für $e^{-\hat{\tau}}$ sehr nah an L, gilt $\tau - \hat{\tau} \approx \ln(1) = 0$.

16.9.

FÜR EINE EMISSIONSZEIT $\hat{\tau}$ NAHE DEM HORIZONTWERT $\ln 1/L$, TENDIERT DIE DURCHLAUFZEIT EINES RÜCKKEHRENDEN PHOTONS DURCH EIN EINHEITSSCHUBMEDIUM GEGEN NULL.

Re-emittierte Photonen

Stellen wir uns vor ein Photon wird nochmals nach vorne in Richtung der Frontrakete re-emittiert. Dafür erhalten wir anhand von (16.7)-ii für die Re-reflexionszeit $\check\tau$ der Frontrakete, wobei $\acute\tau$ durch $\tilde\tau$ und $\hat\tau$ durch $\check\tau$ in (16.3) ersetzt werden:

16.10.

RE-EMITTIERTE REFLEXIONSGLEICHUNGEN $\quad e^{\check\tau} = \dfrac{1}{e^{-\acute\tau}-L} = \dfrac{1}{1/(L+e^{\hat\tau})-L}\quad$ d.h. $\quad e^{\check\tau}e^{-\acute\tau} = \dfrac{(L+e^{\hat\tau})e^{-\hat\tau}}{1-L(L+e^{\hat\tau})}.$

16.5 Radarintervalle zwischen Einheitsschubraketen

Von der Rückkehrgleichung (16.7)-i: $e^{\check\tau}e^{-\acute\tau} = \left[L+1/(e^{-\acute\tau}-L)\right]e^{-\acute\tau}.$

16.11.

DAS RADARINTERVALL DER HECKRAKETE $\quad \grave\tau - \acute\tau = \ln\left[\left(L+1/(e^{-\acute\tau}-L)\right)e^{-\acute\tau}\right].$

[12] Ansonsten wird das Photon niemals reflektiert.

(16.11)) gilt für Reflexionen wo $e^{-\acute\tau}-L > 0$ d.h. $\acute\tau < \ln(1/L)$.[12] Die Computer-generierte Abb. 16.1 zeigt Photonbahnen, die von der Frontrakete zurückreflektiert werden. Durch Substitution von $L = 0.5548$, $\Delta\tau = 3\pi/32$, $\acute\tau_0 = 0$ und $\acute\tau_1 = 3\pi/32$ in (16.11) erhalten wir: $\grave\tau_0 - \acute\tau_0 = \frac{3\pi}{32}\cdot 3.497$ und $\grave\tau_1 - \acute\tau_1 = \frac{3\pi}{32}\cdot 4.977$.

Die Re-emittierte Photon-Transitgleichung (16.10)-iii ergibt direkt:

16.12.

DAS RADARINTERVALL DER FRONTAKETE $\quad \check\tau - \hat\tau = \ln\left[\dfrac{Le^{-\hat\tau}+1}{1-L(L+e^{\hat\tau})}\right].$

Aus dem *Messung der kosmischen Grenzgeschwindigkeit Kapitels Gleichung (5.4) (die Grenzgeschwindigkeitsprinzip wird normalerweise als das ‚zweite Postulat' bezeichnet) bleibt die kosmische Grenzgeschwindigkeit – ‚die Lichtgeschwindigkeit' – in allen inertialen Rahmen gleich, aber dieses Prinzip läßt sich *nicht* in nichtinertialen Rahmen anwenden.

16.13.

Radarintervalle zwischen Raketen mit identischem festen Eigenschub <u>variieren</u>.
Das ,zweite Postulat' <u>gilt nicht</u> für die Beschleunigung ausgedehnter Objekten.

16.6 Beweise unwissentlich ,zurückgehalten'

Wie im *Prolog-Abschnitt Gleichungen, die nicht im in der Nacht bellen ausgeführt, sind scheinbar die meisten Physiker immer noch irrtümlicherweise der Meinung, dass Radarintervalle zwischen gleich beschleunigenden Raketen *konstant* sein müssen. Infolgedessen sind die Radarintervalle (16.11) und (16.12), die, wie wir gesehen haben, aussschließlich auf der Grundlage der zwei wohlbekannten Standardbeschleunigungsbeziehungen (11.11)-i und (11.11)-iv leicht feststellbar sind, auch in heutigen Relativitätslehrbüchern nicht erkennbar.

[13]Es erscheint angemessen, diese ,akademische Zurückhaltung' zu parodieren, indem ein Auszug aus einem berühmten Kriminalbuch von *Conan Doyle* in Erinnerung gerufen wird:

[13] Conan Doyle. *The Memoirs of Sherlock Holmes.* George Newnes, 1894

Detektiv: *„Gibt es noch einen anderen Punkt, auf den Sie meine Aufmerksamkeit richten möchten?"*
Sherlock Holmes: *„Zu dem seltsamen Vorfall des Hundes in der Nacht."*
Detektiv: *„Der Hund hat in der Nacht nichts getan."*
Sherlock Holmes: *„Das war der seltsame Vorfall."*

Ein Trugschluss-Domino-Effekt

Was man als einen der bemerkenswertesten ,*Domino-Effekt*'-Fehler in der Geschichte der Relativität nennen könnte, wird in einem viel zitierten, *ansonsten* ernst zu nehmenden 1987 *American Journal of Physics*-Aufsatz veranschaulicht. Mit Bezug auf das Radarintervall der Heckrakete, bestanden die beiden Autoren des Aufsatzes darauf, dass *„die verstrichene Zeit $\tau_3 - \tau_1$ für den Umlauf …konstant sein sollte"* ([14] Seite 255, Abschnitte IV und V). Dies führte dazu, dass sie ebenfalls fälschlicherweise folgerten dass *„Die Eigendistanz zwischen zwei [gleich beschleunigenden] Beobachtern bleibt konstant."*. Genau wie bei der sakrosankten überverallgemeinerten Minkowski-Metrik, wie solche *Perpetuum Mobile* Dogmen Teil des ,Relativitäts-Katechismus' bleiben, wurde von *Thomas Ryckman* prägnant beschrieben:[15]

[14] D A Desloge and R J Philpott. Uniformly accelerated reference frames in special relativity. *American Journal of Physics*, 55: 252–261, 1987

[15] Thomas Ryckman. *The Reign of Relativity.* Oxford Universtity Press, 2005

„Aber als fromme Kinder dieser Welt, um einen Ausdruck von Hermann Weyls zu benutzen, wissen wir dass, wenn eine Behauptung oft genug wiederholt wird, während sie im Forum der Debatte unangefochten bleibt, sie in der Währung als akzeptiertes Hintergrundwissen eingeht.“

16.7 *Mediumgetakte Photon-Durchquerungsraten*

Anschließend ein wichtiges *Gedankenexperiment*. Wir bezeichnen DIE ‚NICHTI-NERTIALE EIGENLÄNGE‘ VOM HINTEREN END EINES BESCHLEUNIGTEN MEDIUMS als λ:

$$\lambda(l,\tau) = l \cdot \epsilon(\tau) \qquad (0 \leq l \leq L)); \qquad \epsilon(\tau) = \partial\lambda/\partial l,$$

wobei $\epsilon(\tau)$ die nichtinertiale Eigenlängenexpansion ist (die wir später klären werden). Alle Inkremente *von praktisch Null-Masse* werden (stellen wir uns vor) mit winzigen Einheitsschubraketen ausgerüstet und mit Uhren ausgestattet, die von Dritten aufgezeichnet werden können, als sie von Radarphotonen durchquert werden. Jeder solcher Beobachter würde immer höhere Ablesungen von Inkrementuhrintervallen merken, deren mitfahrenden Bezugsrahmen *sich ständig ändern*. Unter der Annahme, dass die nichtinertiale Eigenlänge $\lambda(l,\tau)$ des Mediums irgendwie ermittelbar wäre, das von jeweiligen Radarphotonen durchlaufen wird, bezeichnen wir jeden sich ändernden $\partial\lambda/\partial\tau$-Wert als ‚mediumzeit-getakte Überquerungsrate eines Photons‘.[16] Gleichungen (16.2) und (16.6) beziehen sich auf die Eigenzeiten τ von Inkrementen l, die von ausgehenden bzw. zurückkehrenden Photonen durchquert werden, die bei einer bestimmten Eigenzeit $\hat{\tau}$ der Heckrakete emittiert wurden. Dementsprechend:

[16] NICHT zu verwechseln mit der Einheitsgrenzgeschwindigkeit des Photons, wie sie momentan in jedem *mitbewegenden Inertialrahmen* wahrgenommen wird.

16.14.

FÜR DIE MEDIUM-GETAKTETE ÜBERQUERUNG EINES EMITTIERTEN PHOTONS: $\dfrac{\partial\lambda}{\partial\tau} = \dfrac{\partial\lambda}{\partial l}\dfrac{\partial l}{\partial\tau} = \epsilon(\tau) \cdot e^{-\tau}.$

16.15.

FÜR DIE MEDIUM-GETAKTETE ÜBERQUERUNG EINES REFLEKTIERTEN PHOTONS: $-\dfrac{\partial\lambda}{\partial\tau} = -\dfrac{\partial\lambda}{\partial l}\dfrac{\partial l}{\partial\tau} = \epsilon(\tau)e^{\tau}.$

Photon-Durchquerungsraten im Limit

Als $\tau \to \infty$, nähert sich das Medium der Einheits-Grenzgeschwindigkeit im inertialen Heimrahmen und ein ausgehendes Photon würde dazu neigen, das Inkrement eines beschleunigenden Mediums zu ‚surfen'. Ein Fremdbeobachter könnte berichten, dass das Photon immer längere Inkrement-Eigenzeitintervalle benötigte, um das Medium zu überqueren, d.h. $\partial\lambda/\partial\tau$ tendierte schließlich dazu, sich dem Wert Null zu nähern. Man könnte versucht sein anzunehmen, dass die ‚nichtinertiale Eigenlänge' Λ unseres homogen beschleunigenden Mediums unbegrenzt ansteigen muss, da ausgehende Photonen immer länger brauchen, um die Frontrakete zu erreichen, und Photonen, die nach der ‚Horizontemissionszeit' emittiert werden, überhaupt nicht dort ankommen.

Auf der anderen Seite würden Photonen, die von der Frontrakete emittiert oder reflektiert werden, *immer kürzere Zeitintervalle* benötigen, um die Heckrakete zu erreichen und würden so dazu neigen, das gesamte vorwärts fahrenden Medium *in einem Augenblick* rückwärts zu durchqueren, d.h. mit einer annähernd unendlicher Geschwindigkeit. Die Mediumüberquerungsraten von Photonen *liegen immer unter Eins und gehen bei ko-direktionalen Photonen gegen Null*, während bei Photonen mit Gegenrichtung die Mediumsüberquerungsraten über Eins liegen und gegen *unendlich* tendieren. Jegliche Radar-Längenmessung würde sich daher unterscheiden, abhängig davon, ob Photonen sich ko-direktional oder kontra-direktional bewegen.

Deshalb während die Eigenzeit τ (‚uniso') gegen Unendlichkeit tendiert, muss aufgrund der Gleichungen (16.14) und (16.15) der Ausdehnungsfaktor des Einheitsschubmediums den folgenden zwei Bedingungen entsprechen:

16.16.

DIE EXPANSIONSGRENZBEDINGUNGEN EINES EINHEITSSCHUBMEDIUMS

$$\text{wenn } \tau \to \infty : \quad \epsilon(\tau) \cdot e^{-\tau} = 0 \qquad \text{und} \qquad \epsilon(\tau) \cdot e^{\tau} = \infty.$$

Wir verweisen erneut auf diese beiden wichtigen Anforderungen in *Teil VII*s Kapitel Die Eigenfläche des Einheitsschubmediums.

VI
DAS PFARRERS-RELATIVITÄTSEI

Die letzten beiden Teile dieses Buches beschäftigen sich mit einem *ausgedehnten beschleunigenden Medium*. Im *herausgepickten* ‚Starre Bewegungsfall‘ des nächsten Kapitels Die Rigor Mortis Beschleunigung, würden Beobachter, die in jedem momentan vorbeifahrenden Rahmen stationär liegen, die unterschiedlich beschleunigenden Inkremente des Mediums sowohl als relativ zueinander stationär als auch immer gleich voneinander getrennt wahrnehmen. Diese Situation unterscheidet sich erheblich von dem später behandelten anderen Musterszenario: *das gleichmäßig beschleunigenden Medium*.

Im Kapitel Zwei Reell-Metrische-Eigenflächen diskutieren wir *metrische* Eigenflächen, die die *intrinsischen Eigenzeit- und Eigenlängenparameter* eines ausgedehnten eindimensionalen Mediums darstellen, die *unabhängig* von äußeren Beobachtern sind. Der triviale Fall eines *nicht-beschleunigenden* d.h. inertialen Mediums wird durch ein einfache rechteckiges Gitter dargestellt. Unser Rigor Mortis-Fall wird auch durch eine einfache Eigenfläche – in der Form eines Handfächers – repräsentiert, die den allgemein als ‚Starre Bewegung‘ bezeichneten Mediumbeschleunigungsfall exakt verkörpert.

In der Behandlung dieser beiden Fällen umgehen wir bewusst den Komplex-Variablen-Ansatz der Minkowski-Raumzeit, wie er in der Standardrelativitätsliteratur vorgetragen wird. Die ‚Minkowski-Metrik‘ findet ihren Einsatz in der Teilchenphysik, bringt jedoch ernsthafte Einschränkungen mit sich, die als solche von den meisten Physikern nicht allgemein anerkannt worden sind. Dies hat zu weit verbreiteten Missverständnissen geführt, wie in dem Eröffnungszitat von Kapitel 19 eines 1987 *American Journal of Physics* Aufsatzes dargelegt wurde, das selbst eine konzertierte Bemühung unternommen hatte, die Kernprobleme von beschleunigenden ‚nichtinertialen‘ Bezugsrahmen in den Griff zu kriegen – leider mit nur begrenztem Erfolg.

17

Die Rigor Mortis Beschleunigung

EIN MISSBRAUCHTES SCHAUFENSTER

„Die spezielle Relativitätstheorie ist nicht dafür ausgerüstet, Beobachtungen in nichtinertialen Bezugsrahmen zu beschreiben." (Eine überpessimistische Betrachtung) Leo Sartori *Understanding Relativity* 1996

17.1 *Beziehungen bei nichteinheitlichen festen Eigenschüben*

[1]Obwohl die Literatur der Relativitätstheorie große Verständnisprobleme bei der Analyse eines beschleunigenden ausgedehnten Mediums immer noch aufweist, gibt es einen speziellen eindimensionalen Fall wo *teilweise* Klarheit erreicht wurde, jedoch in Lehrbüchern sehr umständlich gehandhabt wird. Um diesen Fall zu untersuchen, betrachten wir ein Medium, dessen ‚Inkremente' (Bestandteile) jeweils einen Eigenschub α haben, der, obwohl konstant bleibend, *individuell* von Inkrement zu Inkrement variieren kann.

Zeit- und Abstandsgleichungen (11.11) beziehen sich auf *die Einheits-Eigenbeschleunigung*, wobei Zeiten durch α/c und Distanzen durch α/c^2 für jeden vorgestellten Beschleunigungswert α skaliert werden. Um mit nichtgleichmäßigen festen Inkrementbeschleunigungen in diesem Kapitel und im folgenden Kapitel umzugehen, behalten wir zwar die skalierte Grenzgeschwindigkeit als *Eins*, d.h. $c = 1$, aber skalieren die Gleichungen (11.11))-i-iv und -xii für unterscheidliche fest-α Werte für die Inkrementeneigenschüben wie folgt:

[1] Leo Sartori. *Understanding Relativity*. Univ. of California Press, 1996

17.1.

BEZIEHUNGEN BEI BELIEBIGEN FESTEN EIGENBESCHLEUNIGUNGEN:

$$t\alpha = \sinh\tau\alpha, \quad v = \tanh\tau\alpha, \quad \gamma = \cosh\tau\alpha, \quad x\alpha = \cosh\tau\alpha - 1, \quad (x\alpha+1)^2 - (t\alpha)^2 = 1.$$

[2] In Abb. 17.1, individuell festgelegte α Werte unterscheiden sich. Je weiter die Heckrakete entfernt ist, desto langsamer ist die Beschleunigung des Inkrements.

[3] Wie im vorherigen Kapitel Abb. 11.1.

17.2 *Die Einzelbezugsrahmen-Weltfläche*

[2]Wie im Kapitel 16 Abschnitt Die Heimraumzeitrahmen-Weltfläche des Einheitsschubmediums erläutert, sind Weltlinien von Festschubraketen mit Beschleunigungsentfernungen x auf der Heimrahmen-Weltfläche durch jeweiligen Kartenpositionen $x + l$-Werte dargestellt. Wie in Abb. 16.1 zeigt Abb. 17.1s Heimrahmen $x|t$-Karte eine durch Gleichung (17.1)-v parametrierte, hyperbolische Weltlinie[3] mit festem Einheitseigenschub der Heckrakete $\alpha_r = 1$, die aus praktischen Gründen so gewählt wurde. Die obere Weltlinie ist diejenige einer Frontfestschubrakete f, die an der anfänglichen Heimrahmen-Position $x = L$ startet und durch die Gleichung $((x - L)\alpha_f + 1)^2 - (t\alpha_f)^2 = 1$ für eine feste Eigenbeschleunigung α_f dargestellt wird.

Eine unbegrenzte Anzahl solcher Zwischen-Raketen mit individuellen festen Eigenschub-α-Werten und (fiktiven) Eigenzeit-τ-Uhren, werden durch ihre individuelle Startentfernungen l $(0 \leq l \leq L)$ von der Heckrakete identifiziert. Ähnlich Gleichung (16.1), ist die resultierende Heimrahmen-Weltfläche:

$$((x - l)\alpha + 1)^2 - (t\alpha)^2 = 1; \qquad 0 \leq l \leq L. \tag{17.2}$$

17.3 *Entsprechende Festschub-Radarintervalle*

Wie in Abschnitt Emittierte Photon-Tnsitzeiten des Kapitels 16 beschrieben, sind die $x|t$-Karten-Radar-Trajektorien des Heimrahmens nach oben oder nach unten gerichtete *diagonale Linien*, beginnend bei periodischen Eigenzeitintervallen an der unteren Weltlinie der Heckrakete und von der oberen Frontraketen-Weltlinie anschließend reflektiert. Nach wie vor ordnen wir einem beliebig emittierten Radarphoton die Eigenzeiten der jeweils anzutreffenden Heckrakete r und Frontrakete f zu: bei Emission ($\acute{\tau}$), Reflexion ($\hat{\tau}$), Rückkehr/Reemission ($\grave{\tau}$) und bei Re-reflexion ($\check{\tau}$).

Aus (17.1)-i und (17.1)-iv, wenn ein Photon, das von der Einheitsschubhinterrakete r zu irgendeiner beliebigen Eigenzeit $\acute{\tau} = \sinh^{-1} \acute{t}_r$ d.h. zur Heimrahmenzeit $\acute{t}_r = \sinh \acute{\tau}$, emittiert wird, ist die Rakete r zu einem Heimrahmenposition $\acute{x}_r = \cosh \acute{\tau} - 1$ seit $t_0 \, (= 0)$ gelangt. Dasselbe Photon erreicht die Frontrakete f mit Eigenbeschleunigung α_f zur Eigenzeit $\hat{\tau} = \sinh^{-1}(\hat{t}_f \alpha_f)/\alpha_f$, d.h. zur Heimrahmenzeit $\hat{t}_f = \sinh(\hat{\tau}\alpha_f)/\alpha_f$, wenn f die Heimrahmenposition $\hat{x}_f + L = \left[\cosh(\hat{\tau}\alpha_f) - 1\right]/\alpha_f + L$ erreicht hat.

Das Photon bewegt sich mit der Einheitsgrenzgeschwindigkeit im Heimrahmen. Also gilt $\hat{x}_f + L - \acute{x}_r = \hat{t}_f - \acute{t}_r$ d.h.[4]

[4] Da $\cosh\rho \pm \sinh\rho$
$= (e^\rho + e^{-\rho})/2$
$\pm (e^\rho - e^{-\rho})/2 = e^{\pm\rho}.$

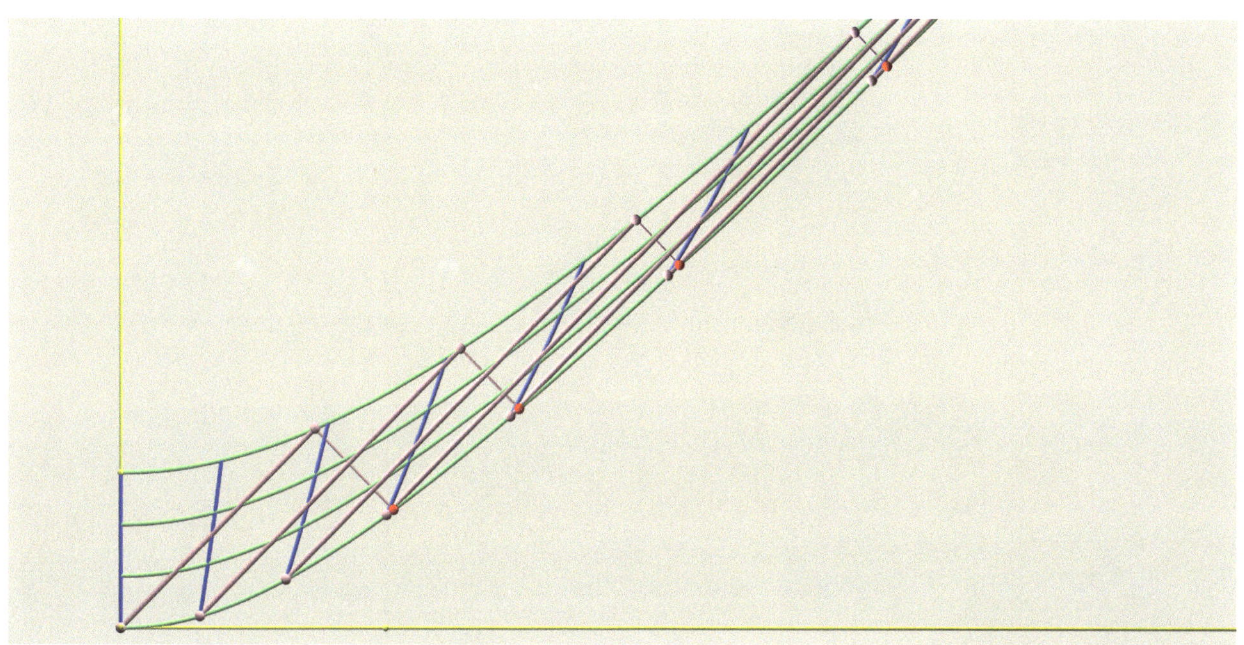

Abbildung 17.1: Heimrahmen-Weltfläche eines nicht gleichmäßig beschleunigenden Mediums

$$\left(\frac{\cosh \hat{\tau}\alpha_f - 1}{\alpha_f} + L \right) - (\cosh \hat{\tau} - 1) = \frac{\sinh \hat{\tau}\alpha_f}{\alpha_f} - \sinh \hat{\tau}.$$

Dies ergibt eine Vorwärtstransitgleichung:

$$\frac{e^{-\hat{\tau}\alpha_f}}{\alpha_f} = e^{-\hat{\tau}} + \frac{1}{\alpha_f} - 1 - L. \tag{17.3}$$

Das reflektierte Photon trifft auf die Einheitsschub-Heckrakete r zu der Heimatzeit $\hat{t}_r = \sinh \check{\tau}$ und der Heimrahmen-*Position* $\check{x}_r = \cosh \check{\tau} - 1$ über eine gleiche Heimrahmen-Entfernung und Zeitinterval: $(\hat{x}_f + L) - \check{x}_r = \hat{t}_r - \hat{t}_f$. Folglich:

$$\left(\frac{\cosh \hat{\tau}\alpha_f - 1}{\alpha_f} + L \right) - (\cosh \check{\tau} - 1) = \sinh \check{\tau} - \frac{\sinh \hat{\tau}\alpha_f}{\alpha_f}.$$

Dies ergibt eine Rückwärtstransitgleichung:

$$\frac{e^{\hat{\tau}\alpha_f}}{\alpha_f} = e^{\check{\tau}} + \frac{1}{\alpha_f} - 1 - L \qquad \text{d.h.} \qquad e^{\check{\tau}} = \frac{e^{\hat{\tau}\alpha_f}}{\alpha_f} - \frac{1}{\alpha_f} + 1 + L. \tag{17.4}$$

Man stellt sich vor, dass dieses Photon wieder reflektiert, d.h. nach vorne in Richtung der Frontrakete *re-emittiert* wird. Dann erhalten wir für die Frontrakete die *Re-reflexionszeit* $\breve{\tau}$, wobei in (17.3) $\hat{\tau}$ durch $\check{\tau}$ und $\check{\tau}$ durch $\breve{\tau}$ jeweils ersetzt wird:

$$\frac{e^{-\breve{\tau}\alpha_f}}{\alpha_f} - \frac{1}{\alpha_f} + 1 + L = e^{-\breve{\tau}}. \tag{17.5}$$

Durch multiplizieren von (17.3) mit (17.4)-i und von (17.4)-ii mit (17.5) entstehen

17.6.

DIE ALLGEMEINE VORWÄRTSRADARGLEICHUNG: $\quad \dfrac{1}{\alpha_f^2} = \left[e^{-\hat{\tau}} + \dfrac{1}{\alpha_f} - 1 - L\right]\left[e^{\check{\tau}} + \dfrac{1}{\alpha_f} - 1 - L\right],$

17.7.

DIE ALLGEMEINE RÜCKWÄRTSRADARGLEICHUNG: $\quad 1 = \left[\dfrac{e^{\hat{\tau}\alpha_f}}{\alpha_f} - \dfrac{1}{\alpha_f} + 1 + L\right]\left[\dfrac{e^{-\check{\tau}\alpha_f}}{\alpha_f} - \dfrac{1}{\alpha_f} + 1 + L\right].$

17.4 *Das Rigor Mortis-Szenario*

Seit dem Aufkommen der modernen Raumzeittheorie vor mehr als einem Jahrhundert,[5] hat ein Beschleunigungsszenario namens ‚*Starre Bewegung*' eine bemerkenswerte Rolle in der Relativitätsliteratur gespielt. Gemeint ist ein ausgedehntes Medium, dessen Bestandteilsinkremente sich jeweils fest aber nicht gleichmäßig beschleunigen, so dass vom hinteren Ende des Mediums (Heckrakete r) in jedem mitbewegenden Inertialrahmen alle anderen Inkremente im gleichen Rahmen relativ stationär bleiben.

Dies hat zur Folge, dass die Abstände zwischen den Inkrementen, die diese ständig ändernden mitfahrenden Rahmen teilen, darin ständig gleich bleiben. Wie jedoch später gezeigt wird, *altern* alle Inkremente mit unterschiedlichen Raten relativ zueinander. Aus genau diesen Gründen, abgesehen von der Verwirrung, die durch den Begriff der ‚Starren Bewegung'[6] hervorgerufen wird, zieht es der jetzige Autor vor, diesen Sonderfall als ‚RIGOR MORTIS'-BESCHLEUNIGUNG neu zu bezeichnen.

[5] Max Born. Die Theorie des starren Elektrons in der Kinematik des Relativitätsprinzips (The theory of the rigid electron in the kinematics of the relativity principle). *Annalen der Physik*, 30 (1-56), 1909

[6] In der Differentialgeometrie hat der Begriff „*Starre Bewegung*" eine Bedeutung, die mit der Relativitätstheorie nicht verwandt ist.

Rigor Mortis feste Radarintervalle

Stellen wir die [7,8] DIFFERENTIAL-EIGENBESCHLEUNIGUNGSBEDINGUNG auf:

$$\frac{1}{\alpha_f} = 1 + L \qquad \text{d.h.} \qquad \alpha_f = \frac{1}{1+L}, \tag{17.8}$$

dann entsteht aus Vorwärtsgleichung (17.6) $e^{(\check\tau - \acute\tau)} = \frac{1}{\alpha_f{}^2} = (1+L)^2$:

> **17.9.**
>
> DAS VORWÄRTS RIGOR MORTIS-RADARINTERVALL $\qquad \check\tau - \acute\tau = 2\ln(1+L) = 2\ln(\frac{1}{\alpha_f})$.

Aus der Rückwärtsgleichung (17.7) $e^{-(\check\tau - \hat\tau)\alpha_f} = \alpha_f{}^2 = 1/(1+L)^2$ folgt:

> **17.10.**
>
> DAS RÜCKWÄRTS RIGOR MORTIS-RADARINTERVALL $\check\tau - \hat\tau = 2(1+L)\ln(1+L) = \frac{2}{\alpha_f}\ln(\frac{1}{\alpha_f})$.

> **17.11.**
>
> DAS RIGOR MORTIS-RADARINTERVALL-VERHÄLTNIS $\qquad \dfrac{\check\tau - \acute\tau}{\check\tau - \hat\tau} = \dfrac{1}{1+L} = \dfrac{\alpha_f}{1}$.
>
> RIGOR MORTIS-VORWÄRTS- UND RÜCKWÄRTSRADARINTERVALLE BLEIBEN KONSTANT UND IHR VERHÄLTNIS IST GLEICH DEM RAKETENBESCHLEUNIGUNGS-VERHÄLTNIS.

Rigor Mortis Raum- und Zeitdispersionen

Für bestimmte $v = \tanh(\tau_f\alpha_f) = \tanh\tau_r$ und $\gamma = \cosh(\tau\alpha_f) = \cosh\tau_r$ Werte, aus (17.1)-i-iv und (17.8)-i resultieren die *Zeit-Dispersion* der Raketen im Heimrahmen

$$t_f - t_r = \frac{\sinh(\tau_f\alpha_f)}{\alpha_f} - \frac{\sinh\tau_r}{1} = \gamma v\left[\frac{1}{\alpha_f} - 1\right] = \gamma v L,$$

und ihre Heimrahmen-*Distanzdispersion*

$$(x_f + L) - x_r = \frac{\gamma - 1}{\alpha_f} + L - \gamma + 1 = \gamma\left[\frac{1}{\alpha_f} - 1\right] - \frac{1}{\alpha_f} + L + 1 = \gamma L.$$

[7] Wie schon in 2003 mittels eines etwas umständlichen *4-Vectoransatzes* auf Seite 115 festgestellt:

[8] Nicholas Woodhouse. *Special Relativity.* Springer London, 2003

Aus den Larmor-Lorentz-Transformationen (4.1)-ii für einen entsprechenden mitfahrenden Rahmen ergibt sich eine Zeitstreuung von Null:[9,10]

$$\Delta\tau = \gamma\left[(t_f - t_r) - v(x_f + L - x_r)\right] = \gamma\left[\gamma v L - v\gamma L\right] = 0. \tag{17.12}$$

Aus der entsprechenden Gleichung (4.1)-i bleibt die Distanzdispersion des mitfahrenden Rahmens gleich der Starttrennung der Raketen:

$$\gamma\left[(x_f + L - x_r) - v(t_f - t_r)\right] = \gamma\left[\gamma L - v^2\gamma L\right] = \gamma^2\left[1 - v^2\right]L = L. \tag{17.13}$$

Unter Hinweis auf (17.8) und (17.1) $v = \tanh\tau\alpha$ erhalten wir für die Eigenzeit eines beliebigen Inkrementes τ (mit Heckraketenschub $\alpha_r = 1$):

17.14.

DIE RIGOR MORTIS-EIGENZEITEN-BEZIEHUNG $\tau\alpha = \tau_r\alpha_r = \tau_r.1.$

17.5   Die ‚Rigor-Mortis'-Heimrahmen-Weltfläche

Bezeichnet man die Heckrakete als ‚Inkrement l_0', werden Mediuminkremente durch ihre relative Startdistanz l von l_0 $(0 \leq l \leq L)$ identifiziert. Wenn jedes Mediuminkrement l bei $\alpha = 1/(1+l)$ beschleunigt wird, wobei jede Inkrementkurve beim Start bei $x_{i0} = l$ nach oben verschoben wird, dann aus der allgemeinen Beschleunigungsgleichung der Heimrahmen-Weltfläche (17.2)[11] resultiert: $(x - l + 1 + l)^2 - t^2 = (1+l)^2$, d.h.

17.15.

DIE HEIMRAHMEN-WELTFLÄCHENGLEICHUNG DES RIGOR MORTIS-MEDIUMS
$$(x+1)^2 - t^2 = (1+l)^2.$$

Emittierte und reflektierte Radartrajektorien erscheinen als diagonale Linien (skaliert für $c = \pm 1$). Bei $L = 0.57$ und $a_f = 1/(1+L) = 0.637$ in Gleichung (17.9) und nach Dividieren durch die gewählte Raketeneigenperiode $3\pi/32$ zwischen den jeweiligen Emissionen, ist das Ergebnis 3.063. Dies entspricht eindeutig jedem der Radarperioden der Karte im Verhältnis zum festen Emissionsintervall der Heckraketeneigenzeit.

Abbildung 17.2: „Wahre Demut"
Punch Magazine 1895 Cartoon

Bischof: „Ich fürchte, Sie haben ein schlechtes Ei, Mr. Jones";
Pfarrer: „Oh nein, mein Herr, ich versichere Ihnen, dass Teile davon ausgezeichnet sind!"

Die festen Eigenzeit-Kurven (blau) von Abb. 17.1 repräsentieren die Inkremente des mitfahrenden Rahmens, die identische Heimrahmengeschwindigkeit teilen, deren verteilte Längen sich *gleichzeitig in dem bestimmten mitfahrenden Rahmen* zum unveränderlichen Startabstand L aufaddieren (Gleichung (17.13)).[12]

Rigor Mortis-Eigenflächen-Loci bei jeweiligen Geschwindigkeiten

Die fest-τ *geneigten* Ortskurven mit fester Geschwindigkeit, die regelmäßigen Eigenzeitintervallen der Raketenuhr darstellen, verbinden den Hyperbelpunkt jeder einzelnen Inkrementkurve, der der jeweiligen Geschwindigkeit des gemeinsamen Heimrahmens entspricht. Schematisch durch gerade rechteckige Streifen im Lehrbuch [13]'s Abbildung 3.3 (S.72) dargestellt, sind solche Ortskurven in der Tat gerade LInien. Somit sind für jede Heckraketeneigenzeit $\tau = n.\Delta\tau$ (mit $\Delta\tau$ fest, $n = 0, 1, 2, 3 \ldots$) die Koordinaten für Inkrement l (wobei $\alpha = 1/(1 + l)$) unter Verwendung von (17.1):

$$t = \sinh(\frac{\tau_n}{1 + l}).(1 + l) \qquad \text{und} \qquad x = \left[\cosh(\frac{\tau_n}{1 + l}) - 1\right](1 + l) + l. \qquad (17.16)$$

[12] Natürlich wird im Heimrahmen bei jedem bestimmten v-Wert, die Raketen selber als getrennt durch einer Distanz $Ł/\gamma$ gemessen, aber solche Längenbeobachtungen wären in Heimrahmen selbst als *nicht gleichzeitig* wahrgenommen.

[13] Wolfgang Rindler. *Relativity, Special, General and Cosmological.* Oxford Universtiy Press, 2001, 2006

Die Rigor Mortis-Beschleunigungsbedingung

17.17.

IN JEDEM MITFAHRENNDEN RAHMEN BLEIBEN ALLE MEDIUMINKREMENTE RELATIV STATIONÄR IM RIGOR MORTIS-MODUS, WOBEI DIE TRENNUNG UND RADARINTERVALLE UNVERÄNDERT BLEIBEN, UND DIE EIGENBESCHLEUNIGUNGSBEDINGUNG GILT (FÜR $\alpha_r = 1$):

$$l = \frac{1}{\alpha} - \frac{1}{\alpha_r} \quad (\text{D.H.} \quad \alpha = \frac{\alpha_r}{1 + l\alpha_r} = \frac{1}{1 + l}).$$

RAKETENEIGENZEITEN SIND UMGEKEHRT PROPORTIONAL ZU IHREN EIGENSCHUBSWERTEN. IM GEGENSATZ ZUR FESTGEFAHRENEN MEINUNG, IST DIES DAS <u>EINZIGE</u> SZENARIO EINES BESCHLEUNIGENDEN AUSGEDEHNTEN MEDIUMS, WO DIE MINKOWSKI-METRIK GÜLTIGKEIT BESITZT.

17.6 *Das Relativitätsei ist gut in Flecken*

[14] Bis zur Erscheinung des 2016 *Results in Physics* Aufsatzes.

[15] Der Autor würde es begrüßen, benachrichtigt zu werden, sollte dies nicht der Fall sein.

Erwähnenswert ist im vorliegenden Zusammenhang, dass[14] genau wie die Radargleichungen (16.11) und (16.12) des Kapitels 16, weder Radargleichungen (17.6), (17.7), (17.9), (17.10), (17.11) noch Ortsgleichungen (17.16) scheinen in Relativitätslehrbüchern offensichtlich zu sein.[15] Vermutlich ist dies zum Teil darauf zurückzuführen, dass die Minkowski-Metrikgleichung *korrekt, aber sehr unbeholfen* die Gültigkeit des Rigor Mortis-Szenarios ('Starre Bewegung') begründet. Diese Metrik ist auch anwendbar für die Beschleunigung von Punktobjekten, d.h. *Partikeln* – ihre Haupt-Raison d'Être. Wie wir jedoch im Kapitel 20 zeigen werden, ist die Minkowski-Metrik für ein beschleunigendes ausgedehntes Medium im Allgemeinen sogar auch in der Speziellen Relativitätstheorie ungültig – mit der <u>einzigen</u> Ausnahme (wenn es sich um *ausgedehnte* Medien handelt) des Rigor Mortis-Falles.

18

Zwei Reell-Metrische-Eigenflächen

> „Warum ist die Philosophie so kompliziert ? Sie sollte doch ‚ganz' einfach sein. – Die Philosophie löst die Knoten in unserem Denken auf, die wir unsinnigerweise hineingemacht haben; dazu muss sie aber ebenso komplizierte Bewegungen machen, wie diese Knoten sind. Obwohl also das ‚Resultat' der Philosophie einfach ist, kann es nicht ihre Methode sein, dazu zu gelangen. Die Komplexität der Philosophie ist nicht die ihrer Materie, sondern, die unseres verknoteten Verstandes." Ludwig Wittgenstein *Philosophische Bemerkungen*

[1]Beim Versuch, die Frage nach der *nichtinertialen Länge* eines beschleunigenden ausgedehnten Mediums im Kontext der Speziellen Relativität zu lösen, hat die konventionelle Physik die ‚Minkowski-Raumzeit' unangemessen als *verallgemeinertes* Prinzip angenommen. Beflügelt von falsch verstandenen Komplexitäten und verkörpert durch eine metrische Gleichung der pseudo-euklidischen Geometrie, ist dieser nichtvisualisierbare Pfad zwar für die *Teilchenphysik* (‚Punktobjekte') nützlich und stellt in seiner eindimensionalen Form (wie wir bald sehen werden) das Szenario des vorigen Kapitels Die Rigor Mortis Beschleunigung auch korrekt dar. Wie später im letzten *Teil VII* dieses Buchs im Detail erläutert wird, ist jedoch die Minkowski-Raumzeit – im Gegensatz zu dem, was in vielen Literaturquellen behauptet wird *– für alle anderen ausgedehnten Szenarien eines beschleunigenden Mediums nicht anwendbar.*[2,3]

In diesem Kapitel wird ein alternativer *reell*-metrischer Ansatz vorgestellt, bei dem metrische Gleichungen mit reellen Variablen und dementsprechend visualisierbare ‚Eigenflächen' verwendet werden, die für mehrere Beschleunigungsszenarien geeignet sind. Eine solche Fläche wird später die Kernlösung des lang bestrittenen Rätsels des Bellschen Raumschiffparadoxons enthüllen – die Frage der nichtinertialen Eigenlänge eines gleichmäßig (‚homogen') beschleunigenden ausgedehnten Mediums. Zunächst konzentrieren wir uns auf den einfachen Nullbeschleunigungsfall und den Rigor Mortis-Beschleunigungsfall dessen eigene Fläche die überraschend vertraute, aber kuriose Form eines chinesischen Handfächers aufweist.

[2] B.C. Minkowski spacetime does not apply to a homogeneously accelerating medium. *Results in Physics*, 6:31–38, January 2016

[3] B.C. Bell's twin rockets non-inertial length enigma resolved by real geometry. *Results in Physics*, 7:2575–2581, July 2017

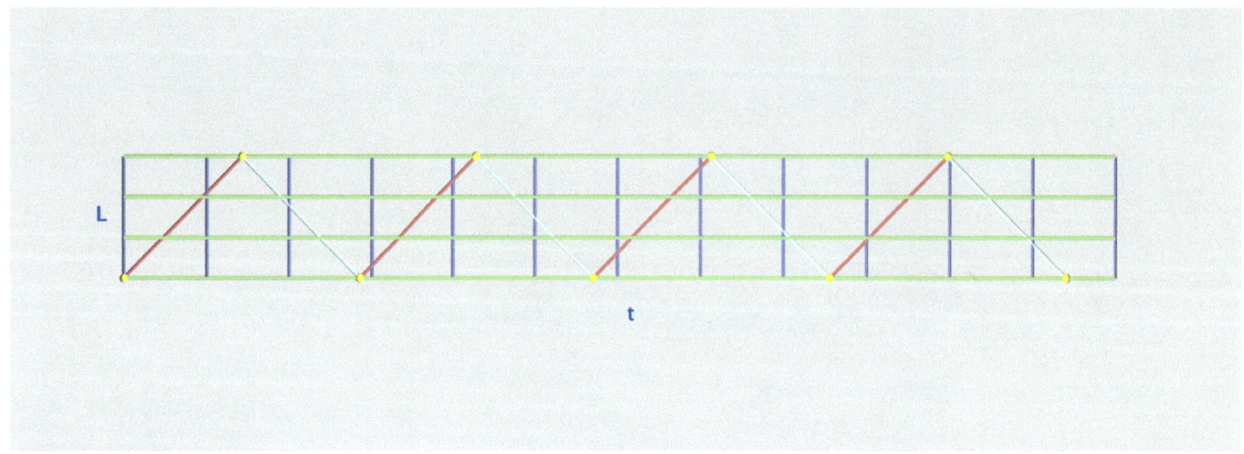

Abbildung 18.1: Die metrische
Eigenfläche eines inertialen
Mediums

18.1 Inkrementkurven und Mediumkurven

Die Metrik einer Raumzeit-Eigenfläche ist eine eigentlich einfache Idee, zu-mindest was *ein-dimensionalen* Szenarien betrifft. Wir beschränken unsere Über-legungen auf ein Medium dessen individuelle Inkremente jeweils unabhängig voneinander einen festen Eigenschub α aufweisen, der sich jedoch von Inkre-ment zu Inkrement unterscheiden kann, oder sogar, wie in unserem ersten speziellen einfachen Fall, einen Nullschub aufweist.

Unsere reell-variablen Eigenflächen beherbergen zwei Kurvenarten – ‚In-krementkurven' und ‚Mediumkurven, die in einem zwei- oder vielleicht drei-dimensionalen reellen (Euklidischen) mathematischen Raum eingebettet sind.[4] Inkrementale Kurvenweglängen verfolgen die Eigenzeit τ-Verläufe der ein-zelnen Inkrementen. Diese werden von den Mediumkurven überquert, wobei die gekrümmte Kurvenlänge λ jedes Punktes vom hinteren Inkrement der ‚Ei-genlänge'[5] des Mediumpunktes vom hinteren Ende entspricht

18.2 Die einfache nicht beschleunigende Eigenfläche

Das einfachst mögliche Beispiel für eine Raumzeit-Eigenfläche eines ausge-dehnten Objekts ist natürlich die eines *nicht-beschleunigenden* eindimensiona-len Mediums, wie beispielsweise einer langen ‚schwebenden' Raumstation: ein rechteckiges Gitter. Wie in Abb. 18.1 gezeigt, zeichnen horizontale Inkre-mentlinien identische Eigenzeiten τ von Inkrementen auf, die alle stationär in einem *einzigen* Bezugsrahmen[6] bleiben, und durch ihre jeweiligen Anfangsdi-stanzen l vom hinteren Ende identifiziert werden. Vertikale Linien stellen das gesamte Medium in regelmäßigen gleichen Eigenzeitintervallen dar. In die-sem elementaren Fall ist der feste Bezugsrahmen des Mediums identisch mit

[4] Nicht zu verwechseln mit den drei räumlichen Dimensionen unserer eigentlichen Raumzeit.

[5] Ein Konzept das wir später in Detail behandlen werden.

[6] Hier verwenden wir wieder das unter Die ‚Einzel-Heimrahmen'-Karte auf Seite 88 besprochene Einzel-Bezugsrahmen-Karte .

einem Heimrahmen d.h. $\tau = t$, und die Eigentrennung jedes Inkrements vom hinteren Ende des Mediums bleibt unverändert: $\lambda = l$. Bemerkenswerterweise bleiben die geradlinige Inkrementkurven und Mediumkurven der Eigenfläche jeweils parallel zu einander. Die Eigenfläche zeigt auch *Radartrajektorien*, die in regelmäßigen Zeitintervallen emittiert und zwischen den vorderen und hinteren Enden reflektiert werden. Diese sind diagonale Linien die der skalierten Einheitsgrenzgeschwindigkeit relativ zum nicht ändernden inertialen Bezugsrahmen entsprechen.

18.3   *Die Eigenfläche des Rigor-Mortis-Mediums*

Der Abschnitt Die REELL-Variablen metrische Fläche im PROLOGUE-Kapitel erwähnte mehrere meist langgezogene Ansätze in der Literatur, die sich mit der Rigor Mortis-Beschleunigung beschäftigen, wobei die Inkremente eines beschleunigenden ausgedehnten Mediums relativ stationär in jedem momentanen mitfahrenden Rahmen bleiben und dabei die momentane Geschwindigkeit relativ zum Heimrahmen teilt. Da in diesem Fall die Inkremente sich in keinem der mitfahrenden Rahmen auseinander bewegen, hat das Medium immer die gleiche feste Länge in solchen Rahmen.

Im vorigen Kapitel etablierten Radar-Gleichungen die definitive Beschleunigungsbedingung (17.17) für diesen ‚starre Bewegungsfall'. Dennoch kann dieses Kriterium noch einfacher bestimmt werden.

Eine Abkürzung zu Rigor Mortis-Bedingung des Kapitels 17

[7]Aus der Gleichung (17.1)-ii des Abschnitts Beziehungen bei nichteinheitlichen festen Eigenschüben, bezieht sich die Heimrahmen-Geschwindigkeit jedes Inkrementes einer solchen Mediumkurve mit einem festen Eigenschub α auf $v = \tanh(\alpha\tau)$. Daher sind die Inkrementkurvenlängen, ihre jeweilige Eigenzeiten $\tau = \tanh^{-1}(v)/\alpha$, für jede gesetzte Geschwindigkeit umgekehrt proportional zu ihren jeweiligen α-Werten. Da ihre jeweilige Trennungen $\Delta\lambda = \Delta l$ konstant bleiben wenn v zunimmt, müssen die Rigor Mortis-Inkrementkurven gleichmäßig verteilt bleiben, d.h. Sie müssen parallel sein.[8] Wir bezeichnen dies als *Bedingung (A)*. Der Explosionsausschnitt in Abb. 18.2 zeigt die winzig kleine $\Delta\lambda$-, $\Delta\tau$- und Δs-Segmente, in denen Δs Teil einer Vorwärts-Radartrajektorie ist. Sowohl die Vorwärts- als auch die Rückwärts-Radartrajektorien besitzen eine Einheitsgrenzgeschwindigkeit $\frac{d\lambda}{d\tau} = 1$ in jedem momentanen Inertialbezugsrahmen.

Dementsprechend mussen die Vorwärts- und Rückwärts-Trajektorien die Mediumkurven und Inkrementkurven *symmetrisch* kreuzen, d.h. die Inkrementkurven müssen im rechten Winkel zueinander liegen[9] – Bedingung (B).

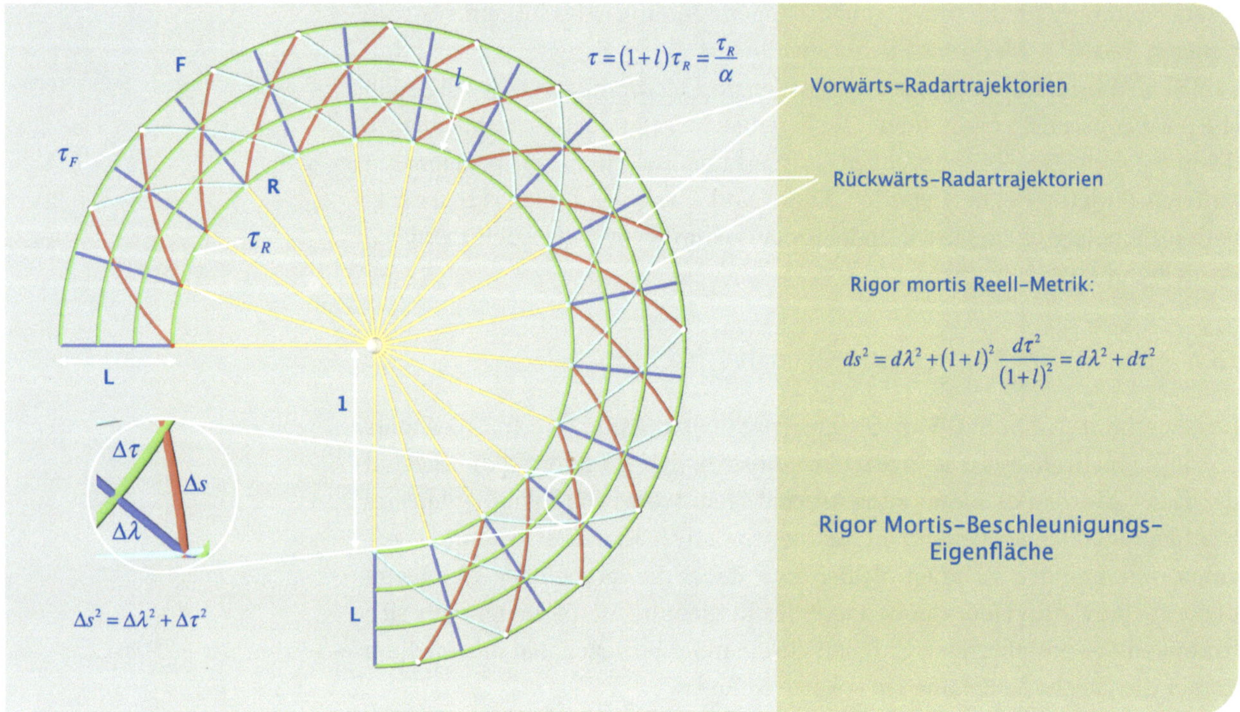

Abbildung 18.2: Rigor Mortis-Eigenfläche – die gute Flecken dieses Relativitätseies

[10] Oft als ‚japanischer Handfächer' bezeichnet, aber ursprünglich aus China.

Dies bedeutet auch, dass Mediumurven geradlinig und von fester Länge sein müssen - Bedingung (C). Die Bedingungen (A), (B) und (C) allein legen fest, dass die Eigenfläche des Rigor Mortis-Mediums einen kreisförmige Streifen bilden muss, der wie ein Handfächer[10] geformt ist, wie in Abb. 18.2. Ist die hintere Eigenbeschleunigung $\alpha_r = 1$, wobei $\Delta\tau.\alpha = \Delta\tau_r.1$, dann aus der Geometrie:

$$\frac{1+l}{1} = \frac{\Delta\tau}{\Delta\tau_r} = \frac{1}{\alpha} \qquad \text{d.h.} \qquad l = \frac{1}{\alpha} - \frac{1}{1}.$$

Dies entspricht der Rigor Mortis-Bedingung (17.17) des Kapitels 17.

Eigenschaften der metrischen Rigor Mortis-Eigenfläche

Die Eigenfläche von Abb. 18.2 wird für die Eigenzeit der Heckrakete $0 \leq \tau_r \leq 3\pi/2$ angezeigt. Die innere Inkrementkurve entspricht dem Inkrement der Heckrakete r, dessen Beschleunigung einfachheitshalber als *Eins* gewählt worden ist, d.h. $\alpha_r = 1$. Inkrementeigenzeitkurven (in grün) erscheinen als *Kreisbogensegmente mit dem Radius* $(1+l) = 1/\alpha$, die ‚metrisch' den jeweiligen Inkrementeigenzeiten entsprechen, die sich seit dem Start voneinander *unterscheiden*:

$$\tau = \tau_r/\alpha = \tau_r(1+l). \tag{18.1}$$

Diese werden von geradlinigen radialen Mediumkurven gekreuzt, die entlang der Fläche in Eigenzeitintervallen $\Delta\tau_r = 3\pi/32$ des hinteren Inkrements verteilt sind. Die langsamer beschleunigenden Inkremente nahe dem vorderen Inkrement f erfordern größere Eigenzeiten τ als diejenigen näher dem hinteren Inkrement r, um bei der gleichen gemeinsamen Heimrahmengeschwindigkeit $v = \tanh\tau_r = \tanh(\tau\alpha) = \tanh(\tau/(1+l))$ zu gelangen, und bleiben somit in jeweiligen mitfahrenden Rahmen relativ stationär zueinander.

Die geradlinige Festgeschwindigkeits-Loci der Eigenfläche[11] reflektieren *metrisch* die wahrgenommene unveränderliche Gesamtlänge des Mediums in jedem mitfahrenden Rahmen $\underline{C}$. Die Kurve eines Rigor-Mortis-Mediums hat daher stets die gleiche Gesamteigenlänge L wie beim Nullbeschleunigungsszenario. Jeder Eigenflächenpunkt repräsentiert *ein Ereignis* auf dem Medium, das durch eine Mediumkurvendistanz $\lambda(=l)$ vom hinteren Inkrement sowie durch eine spezifische Inkrementeigenzeit τ gekennzeichnet wird, die der gekrümmten Pfadlänge entspricht.

Die Inkrementkurve der Heckrakete in Abb. 18.2 ist als *planare* Kreisbogenkurve mit Einheitsradius (in einem dreidimensionalen Raum mit $z = 0$) dargestellt: $[\cos\tau_r, \sin\tau_r, 0]$. Zur Vereinfachung verwenden wir sowohl *Zylinderkoordinaten*[12] $r = 1+l$, $\theta = \tau = \tau_r\alpha = \tau_r/(1+l)$, $z = 0$ als auch kartesische Koordinaten $x = r\cos\theta$, $y = r\sin\theta$, $z = 0$. Wir können daher für jede Inkrementkurve l mit $0 \leq l \leq L$ schreiben:

$$[\cos\tau, \sin\tau, 0]\,(1+l) = \left[\cos\frac{\tau_r}{1+l}, \sin\frac{\tau_r}{1+l}, 0\right](1+l).$$

Dies kann als eine Fläche $\mathfrak{R}_P$ formuliert werden :[13]

18.2.

DIE PLANARE RIGOR MORTIS-EIGENFLÄCHE

$$\mathfrak{R}_P(\tau_r, l) = {}_{Cyl}\left[1+l, \frac{\tau_r}{1+l}, 0\right] = \left[\cos\frac{\tau_r}{1+l}, \sin\frac{\tau_r}{1+l}, 0\right](1+l); \qquad 0 \leq l \leq L.$$

18.4 *Die ‚hemixisierte' Rigor Mortis-Eigenfläche*

Als nächstes formen wir diese Eigenfläche um, damit der Bereich der Eigenzeit τ der Inkremente unbegrenzt dargestellt werden kann. Aufgrund seiner geradlinigen radialen Mediumkurven ist die planare Eigenfläche der Rigor-Mortis-Fläche der Abb. 18.2 eine ‚*Regelfläche*'.[14] Sie kann daher *isometrisch umgeformt* werden, ohne dass ihre intrinsischen metrischen Eigenschaften sich verändern, wobei Abstände zwischen zwei beliebigen Flächenpunkten (Ereignisse) auf der Fläche unverändert bleiben. Eine solche isometrische Um-

---

[11] In der Mathematik wird eine Kurve, die einen festen Parameter widerspiegelt, Locus (Plural: Loci) genannt.

[12] r bezeichnet hier eine *zylindrische Radiuskoordinate* – nicht zu verwechseln mit der Verwendung desselben Buchstabens als ein *Index, der das Inkrement der Heckrakete bezeichnet.*

[13] Wir bezeichnen unsere planare Rigor Mortis-Fläche als $\mathfrak{R}_P$.

[14] Eine Regelfläche ist eine, auf der *eine Reihe von Geraden* gezeichnet werden kann.

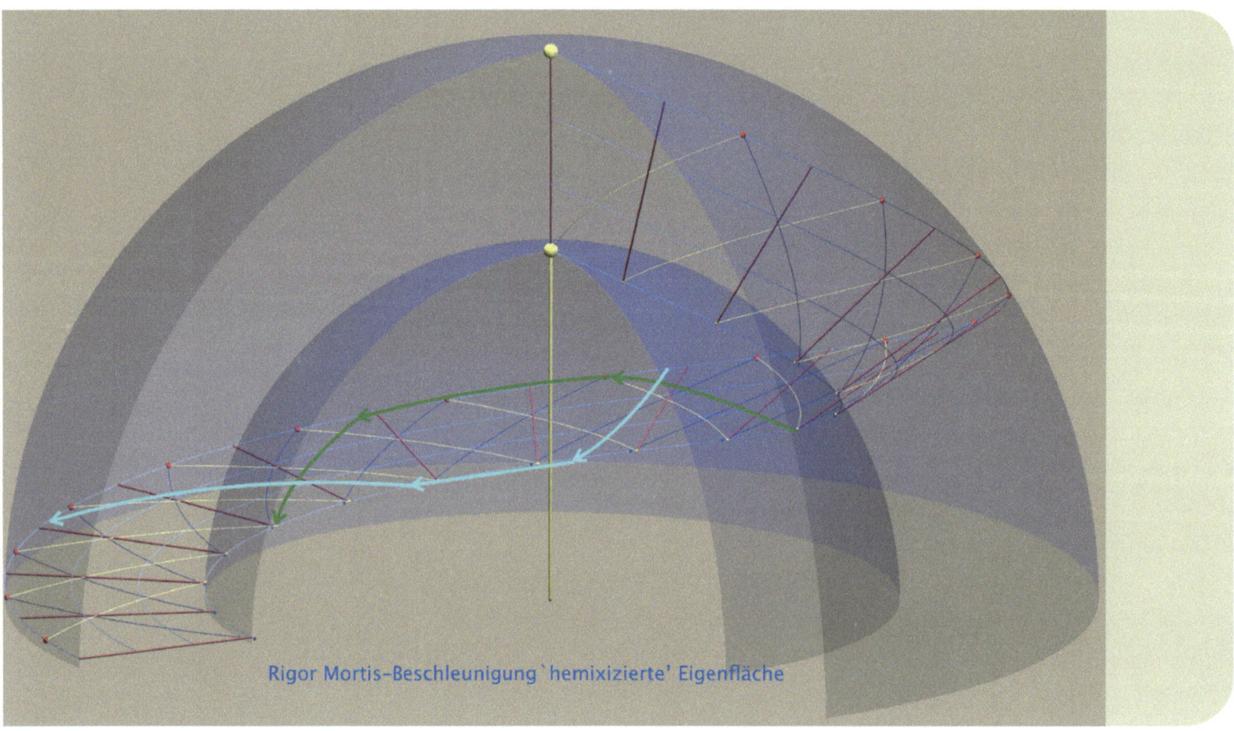

Abbildung 18.3: Die ‚hemixizierte'
Rigor Mortis-Eigenfläche

gestaltung wäre z.B. eine kegelförmig aufgerollte Fläche. Wenn es aus Papier
bestehen würde, würde eine so verformte Fläche nicht reißen.

Abb. 18.3 zeigt eine andere umgeformte Fläche. Jeder kreisförmige Inkrementkurvenbogen aus der planaren Eigenfläche von Abb. 18.2 wird – ohne
gedehnt oder komprimiert zu werden – in die Form der sphärischen Kurve
des früheren Kapitels Die neu endeckte ‚HEMIX' verbogen. Dies ist möglich,
weil aus der Gleichung (13.4)-i die Pfadlänge jedes Helixes – ihre jeweilige
Inkrementlänge τ – proportional zu ihrer durchlaufenen ‚äquatorialen' Längengradstrecke ist. Jede Hemix-Inkrementkurve, die eine beliebige feste Beschleunigung $\alpha < 1$ darstellt, würde auf einer Halbkugel mit dem Radius
$1/\alpha = 1 + l$ liegen.

Wie auf der ‚hemixierten' Rigor-Mortis-Eigenfläche deutlich wird, bleiben
jeweilige Festgeschwindigkeitsmediumkurven, die geradlinig sind, sowohl in
der Länge als auch in der geteilten Längengradposition θ unverändert. Jede
solche Mediumkurve wird so gedreht, dass ihre Radiallinie einen Kolatitudwinkel ϕ mit der vertikalen Achse bildet, entsprechend der Geschwindigkeit
$\sin \phi = v = \tanh \frac{\tau}{1+l} = \tanh \tau_r$ des mitfahrenden Bezugsrahmens. Eigentlich
ist es daher *immer noch intrinsisch dieselbe Fläche*, obwohl sie in einem dreidimensionalen mathematischen Raum umtransformiert und neu eingebettet ist.

In Abb. 18.3 sind auch die emittierten und reflektierten Radartrajektorien dargestellt, die immer noch unveränderliche Eigenzeitintervalle zwischen Radar-Emissionen und -Rückkehrungen gemessen nach $\Delta\tau$-Perioden aufweisen. Bemerkenswerterweise tendiert diese Eigenflächenform *asymptotisch* dazu, ‚äquatorial' zu werden, während $\tau_r = \tau/(1+l)$ sich der Unendlichkeit nähert, d.h. sie kann sich endlos fortschreiten. Wir beziehen uns später auf eine ganz andere solche metrische Eigenfläche.

18.5 *Migranten auf einem Rigor Mortis Gravitationszug*

Stellen wir uns eine ‚Raketenstaffel' vor, dessen individuelle Raketen sich nach dem Rigor Mortis-Kriterium beschleunigen und irgendwie mit Verbindungskammern fest verbunden sind, die es den Passagieren erlauben, zwischen den Raketen zu wechseln. Die Passagiere jeder Rakete altern relativ entsprechend ihrer jeweiligen Eigenbeschleunigung, die von ihrer relativen Entfernung von der Heckrakete abhängt, wobei $\frac{\tau}{\tau_r} = \frac{1}{\alpha} = \frac{1+l}{1}$. Ihre jeweiligen Eigenzeituhren, synchronisiert zum Start, würden zunehmend divergieren. Bemerkenswerterweise ist die physikalische Grundlage dafür ihre unterschiedlich erfahrene schwerkraftartige Beschleunigung. Natürlich würden die Passagiere, außer die unterschiedlich empfundene Eigenbeschleunigungen, keinen Unterschied in ihrem individuellen biologischen Gefühl des Älterwerdens bemerken.

Unsere Raketenstaffel könnte eine Kolonie beherbergen, in der jedes Mitglied der Gemeinschaft in gleichbleibenden Abständen gegenüber allen anderen stationär bleibt. Passagiere könnten wählen, ob sie entweder in Richtung der Heckrakete r oder der Frontrakete f Platz nehmen, je nachdem, ob sie es bevorzugen, langsamer oder schneller zu altern als Passagiere in den anderen Raketenabteilen.

Die dunkelgrünen und cyanfarbenen Pfade auf der hemixisierten Eigenfläche der Abb. 18.3, stellen Passagiere dar, die es vorübergehend vorziehen anders zu altern relativ zu anderen Passagieren, indem sie sich auf die langsamer beschleunigende Frontrakete zubewegen, deren Bewohner schneller altern, oder auf die beschleunigende Heckrakete zubewegen, deren Bewohner langsamer altern.

Obwohl sich die Inkremente eines Rigor Mortis-Mediums nach dem Start aufgrund ihrer ‚konstruierten' Beschleunigungsdifferenzen nicht mehr Gleichzeitigkeiten in dem Heimrahmen teilen, sind solche Inkremente in jedem momentan mitfahrenden Rahmen gleichzeitig relativ stationär und die Mediumlänge bleibt unverändert. Paradoxerweise hingegen *unterscheiden sich* jedoch in jedem solchen mitfahrenden Rahmen alle Inkrementeigenzeiten

Ein Rigor Mortis-Gravitationsfeld

Signifikanterweise wäre es möglich, anstelle unserer Gravitationszugsraketen, die unabhängig voneinander ihren eigenen spezifischen Schub erzeugen, ein Gravitationsfeld anzuordnen, wobei die Schwerkraft über das Medium gemäß der Gleichung $g = \frac{1}{1+l}$ auferlegt wäre, *damit die gleiche Wirkungen erzielt wären.* [15] Bedeutsam in diesem Zusammenhang ist auch, unter Bezugnahme auf die Gleichung (17.14) des Kapitels 17, wie sich die Rigor Mortis-Abteiluhren sich zueinander beziehen, d.h. $\tau/1 = \tau_r.(1+l) = \tau_r/g$.

[15] Paradoxerweise aber in diesem idealisierten Fall, dürften die Raketen dabei sich gegenseitig nicht wegen ihrer jeweiligen eigenen Schwerkraft anziehen.

18.6   Die Rigor Mortis-Reelle Metrik

Im Allgemeinen bezieht sich die ‚differentielle Metrik' einer Eigenfläche auf zwei minuscul voneinander getrennte Ereignispunkte – im Limit. Mit dem Zentrum der planaren Fläche von Abb. 18.2 als Ursprung, und radialen Koordinaten (r, θ) aus Gleichung (18.2), erhalten wir $r = 1 + l$ und $\theta = \tau_r = \tau/(1+l)$.

Daher gilt $dr = dl$ und $d\theta = d\tau/(1+l)$, und das metrische Intervall einer Eigenfläche lautet $ds^2 = dr^2 + r^2 d\theta^2$, d.h. $ds^2 = dl^2 + (1+l)^2 \frac{d\tau^2}{(1+l)^2}$. Folglich, da im Rigor Mortis-Fall $\lambda = l$:

18.3.

DIE RIGOR-MORTIS-EIGENFLÄCHEN-METRIK $ds^2_{\mathfrak{R}} = d\tau^2 + d\lambda^2.$

Bemerkenswerterweise gilt diese Metrik sowohl für die planare Eigenfläche als auch für die ‚hemixierte' Eigenfläche. Da alle Abstände und Winkel unverändert bleiben, sind die beide Flächen an sich identisch, d.h. *isometrisch'.*

18.7   Die pseudo-euklidische Minkowski-Metrik der Relativitätstheorie

Wenn wir das *positive* Vorzeichen der visualisierbaren *reellen Variablen* unserer Rigor-Mortis-Eigenflächenmetrik (18.3) durch ein *negatives* Vorzeichen ersetzen, erhalten wir die *äquivalente* Metrik-Intervallgleichung[16] der Minkowski-Raumzeit – mit nicht visualisierbaren komplexen Variablen behaftet[17]:

[16] Manchmal verfasst als $ds^2 = d\lambda^2 - d\tau^2.$

[17] Assoziiert mit der imaginären Quadratwurzel *negativer* Werte.

$$ds^2_{\mathfrak{RM}} = d\tau^2 - d\lambda^2. \tag{18.4}$$

Unser reell-metrische Eigenflächenansatz, der das Rigor-Mortis-Thema auf einer ziemlich elementaren Ebene gelöst hat, widerspiegelt einige fortgeschrittene Differentialgeometriekonzepte die den Relativisten vertraut sein sollten, die mit dem Problem auf einer traditionellen, wenn auch obskureren mathematischen Art und Weise umgehen. Auf der einen Seite mögen Befürworter der Minkowski-Raumzeit ihre Banner-Metrik-Gleichung gutheißen und überrascht sein, dass diese tatsächlich ein reell-variables Äquivalent hat. Auf der anderen Seite werden traditionell gebildete Physiker mit den Argumenten und Schlussfolgerungen der verbleibenden Kapitel dieses Buches wahrscheinlich sich weniger wohl fühlen.

Diese befassen sich mit der Mathematik und Physik eines ausgedehnten beschleunigenden Mediums, die sich von der Minkowski-Metrik *stark unterscheidet*. Physiker streiten sich über das homogen beschleunigende Einheitsschubmedium, – ein Szenario besser bekannt als BELLSCHES RAUMSCHIFF-PARADOXON – seit über einem halben Jahrhundert.

VII
ACHTERBAHN-RAUMZEITEN

[18] E Dewan and M Beran. Note on stress effects due to relativistic contraction. *American Journal of Physics*, 27:517–8, 1959

[19] Ungeachtet ihrer Bemühungen und *einer zweijährigen Rezensionszeit* des AJP Journals gelang es dem Aufsatz von 1987 selbst jedoch nicht zu einer korrekten Lösung.

Ironischerweise sind die Autoren selbst der naiven Annahme erlegen, dass das in inertialen Bezugsrahmen gültige *Geschwindigkeitskonstanz-Prinzip* auch für gleichartig beschleunigende Raketen gelten sollte.

Dementsprechend sind sie – *sowie natürlich auch die AJP-Redaktion und die Rezensenten der Zeitschrift* – davon ausgegangen, dass die Radarintervalle solcher Raketen *konstant* sein müssen. Seltsamerweise ist nicht nur diese weit verbreitete ‚intuitive' Faustregel völlig falsch, es ist eine ganz einfache Angelegenheit, festzustellen, dass die Radarintervalle sowohl in Vorwärts- als auch in Rückwärtsrichtung tatsächlich *variieren*, wie wir bereits in Kapitel 16 gesehen haben (⇒Ein Trugschluss-Domino-Effekt auf Seite 127).

[20] Ausgezeichnet für seine berühmten Beiträge zur Quantenphysik durch eine *Route Bell* im Genfer CERN-Komplex.

[21] John Bell. *Speakable and Unspeakable in Quantum Mechanics*, chapter How to teach special relativity (1976), pages 67–68. Cambridge University Press, 1987

WIE ‚EXPANDIERT' EIN GLEICHFÖRMIG MITBESCHLEUNIGENDES MEDIUM ZWISCHEN ZWEI RAKETEN? Diese ‚einfache' Frage erlangte 1959 im *American Journal of Physics*[18] erstmals Berühmtheit. Ein ernsthafter Versuch diese Angelegenheit zu klären wurde 1987 im selben Journal von zwei weiteren amerikanischen Physikern unternommen, die dabei die Gelegenheit wahrnahmen, die äußerst unzulänglichen traditionellen Ansätze der Relativitätsliteratur zu diesem Thema zu bemängeln.[19] Das Rätsel der ‚Länge' eines beschleunigenden Mediums wurde als *Bellsches Raumschiffparadoxon* bekannt, nachdem *John Bell*[20] im Jahr 1976 sehr unterschiedliche Meinungen unter seinen *CERN*-Kollegen zu diesem Thema aufgedeckt hatte.[21] Die Überlegungen des inzwischen verstorbenen irischen Physikers darüber waren jedoch ebenfalls nicht aufschlüssig.

Das nächste Kapitel Die Eigenfläche des Einheitsschubmediums präsentiert ein ‚fehlendes Glied' zur Lösung des Problems, basierend auf einigen einfachen *Geometriekriterien*: Die Expansion eines homogen beschleunigenden Mediums muss *gleichförmig* sein und *monoton ansteigen*. Die resultierende ‚Eigenfläche' Υ erweist sich als eine *Helikoide* (Schraubenfläche), die von der gleichen Hemixkurve, die die Einheitsbeschleunigung eines Punktobjekts verkörpert, ‚generiert' werden kann, wie bereits in Kapitel 13 beschrieben. Der resultierende, bis heute umstrittene Expansionsfaktor erfüllt die bereits in Kapitel 16 festgelegten Ausdehnungs-Grenzbedingungen und zeigt, dass Bells sich beschleunigendes Seil *nicht* bricht, wenn es sich bis um den Faktor $\sqrt{2}$ ausdehnen läßt. Vier verschiedene Perspektiven der ‚Länge' eines Einheitsschubmediums werden dann gegenübergestellt und ein ‚nichtinertiales Gegenwarts-Tempus' in Betracht gezogen.

Das Kapitel Die Reell-Metrik des Relativitäts-Cosmographicums beschreibt die neue metrische Eigenfläche *extrinsisch*, wobei beschleunigende ‚Mediumkurven' jeweils von vier ‚generischen' Flächen durchquert werden, die in einem sogenannten HELIKOIDALEN RELATIVITÄTS-SEXTETT eingeschlossen sind. Es wird dann ein ‚Gravitationszug'-Szenario beschrieben, das die Einheitsschubverhältnisse, die von räumlich verteilten Passagieren erfahren werden, darlegt. Anschließend wird *die reelle Metrik der Einheitsschub-Eigenfläche* abgeleitet. Diese Gleichung erweist sich als *völlig unvereinbar* mit Minkowskis bekannter Metrikgleichung. Auch in Bezug auf die Spezielle Relativitätstheorie muss letztere daher als *überverallgemeinert* angesehen werden, abgesehen von Punktobjekten oder dem einmaligen sog. ‚starren Bewegungsfall'.

Schließlich validiert das optionale Kapitel *Das Abbild der Heimrahmen-Weltfläche auf der Eigenfläche Υ diese Eigenfläche durch exakte Übereinstimmung mit allen denkbaren Abbildungskriterien für Radar-Trajektorien durch ein gleichmäßig beschleunigendes Medium. Das Buch endet mit einem Epilog-Kapitel.

19

Die Eigenfläche des Einheitsschubmediums

BELLS RAUMSCHIFFPARADOXON GELÖST

„Der Ansatz ist unnötig formell oder abstrakt, Schlüsselbegriffe sind undefiniert, Kenntnis der Allgemeinen Relativitätstheorie wird vorausgesetzt, es wird nicht versucht, eine physikalische Interpretation der eingeführten Koordinaten zu geben, die Beziehung zwischen verschiedenen verwendeten Koordinatensätzen wird nicht etabliert, und es wird keine Untersuchung der Eigenschaften des Rahmens durchgeführt."
E. Desloge, R. Philpott *Uniformly accelerated reference frames in special relativity* AJP 1985/7

19.1 Ein weiterer fortgesetzter Fehler in der Relativitätsliteratur

[1] Wie in Kapitel 15, ‚Zeitdispersion' und ‚Retrotrennung' gezeigt wurde, sind räumlich getrennte Ereignisse eines gleichmäßig beschleunigenden Mediums, die in dem Heimrahmen gleichzeitig stattfinden, in jedem mitfahrenden inertialen Bezugsrahmen C nicht gleichzeitig. Es ist daher schlicht falsch zu behaupten (wie z.B. in [2,3] und [4,5]), eine ‚kontrahierte' Länge L im Heimbezugsrahmen bezüge sich *während der tatsächlichen Beschleunigung* auf die ausgedehnte Länge $L\gamma$ eines mitfahrenden Inertialrahmens, obwohl dies in vielen Relativitätslehrbüchern und Abhandlungen immer noch naiv aufrechterhalten wird – genau wie der Mythos der konstanten Zwischen-Raketen-Radarintervalle. Der $L\gamma$ Ausdruck spiegelt nicht eine beschleunigende ‚Länge' wider, sondern einen *endgültigen Trennungsabstand* zwischen den Raketen *nach der Abschaltungsphase*. Der weit verbreitete vereinfachende ‚inverse Kontraktions'-Expansionsfaktor γ gilt nur dann, wenn beide Raketen aufhören zu beschleunigen – *nicht vorher*.

Für ein beschleunigendes ausgedehntes Medium ist keine *Inertialrahmen-Längenbeurteilung* möglich, mit der einzigen ‚zweckmäßigen' Ausnahme des Rigor Mortis-Beschleunigungsmediums, das im vorhergehenden Buchteil behandelt worden ist. Letzteres behält seine definierbare inertiale Eigenlänge in

[1] D A Desloge and R J Philpott. Uniformly accelerated reference frames in special relativity. *American Journal of Physics*, 55: 252–261, 1987

[2] Wolfgang Rindler. *Relativity, Special, General and Cosmological.* Oxford Universtiy Press, 2001, 2006

[3] Aufgabe 3.24 (Irrtum): „Ein gewisses Stück Gummi bricht, wenn es auf die doppelte ungedehnte Länge gedehnt wird. Zum Zeitpunkt $t = 0$ werden alle Punkte desselben in Längsrichtung mit konstanter Eigenbeschleunigung α aus dem Ruhezustand im ungedehnten Zustand beschleunigt. Beweisen Sie, dass das Stück bei $t = \sqrt{3}c/\alpha$ [wenn $\gamma = 2$] bricht."

[4] Jerrold Franklin. Lorentz contraction, Bell's spaceships and rigid body motion in special relativity. *Eur. J. Phys.*, 31:291–298, 2010

[5] S.294 (Irrtum): „... *ein Kabel, das die beiden Raumschiffe verbindet, würde bei* $d' = \gamma d = d_{max}$ *brechen."*

jedem mitfahrenden Inertialrahmen bei, nur weil seine jeweiligen Inkremente entsprechend der Bedingung (17.17) sich *unterschiedlich* beschleunigen, so dass diese in solchen Inertialrahmen relativ stationär zueinander bleiben.

19.2 *Intrinsische Eigenfläche-Kriterien eines Einheitsschubmediums*

Wie bereits in Abschnitt 16.7 Mediumgetakte Photon-Durchquerungsraten erläutert, können wir, wenn wir die einzelnen Inkremente eines Einheitsschubmediums anhand ihrer ursprünglichen Startpositionen l ($0 \leq l \leq L$) im Heimrahmen identifizieren, den Abstand zwischen den Inkrementen als ‚NICHTINERTIALE EIGENLÄNGE' $\lambda(l,\tau) = l \cdot \epsilon(\tau)$ angeben, wobei $\epsilon(\tau) = \partial\lambda/\partial l$ ein *nichtinertiale Eigenexpansionsfaktor* ist, den wir jetzt etablieren wollen.

Die nichtinertiale Eigenlänge $\Lambda = L.\epsilon(\tau)$ des gleichmäßig (homogen) beschleunigenden ganzen Mediums wird die gemeinsame Eigenzeit τ nicht in jeweiligen sich ständig ändernden mitfahrenden *Inertialrahmen* $\underline{C}$ ‚teilen' (aufgrund von Inertialrahmen-Zeitdispersionen), sondern in was wir als NICHTINERTIALEN ‚PROXY-RAHMEN' $\underline{\Pi}$ bezeichnen. Solche Bezugsrahmen, die unserem natürlichen Raum- und Zeitgefühl fremd sind, haben nur Relevanz, solange das Medium gleichmäßig beschleunigt wird. Die ‚*Ausdehnung*' eines solchen Mediums muss aber die *Grenzbedingungen* (16.16) erfüllen: $\epsilon(\tau) \cdot e^{-\tau} = 0$ und $\epsilon(\tau) \cdot e^{\tau} = \infty$ für $\tau \to \infty$.

[6] $\cosh\tau.e^{-\tau} = (e^{\tau} + e^{-\tau}).e^{-\tau}/2 = (1 + e^{-2\tau})/2$.

Dies macht natürlich die endemisch gehaltene γ-Faktor-Expansion unwirksam, da im Limit $\gamma.e^{-\tau} = \cosh\tau.e^{-\tau}$ gleich 0.5 anstatt Null ist.[6] Darüber hinaus ist das Verhältnis ‚Dispersionszeit' $L\gamma v$ zur ‚Dispersionsdistanz' $L\gamma$ gleich der skalierten Geschwindigkeit v, die sich dem Grenzwert Eins nähert für Heimzeit $t \to \infty$. Dies deutet darauf hin, dass die nichtinertiale Eigenlänge eines mitbeschleunigenden Mediums zwischen den Raketen vor den Abschaltungen *in derselben Größenordnung liegt wie ihre anfängliche Starttrennung L.*

Besonderer Hinweis: Für unsere *idealisierten* Mediuminkremente wird angenommen, dass sie eigene individuelle Uhren und ‚winzige' Raketen besitzen, so dass kein zwischen-inkrementelles Schieben oder Ziehen involviert ist, was ebenfalls Zeitverzögerungen mit sich bringen würde. Darüber hinaus wird angenommen, dass die ‚Masse' jedes Inkrements im Limit Null ist, sodass weder Energie noch Gravitationskräfte zwischen den Inkrementen berücksichtigt werden mussen. [7]

[7] Dieses Szenario spiegelt sich – etwas vereinfacht – durch seine ursprüngliche Bezeichnung als ‚*Bellsches Seil-Paradoxon*' wider, wobei angenommen wird, dass das ‚Seil' selbst eine vernachlässigbare Masse hat.

Eine einfache Frage

Wir befassen uns mit dem Problem der Bellschen Nichtinertialenlänge, indem wir nach einer *reell-metrischen Eigenfläche* eines Einheitsschubmediums suchen, die wir Υ kennzeichnen werden (griechisch *Ypsilon*). Ein Präzedenzfall dafür ist Die Eigenfläche des Rigor-Mortis-Mediums, die im vorherigen

Kapitel eingeführt wurde. Existiert eine solche Fläche Υ für den Fall unseres homogen beschleunigenden ausgedehnten Mediums tatsächlich, wird sie ebenfalls nicht direkt beobachterbezogene Koordinaten aufweisen – wie eine inertiale Heimrahmen-Weltfläche[8] –, sondern stattdessen metrisch objektbezogene Parameter d.h. die fortschreitenden Eigenzeiten des Mediums und eine expandierende nichtinertiale Eigenlänge λ – *wie sie entlang des Mediums selbst erfahren wäre*, repräsentieren. Wir stellen also eine einfache Frage, die selbst in der Geometrieliteratur anscheinend (in dieser Form) bisher nicht angesprochen wurde:

> Gibt es einen Weg, wie ein flexibler, flacher rechteckiger Streifen in eine glatte und regelmäßige offene Fläche umgewandelt werden kann, so dass Seitenlinien sowohl in der Länge *als auch in der Krümmung* gleichmäßig und auch monoton ansteigen?

[9]Wenn es eine solche Fläche Υ gibt, könnte sie ,fest-τ' *Mediumkurven* aufnehmen, die metrisch der expandierenden ,nichtinertialen Eigenlänge' des Mediums λ entsprechen. Diese wären von identischen ,*fest-l*' Inkrementkurven gekreuzt, deren Pfadlängen die fortschreitende Eigenzeit τ jedes Inkrements verfolgen. Der Expansionsfaktor $\partial\lambda/\partial l = \epsilon(\tau)$ müsste entlang jeder Mediumkurve gleichförmig sein, da das Medium entlang seiner eigenen Länge im gleichen Ausmaß expandiert. Da alle fest-l Inkrementkurven auf der Eigenfläche Υ geometrisch identisch mit benachbarten Inkrementkurven platziert sein müssen, müssen sie dabei sowohl *kongruent*[10] als auch *helikoidenförmig* verteilt sein, gemäß eines konstanten *inversen Neigungsfaktor m*, d.h. *um l entlang einer vertikalen Achse verschoben und axial um einen Winkel l.m gedreht*. Darüber hinaus werden fest-τ Mediumkurven dann *axial konzentrische Helices* darstellen mussen, die die monoton steigende ,Eigenlänge' $\Lambda = L.\epsilon(\tau)$ des Mediums mit geteilter Eigenzeit τ repräsentieren. Dementsprechend muss die Fläche Υ *eine Helikoide* sein die von der Generator-Inkrementkurve der Heckrakete ($l = 0$) ,generiert' werden kann. Diese bezeichnen wir als Kurve Q.

Ein vielversprechender Fall scheint hier zunächst die bekannte *mehrstufige Parkhaus-Auffahrt* zu sein, deren spiralförmig verteilte radiale Linien und konzentrische Helices mit dem *zylindrischen Radius r* in der Länge monoton zunehmen. Die *Krümmungen*[11,12] solcher Helices nehmen jedoch mit r nur bis zu $r = 1/m$ zu (wobei m der konstante inverse Neigungsfaktor der Helikoide ist, mit Winkeln im Bogenmaß betrachtet) und danach ab, d.h. die Einwärtsbiegung einer solchen Fläche nimmt zunächst zu und dann wieder ab. Jedenfalls würde eine solche Fläche die weiteren notwendigen Bedingungen, die später im Kapitel 21 festgelegt werden, nicht erfüllen.

[8] d.h. von Beobachtern betrachtet, die stationär in dem Heimrahmen sind, die das Medium betrachten, das mit immer höherer Geschwindigkeit vorbeiläuft.

[9] Eine monotone Funktion kann nur *konstant*, nur *steigend* oder nur *fallend* sein.

[10] d.h. identisch in Form und Größe, aber nicht notwendigerweise in Position.

[11] ⇒APPENDIX-Gleichung (34) im 2017 *Results in Physics*-Aufsatz:
[12] B.C. Bell's twin rockets non-inertial length enigma resolved by real geometry. *Results in Physics*, 7:2575–2581, July 2017

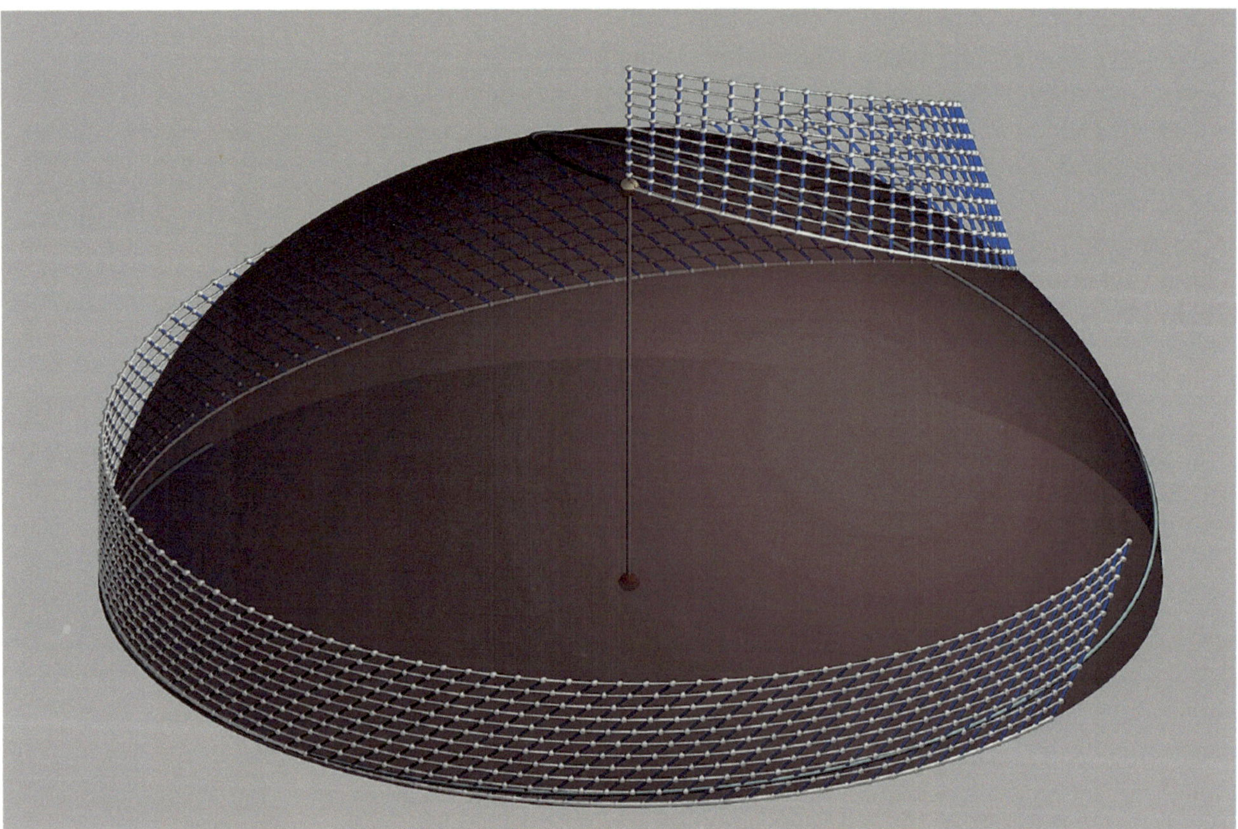

Abbildung 19.1: Die hemikoidale reell-metrische Eigenfläche des Einheitschubmediums Υ.

19.3   Die fehlende Eigenfläche Υ

Wie es sich herausstellt, wenn wir nicht nur den zylindrischen Radius r der Generatorkurve der Helikoide auf $1/m$ begrenzen, sondern auch ihren *Längengrad* θ und *Kugelradius* R als monoton mit zunehmender Eigenzeit τ annehmen, so dass die erzeugte Helikoide *frei von allen intermittierenden* ($\tau < \infty$) topologischen Inflektionen ist, entsteht eine ganz einzigartige *Helikoide*. Wie im Anhang des erwähnten 2017 Aufsatzes beschrieben, ist diese spezielle Fläche, die wir als ,HEMIKOIDE' Υ bezeichnen, die einzige mathematisch mögliche *inflektionsfreie* reelle Fläche, die sich gleichmäßig lateral ausdehnt und offen ist. Also kann diese einzigartige schraubenförmige Fläche Υ tatsächlich *ohne Bezug zur relativistischen Mathematik* ermittelt werden. Die Schlüsseleigenschaften der Fläche Υ, deren helikoidale Steigung $1/m$ Eins ist, wurden bereits 2012 vorgetragen.[13]

Von primärer Bedeutung ist, dass die Erzeugungskurve Q der Fläche Υ, die die Heckrakete darstellt, nichts anderes ist als die bereits in Kapitel 13 Die neu entdeckte ,HEMIX' etablierte sphärische Geometriekurve $\mathfrak{H}$, die die Beziehung

[13] B.C. Relativity Acceleration's Cosmographicum and its Radar Photon Surfings—A Euclidean Diminishment of Minkowski Spacetime, February 2012. URL http://www.dpg-verhandlungen.de/year/2012/conference/goettingen/part/gr/session/4/contribution/4

zwischen der Eigenzeit τ einer beschleunigenden Rakete und ihrer skalierter Heimrahmengeschwindigkeit verkörpert:

Hemixvektor (13.5) $\mathfrak{H} = \left[\tanh \tau \cos \tau, \tanh \tau \sin \tau, \frac{1}{\cosh \tau}\right]$.

In der Tat haben wir die Kurve $\mathfrak{H}$ bereits im Abschnitt Die ‚hemixisierte' Rigor Mortis-Eigenfläche des vorherigen Kapitels angewandt. Durch Verschraubung der Hemixkurve $\mathfrak{H}$ entsteht das, was wir als die ‚Hemikoide' Υ bezeichnen:

19.1.

Die Hemikoide: eine reell-metrische Einheitsschub-Eigenfläche

$$\Upsilon(\tau,l) = {}_{Cyl}\left[\tanh \tau, \tau + l, \frac{1}{\cosh \tau} + l\right] = \left[\tanh \tau \cos\left(\tau + l\right), \tanh \tau \sin\left(\tau + l\right), \frac{1}{\cosh \tau} + l\right].$$

Unsere nichtplanare Hemix-Erzeugungskurve $\mathfrak{H}$[14] hat recht einfache Eigenschaften. Sie ist auf eine Hemisphäre beschränkt und ihre Pfadlänge τ entspricht ihrem durchquerten Längengrad θ. Bedeutsam ist, dass der Parameter $\theta = \tau$ traditionell als ‚*Rapidität*' bezeichnet wird, wobei $v = \tanh \tau = r = \sin \phi$ (und damit $1/\gamma = \sqrt{1 - v^2} = \cos \phi$). Weitere ungewöhnliche Eigenschaften dieser Kurve sind im 2017 *Results in Physics* Aufsatz des Autors beschrieben. Erstaunlicherweise scheint die Fläche Υ, wie auch ihre einzigartige Erzeugungskurve $\mathfrak{H}$, sowohl in der Relativitätsliteratur, als auch in Geometrie-Lehrbüchern völlig abwesend zu sein.[15]

[16]Ähnlich den Weltlinien und Gleichzeitigkeitslinien des Heimrahmens, die man durch Festsetzen von Werten für l bzw. t in der Weltflächengleichung (16.1) erhält, resultieren Gleichungen für die Inkrement- und Mediumkurven der metrischen Eigenfläche Υ in Abb. 19.1 ebenfalls unter Verwendung fest-l bzw. fest-τ Werte in Gleichung (19.1)-ii.

Die Helices und Hemices der Eigenfläche Υ

Hemikoide-Eigenfläche Υ von Abb. 19.1[17] beherbergt laterale Medium-Helices, die jeweils eine momentan geteilte τ-Eigenzeit repräsentieren, wobei $0 \leq \tau \leq 3\pi/2$ d.h. für den skalierten Geschwindigkeitsbereich $0 \leq v \leq \tanh\left(3\pi/2\right) = 0.99983861\ldots$. Diese werden von einzelnen Inkrement-Hemices überquert die, einer Expansionswert λ Wert entsprechend, der dem Betrag des Tangent-Vektors jeder fest-τ Medium-Helix entspricht, gleichmäßig verteilt sind.

---

[14] Seltsamerweise definieren alle dem Autor bekannten Geometriebücher eine ‚verallgemeinerte Schraubfläche/Helikoide' so, dass sie nur eine lineare oder bestens ebene Erzeugungskurve hat, was eine ‚Helikoide' wie die Fläche Υ ausschließt.

[15] Nach bestem Wissen des gegenwärtigen Autors.

[16] Da aus (19.4) und (19.5) $\lambda = l.\sqrt{1 + \tanh^2 \tau}$, entspricht ein fest-$l$ Wert einem fest-λ Wert. Auch da $t = \sinh \tau$, entspricht ein fest-t Wert einem fest-τ Wert.

[17] Dieses tatsächlichen Diagramm erschien erstmals im Jahr 2009 in einer erfolglosen Einreichung an das *American Journal of Physics* ($\Rightarrow$ Epilog Kapitel.)

Durch Differenzieren nach τ von Υ bestätigt die Quadratwurzel des Skalarprodukts, dass die Inkrementkurven als Pfadlänge Parameter τ haben:

$$\Upsilon_\tau = [\frac{\cos(\tau+l)}{\cosh^2\tau} - \tanh\tau\sin(\tau+l), \frac{\sin(\tau+l)}{\cosh^2\tau} + \tanh\tau\cos(\tau+l), \frac{-\sinh\tau}{\cosh^2\tau}].$$

(19.2)

[18]

$$|\Upsilon_\tau| = \sqrt{\frac{\partial\Upsilon}{\partial\tau}\cdot\frac{\partial\Upsilon}{\partial\tau}} = \sqrt{\frac{1}{\cosh^4\tau} + \tanh^2\tau + \frac{\sinh^2\tau}{\cosh^4\tau}} = 1. \qquad (19.3)$$

Der *laterale Expansionsfaktor* $\epsilon(\tau)$ ergibt sich aus der l-Differenzierung:

$$\Upsilon_l = \frac{\partial\Upsilon}{\partial l} = [-\tanh\tau\sin(\tau+l), \tanh\tau\cos(\tau+l), 1]. \qquad (19.4)$$

19.5.

NICHTINERTIALE EXPANSION BEI GLEICHFÖRMIGER BESCHLEUNIGUNG

$$\epsilon(\tau) = \frac{\partial\lambda}{\partial l} = |\Upsilon_l| = \sqrt{\frac{\partial\Upsilon}{\partial l}\cdot\frac{\partial\Upsilon}{\partial l}} = \sqrt{1+\tanh^2\tau} = \sqrt{1+v^2}.$$

[19]Entscheidend ist, dass der Ausdehnungsfaktor $\epsilon(\tau)$ der Medium-Helices auf der Eigenfläche Υ die notwendigen Expansionsgrenzbedingungen (16.16) eines Einheitsschubmediums erfüllt:

$$\sqrt{1+\tanh^2\tau}\cdot e^{-\tau}|_{\tau\to\infty} = 0; \qquad \sqrt{1+\tanh^2\tau}\cdot e^{\tau}|_{\tau\to\infty} = \infty.$$

Die folgenden zwei Kapitel präsentieren weitere Validierungen der Relevanz dieser reell-metrischen Fläche für die nichtinertiale Längenexpansion, die wir jetzt mit drei anderen verwandten Längenperspektiven kontrastieren.

19.4 *Die Länge des Mediums in vier Bezugsrahmen*

Im Abschnitt Die retrospektive Trennung $\mathfrak{L}$ der Frontrakete von Seite 118 wurde beschrieben, wie in jedem mitfahrenden Rahmen $\underline{C}$ bis zur Triebwerksabschaltung, die Frontrakete die Heckrakete als immer *relativ rückwärts bewegend* betrachten würde. Folglich teilt die Heckrakete *Inertialrahmen* $\underline{C}$ nicht. Auch ihre Uhr wird zunehmend asynchron d.h. ‚eigenzeitverstreut' von der Eigenzeit der Frontrakete in jedem solchen mitfahrenden Bezugsrahmen.

Dementsprechend stellt $\mathfrak{L}$ den ‚*Trennungsabstand*' eines Mediums (in einem Inertialrahmen) dar, anstatt eine inertialen ‚*Länge*' als solche (bis zur endgültigen Abschaltung beider Raketen-Triebwerke). Dieser Trennungsabstand neigt dazu mit zunehmender Zeit *unendlich* zu werden.

---

[18] Kreuzprodukte löschen sich aus.
$$\frac{1+\sinh^2\cosh^2\tau+\sinh^2\tau}{\cosh^4\tau}$$
$$= \frac{\cosh^2\tau.(1+\sinh^2)}{\cosh^4\tau} = 1.$$

[19] (19.4)s Skalarprodukt
$\frac{\partial\Upsilon}{\partial l}\cdot\frac{\partial\Upsilon}{\partial l} = \tanh^2\tau\sin^2(\tau+l) + \tanh^2\tau\cos^2(\tau+l) + 1 = \tanh^2\tau + 1.$

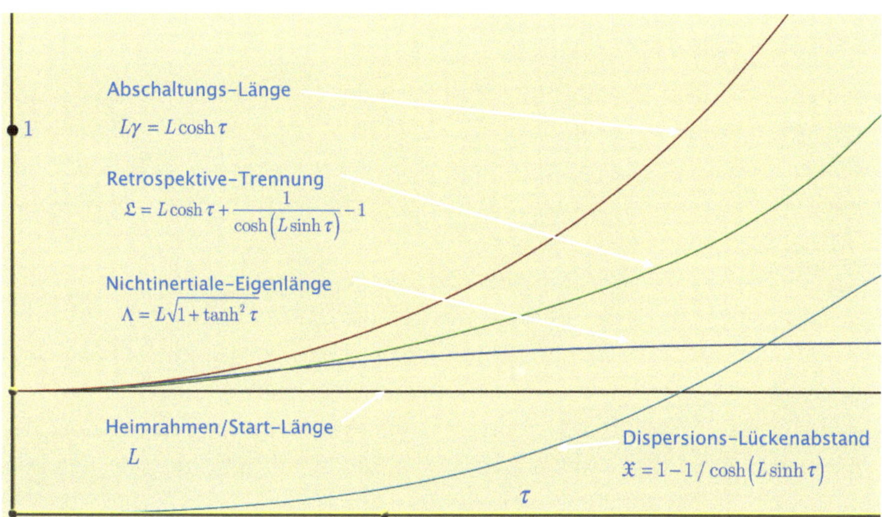

Abbildung 19.2: Verschieden wahrgenommene ‚Längen' zwischen gleichmäßig beschleunigenden Raketen.

Abb. 19.2 präsentiert die vier Einheitsschublängen:
Startlänge L, *Post-Abschaltungslänge* $L\gamma$, *retrospektiver Abstand* $\mathfrak{L}$ und *nichtinertiale Eigenlänge* Λ, sowie die Dispersionslückendistanz $\mathfrak{X} = L\gamma - \mathfrak{L}$:

- L – *konstante* Länge im Inertialheimrahmen $\underline{H}$,

- $L\breve{\gamma} = L\cosh\tau$ – *endgültige* Länge im inertialen Abschaltrahmen $\underline{\check{C}}$,

- $\mathfrak{L} = L\cosh\tau + \frac{1}{\cosh(L\sinh\tau)} - 1$ – ‚*retrospektive Trennung*' wahrgenommen im inertialen Zeitlückenrahmen $\underline{G}$, und

- $\Lambda = L\epsilon(\tau) = L\sqrt{1+\tanh^2\tau}$ – ‚*nichtinertiale Eigenlänge*' in Verbindung mit einem beschleunigenden *nichtinertialen* mitfahrenden ‚Proxy-Rahmen' $\underline{\Pi}$.

Unter Hinweis auf Abb. 15.2s duale Heim-/Abschaltungsrahmen-Karte, ändern sich mitfahrende Rahmen $\underline{C}$ nicht mehr nach der Erscheinung des permanenten Abschaltrahmens $\underline{\check{C}}$ der Frontrakete. Auch Proxy-Rahmen $\underline{\Pi}$ haben Relevanz während der Beschleunigung nur bis zur Abschaltung der Frontrakete. Der inertiale Zeitlückenrahmen $\underline{G}$ hingegen, der parallel zum sich ständig ändernden Rahmen $\underline{C}$ liegt, hat Relevanz nur während der Beschleunigungphase (da die Abschaltung der Frontrakete immer unmittelbar bevorstehen könnte).[20] Somit *unterscheidet* sich die ‚Länge' eines gleichmäßig beschleunigenden Mediums, je nachdem *von welchem* der Rahmen $\underline{H}$, $\underline{\Pi}$, $\underline{C}/\underline{G}$ oder $\underline{\check{C}}$ die ‚Länge' wahrgenommen wird.

Die obigen verschiedenen ‚Längen' kontrastieren mit dem relativ einfachen ‚Rigor-Mortis'-Fall, wobei die Eigenlänge Λ und die retrospektive Länge $\mathfrak{L}$ gleich bleiben mit der sich nicht ändernden Länge L des Mediums in mitfahrenden Rahmen, d.h. $\Lambda = \mathfrak{L} = L$, und der Dispersionslückenabstand $\mathfrak{X}$ ist immer Null.

[20] Im Inertialrahmen $\underline{G}$, wird das Triebwerk der Frontrakete *vor* jenem der Heckrakete abgeschaltet.

19.5 Das nichtinertiale ‚Gegenwarts-Tempus'

Wie bei dem Rigor Mortis-Fall, verhält sich das Einheitsschubmedium nach dem Start nicht ‚kollektiv' mit dem Gegenwarts-Tempus eines *inertialen* Heimrahmens, weil *keine gemeinsame Gleichzeitigkeiten* zwischen den räumlich verteilten Inkrementen in solchen Rahmen vorhanden sind, trotz gleicher Geschwindigkeit im Heimrahmen.

Die unterschiedlich beschleunigenden Inkremente eines Rigor-Mortis-Mediums hingegen teilen sich in der Tat das Gegenwarts-Tempus des mitfahrenden Inertialrahmens und das Medium behält darin eine unveränderliche Länge bei, obwohl dessen jeweilige Inkremente dabei unterschiedlich ‚altern'. Auf der anderen Seite, obwohl das Einheitsschubmedium nicht (während seiner Beschleunigung) ein ‚Gegenwarts-Tempus' in inertialen mitfahrenden Rahmen teilt, besitzt das Medium ein spezielles ‚NICHTINERTIALES GEGENWARTS-TEMPUS' in jedem momentanen nichtinertialen Proxy-Rahmen, wobei alle Inkrement-Eigenzeiten die gleiche Eigenzeit τ haben und dementsprechend immer gleich älter werden. Diese Proxy-Rahmen werden schematisch durch jeweilige ‚fest-τ Geschwindigkeits-Zylinder' repräsentiert, die in Abb. 19.3 dargestellt sind.

Solche ‚Gleichzeitigkeiten' werden natürlich *anders geteilt* als bei *nicht beschleunigenden* Objekten in Inertialrahmen, in einer Weise die nicht mit unseren konventionellen Vorstellungen von Raum und Zeit übereinstimmt. In der Tat hat jeder Proxy-Rahmen, obwohl wir ihn als einen ‚Bezugsrahmen' betrachten, selbst keine ‚konstituierenden' Inkrement-Beobachter, die das momentane Gegenwarts-Tempus eines Inertialrahmens mit anderen solchen Beobachtern auf dem Medium teilen könnten.

Dieses wichtige Paradigma-Raumzeitszenario ähnelt tatsächlich einem idealisierten Fall der *Allgemeinen Relativitätstheorie*, bei dem jedes ‚Inkrement' des Mediums in einem *gleichförmigen* Gravitationsfeld identisch beschleunigt wäre, obwohl selbst hier zwischen-inkrementelle Massenanziehungskräfte als vernachlässigbar angesehen werden müssten. Wir können uns jedoch auf einen schwerkraftfreien Kontext der Speziellen Relativitätstheorie berufen, indem wir uns jedes Inkrement als eine eigene ‚winzige', virtuell masselose Einheitsschubrakete, dessen Masse gegen Null tendiert, vorstellen.

Genau wie wir im Kapitel Eine Odyssee durch die Raumzeit für ein Punktobjekt wie eine Rakete sowie für den speziellen Fall des Rigor Mortis ausgedehnten Mediums gesehen haben, können wir nun relativistische Beschleunigungsparameter eines *homogen ausgedehnten Mediums* visualisieren.

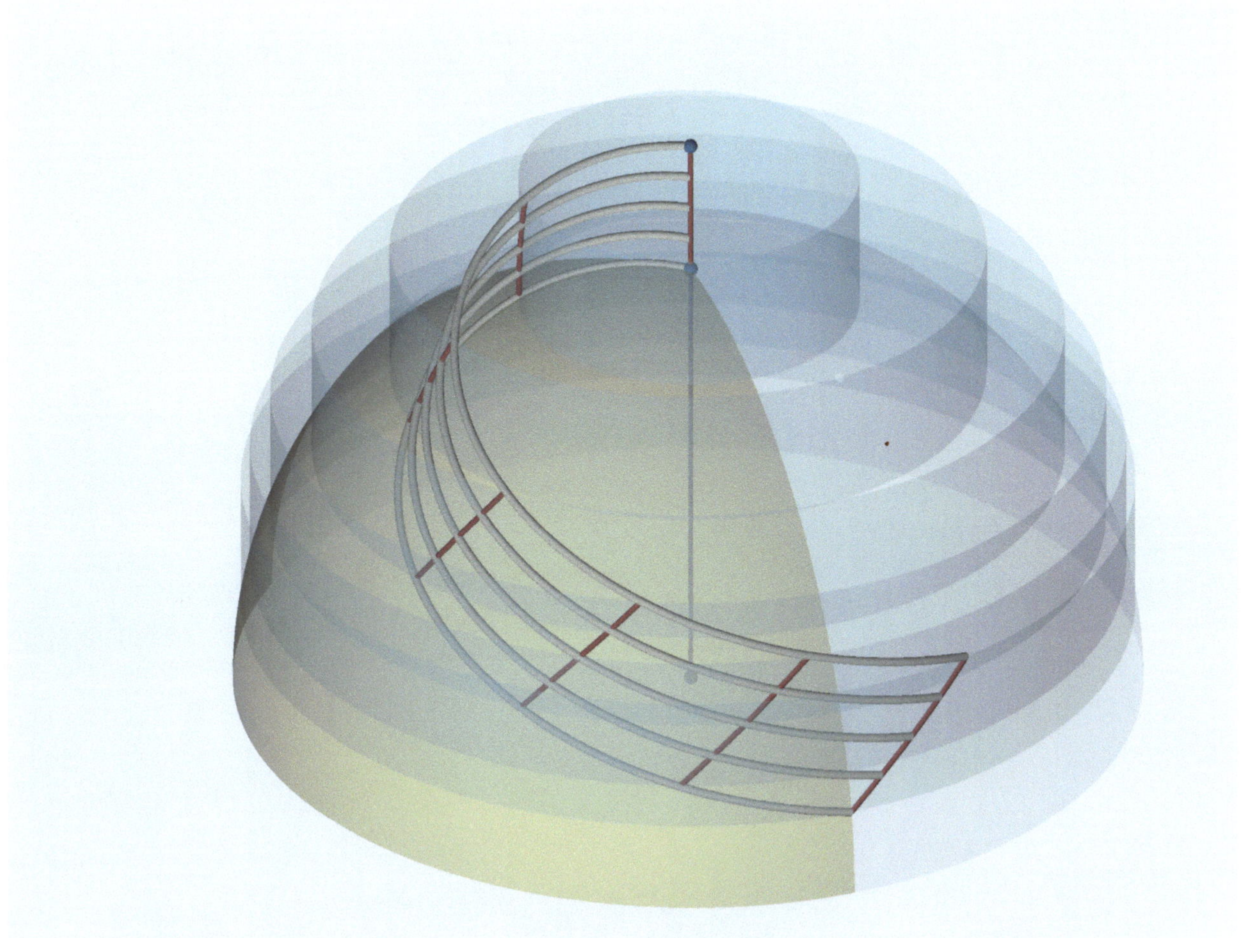

Abbildung 19.3: Fest-τ Geschwindigkeitszylinder des Einheitsschubmediums in ‚nichtinertialen' Proxy-Rahmen

Die Eigenfläche Υ kann als ‚ein dynamischer Wirt' unserer sich ständig ändernden Proxy-Rahmen Π betrachtet werden und stellt (wie man annimmt) das ‚fehlende Glied' dar, das benötigt wird, um die lang umstrittene Expansionsfrage des Einheitsschubmediums korrekt zu lösen. Unerwarteterweise ist ein externes ‚Aktionsprinzip', das *asymmetrische* Kräfte und Zeitverzögerungen zwischen den Inkrementen mit sich bringen würde, eigentlich *überflüssig*.

20

Die Reell-Metrik des Relativitäts-Cosmographicums

DAS HELIKOIDALE SEXTETT

„Du bist faktisch der einzige Mensch mit dem ich mich wirklich gern auseinandersetze. Fast alle die Kerle sehen nämlich nicht von den Tatbeständen aus die Theorie sondern nur von der Theorie aus die Tatbestände; sie können aus dem einmal angenommenen Begriffsnetz nicht heraus sondern nur possierlich darin herumzappeln."
Albert Einstein in einem Schreiben von 1935 aus Connecticut an *Erwin Schrödinger*

20.1 Keplers ‚Mysterium Cosmographicum' (Tübingen 1596)

„MENSCH STRECKH DEINE VERNUNFT HIERHER UM DIESE DINGE ZU BEGREIFEN." Anfang des 17. Jahrhunderts entdeckte der kaiserliche Astronom/Astrologe *Johannes Kepler* drei mathematische Beziehungen, die die Bewegung der Planeten um die Sonne bestimmen.[1] Empirisch aus *Tycho Brahes* umfangreichen astronomischen Beobachtungen abgeleitet, führten diese epochale Gesetze Isaac Newtons spätere ebenfalls bahnbrechende Einsichten in der Mathematik und Physik.

Kepler selbst war von einer früheren Idee inspiriert worden, dass die Vorsehung die Umlaufbahnen der (damals bekannten) sechs Planeten um unsere Sonne entlang sechs konzentrischen ‚Himmels-Kugeln' bestimmt hatte, zwischen denen Euklids fünf ‚Platonische Körper' – entsprechend skaliert – genau Platz finden würden. Er bezog sich auf die fünf einzigartigen ‚platonischen Festkörper' mit jeweils identischen ebenen Flächen: die sechs Quadrate des Hexaeders (Würfels), das Dodekaeder mit zwölf Fünfecken, sowie das Tetraeder, das Oktaeder und das Ikosaeder mit jeweils vier, acht und zwanzig gleichseitigen Dreiecken. Wie Kepler später selbst entdeckte, erwies sich dieses in Abb 20.1 dargestellte *,Mysterium Cosmographicum'* jedoch letztlich als eine Fantasie.

[1] Keplers Gesetze der Planetenbewegung:

(1) Planeten bewegen sich auf Ellipsen die alle die Sonne als einen Brennpunkt haben.

(2) Die radiale Linie jedes Planeten von der Sonne aus überquert gleiche Flächen in gleichen Zeitintervallen.

(3) Die Quadrate der Umlaufzeit jedes Planeten geteilt durch die Kuben der großen Halbachse seiner elliptischen Bahn ergeben immer den gleichen Wert.

Abbildung 20.1: Johannes Keplers ‚Mysterium Cosmographicum‘ im Kepler-Museum (und Geburtshaus) in Weil der Stadt.
Hermann Bühlers Modell von 1930 zeigt die fünf platonischen Festkörper in Hemisphären eingebettet.

Abbildung 20.2: Johannes Kepler, 1571-1630. Fotos vom Autor aufgenommen, mit freundlicher Genehmigung des Museumskurators

20.2 *Ein Helikoidales Sextett der Relativität*

Dieses Gipfelkapitel führt ein reelles ‚RELATIVITÄTS-COSMOGRAPHICUM‘ ein, das sechs schraubenförmige anstelle von sechs sphärischen Flächen umfasst und auf dem Modell der Einheitsschubraketen-‚Ovoiden‘ von Kapitel 14, Eine Odyssee durch die Raumzeit, basiert. Wir erinnern uns an das Diagramm von Abb. 14.3, das einen ‚γ-Distanzstrahl‘ enthält, Dieser wird am Ursprung durch die Einheitsradius-Hemixkurve $\mathfrak{H}$ geschwenkt und erstreckt sich vom Scheitelpunkt der Hemisphäre aus über den Velchronos-Kolatitudenwinkel ϕ, wobei $v = \sin\phi$ die zunehmende skalierte Geschwindigkeit der Rakete ist.

Derselbe Strahl verfolgt eine Gamma-Spirale G der planaren -1-ovalitäts-Gamma-Ebene entlang, sowie ein Spirale F auf der +1-ovalitäts-Einheitsdurchmesserkugel. Wir erweitern nun das Modell von Kapitel 14, um die vielfältigen Parameter eines mitbeschleunigenden *ausgedehnten* Einheitsschubmediums darzustellen.

In Abb. 20.3 sind Spiralen $\mathfrak{H}$, G und F Generatorkurven[2] der Helikoiden Υ, Γ und K,[3] die zusammen aus einer L-Linie über dem Apex der Einheitsradiushalbkugel W und der Einheitsdurchmesserkugel C[4] ausgehen. Wie auch für eine beliebige Eigenzeit τ gezeigt, durchschneidet ein *Geschwindigkeitszylinder* V mit Radius $v = \tanh\tau$ die Hemikoide Υ entlang einer Helix, deren Länge die nichtinertiale Eigenlänge $\Lambda = L\sqrt{1+\tanh^2\tau} = L\sqrt{1+v^2}$ widerspiegelt – nach Gleichung (19.5).

Pseudo-Expansions-/Pseudo-Kontraktions-Helikoide Γ und K

Aus (11.11)-i entsteht die Spiralgleichung $G = {}_{Cyl}\,[t, \tau, 1] = {}_{Cyl}\,[\sinh\tau, \tau, 1]$:

,Pseudo-expansions'-Helikoide $\Gamma = {}_{Cyl}\,[\sinh\tau, \tau+l, 1+l] = [\sinh\tau\cos(\tau+l), \sinh\tau\sin(\tau+l), 1+l]$.

$$(20.1)$$

Die Tangenten an den fest-l Inkrementkurven von Γ sind:[5]

$$\frac{\partial\Gamma}{\partial\tau} = [\cosh\tau\cos(\tau+l) - \sinh\tau\sin(\tau+l), \cosh\tau\sin(\tau+l) + \sinh\tau\cos(\tau+l), 0].$$

Die Inkrementkurvenweglängen von Γ verlaufen somit als ($\Rightarrow$(11.11)-ii,iii):

$$\left|\frac{\partial\Gamma}{\partial\tau}\right| = \sqrt{\frac{\partial\Gamma}{\partial\tau}\cdot\frac{\partial\Gamma}{\partial\tau}} = \sqrt{\cosh^2\tau + \sinh^2\tau} = \cosh\tau\sqrt{1+\tanh^2\tau} = \gamma\sqrt{1+v^2}.$$

Da fest-l Inkrementkurven auf der Fläche Γ die Eigenzeit τ Mediums *nicht* aufweisen, stellt Γ keine Eigenfläche des Mediums dar. Stattdessen spiegelt die geradlinige Kurve der Fläche Γ die Heimbezugsrahmenzeit $t = \tan\phi$ *radial* statt durch ihren Kurvenlängenverlauf wider.

Tangenten an den fest-t/fest-τ Mediumhelices auf der Fläche Γ sind

$$\frac{\partial\Gamma}{\partial l} = [-\sinh\tau\sin(\tau+l), \sinh\tau\cos(\tau+l), 1].$$

Die Mediumhelices von Γ expandieren sich daher als ($\Rightarrow$(11.11)-iii)[6]

$$\left|\frac{\partial\Gamma}{\partial l}\right| = \sqrt{\frac{\partial\Gamma}{\partial l}\cdot\frac{\partial\Gamma}{\partial l}} = \sqrt{1+\sinh^2\tau} = \cosh\tau = \gamma. \qquad (20.2)$$

Die Fläche Γ schneidet somit eine Helix der Länge $L\gamma$ auf einem fest-t Heimrahmen-Radius-Zylinder $\mathbf{T}$ der Höhe L. Im Übrigen behaupten Relativitätslehrbücher *irrtümlicherweise*, dass $L\gamma$ die tatsächlich expandierende Länge des Mediums

---

[2] Gedreht und über äquidistante Intervalle $0 \le l \le L$ erhoben.

[3] Griechische Großbuchstaben *Ypsilon*, *Gamma* bzw. *Kappa*.

[4] Die Einheitsradiushalbkugel W und die Einheitsdurchmesserkugel C erscheinen mit Winkelausschnitten.

[5] Weil $\frac{d\sinh\tau}{d\tau} = \cosh\tau$ und $\frac{d\cosh\tau}{d\tau} = \sinh\tau$.

[6] $\cosh^2\tau - \sinh^2\tau = 1$.

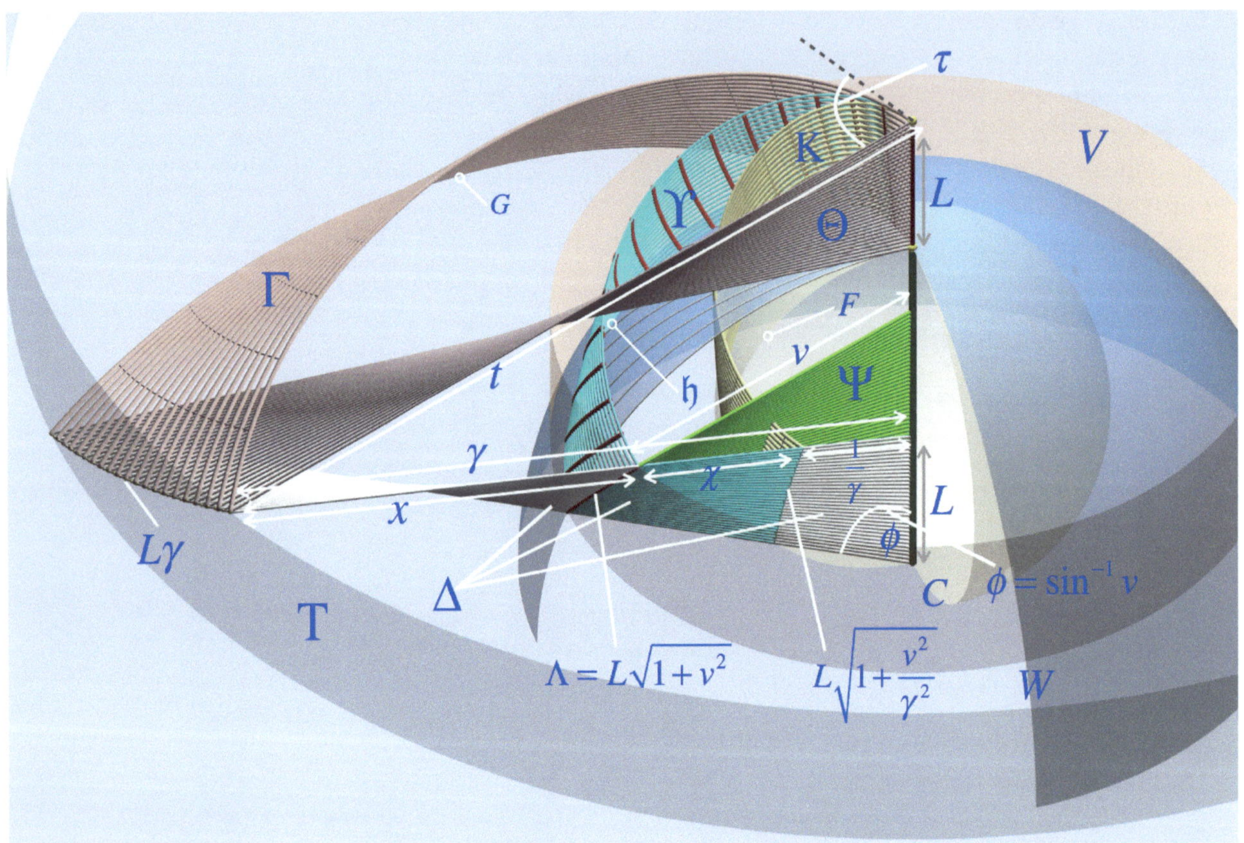

Abbildung 20.3: Das Relativitäts-Cosmographicum mit ihrem Helikoidalen Sextett

repräsentiert. Die ‚Pseudo-Kontraktions'-Helikoidenfläche K, die ebenfalls keine metrische Eigenfläche des Mediums darstellt, wird von einem (nicht gezeigten) vertikalen Zylinder mit dem Radius v/γ durchschnitten. Wie leicht zu ermitteln ist, hat die entsprechende Helix, die auch eine Rolle in unserem Relativitäts-Cosmographicum spielt, die Länge $L\sqrt{1+\frac{v^2}{\gamma^2}}$.

Regelflächen-Helikoide Θ, Ψ und Δ

[7] Für einen beliebigen τ-Wert bilden horizontale Linien, die entsprechende Γ- und Υ-Helices mit der vertikalen Achse verbinden, eine HEIMZEIT-HELIKOIDE Θ bzw. eine Geschwindigkeits-/Chronositäts-Helikoide Ψ. Alle drei Helices auf den Flächen Γ, Υ und K können durch gerade Linien verbunden sein, die eine REGELFLÄCHE-DISTANZEN-HELIKOIDE Δ bilden, die auf einer vertikalen *L*-Linie endet.

Das ‚cosmographische' Flächensextett Υ|Γ|K|Θ|Ψ|Δ von Abb. 20.3 ist somit eine *helikoidale Protraktion* von Generatorkurven, die die relativistischen Parameter der Einheitsschub-Heckrakete darstellen, wie in Kapitel 14 beschrieben.

20.3 Extrinsische *und* Intrinsische *Parameter*

Einem beliebigen τ-Wert entsprechend, spiegeln die Regelflächen-Helikoiden Θ, Ψ und Δ die EXTRINSISCHEN *inertialrahmen-bezogenen* Parameter des Mediums, die momentan von allen Inkrementen des Mediums geteilt werden, wider: Geschwindigkeit/Chronosität v, Velchronos-Winkel $\phi = \sin^{-1} v$, γ-Faktor, Heimbezugsrahmen-Zeit t und -Distanz x, und retrospektive Distanz χ. Die Hemikoide Υ beschreibt INTRINSISCH die Raumzeitgeschichte des Einheitsschubmediums, die von identischen Eigenzeit-τ-Längen der Inkrement-Hemices[8] und den nichtinertialen Eigenlängen Λ der jeweiligen Helices des Mediums repräsentiert wird. Die laterale Medium-Helix jeder Hemikoide wird *vierfach* durchschnitten: von der Hemikoiden-Eigenfläche Υ, der Geschwindigkeits-/Chronositäts-Helikoide Ψ, der Distanz-Helikoide Δ und dem Geschwindigkeitszylinder V, der gewissermaßen den nichtinertialen Proxy-Rahmen Π bei Eigenzeit τ und Geschwindigkeit $v = \tanh \tau$ darstellt. Von Bedeutung ist auch, dass die Helix der Mediumeigenlänge Λ den Übergang zwischen den Inkrementsegmenten der retrospektiven Distanzen χ und der Heimrahmendistanzen x auf die Distanzen-Helikoide Δ markiert.

20.3.

EREIGNISLINIENSEGMENTE AUF DER REGELFLÄCHEN-HELIKOIDE Δ ZWISCHEN EREIGNISPUNKTEN DER JEWEILIGEN HELICES DER HELIKOIDEN Γ, Υ UND K ENTSPRECHEN INKREMENTWEISE ZURÜCKGELEGTEN DISTANZEN $x = \gamma - 1$ BZW. $\chi = 1 - 1/\gamma$.

20.4 *Der Schwerkraft-Zug des Einheitschubmediums*

Dem vorherigen Rigor Mortis–Gravitationszug ähnlich, können wir uns eine Reihe von identisch beschleunigenden ‚Raketenabteilen' vorstellen, die mit flexiblen Verbindungskammern locker verbunden sind. Raketenpassagiere, die einen festen Schwerkraftschub empfinden, würden im Vergleich zu nicht beschleunigenden Heimrahmen-Beobachtern, deren Uhren sich gemäß Gleichung (11.11) auf $t = \sinh \tau$ beziehen, identisch aber deutlich langsamer altern.

Die Passagiere jedes Abteils würden benachbarte Abteile so erleben, als würden sie sich allmählich auseinander bewegen, *nicht, wie in vielen Relativitätstexten dargelegt, auf ein immer größer werdendes γ-Faktor-Trennungsmaß,* sondern letztlich auf die Quadratwurzel des Zweifachen ihrer Starttrennung. Sollten die Beschleunigungen aber plötzlich aufhören, dann herrschten ganz andere Umstände wie in Kapitel 15 beschrieben.

---

[8] Neben der Weglänge der Hemix entspricht τ auch dem Längengrad θ vom Greenwich-Null-Meridian aus.

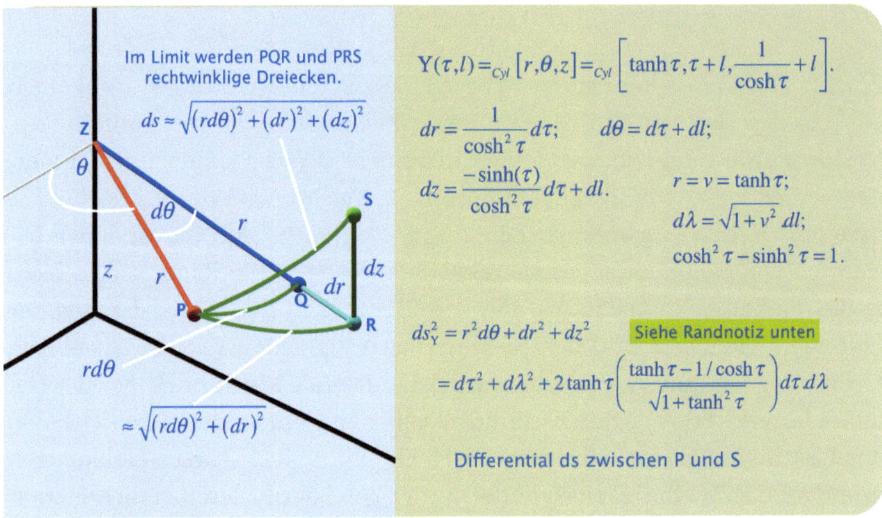

Abbildung 20.4: Differentiale in zylindrischen Koordinaten

20.5 *Die reelle Metrik des Einheitschubmediums*

Die Einheitsschub-Eigenfläche (19.1)-i ist (in Zylinderkoordinaten):

$$\Upsilon(\tau,l) = {}_{Cyl}[r,\theta,z] = {}_{Cyl}\left[\tanh\tau, \tau+l, \frac{1}{\cosh\tau} + l \right].$$

Die Differenziale $dr, d\theta$ und dz sind leicht zu ermitteln:[9]

$$dr = \frac{1}{\cosh^2\tau}d\tau; \qquad d\theta = d\tau + dl; \qquad dz = \frac{-\sinh(\tau)}{\cosh^2\tau}d\tau + dl.$$

[9] $\dfrac{d\tanh\tau}{d\tau} = \dfrac{d(\sinh\tau/\cosh\tau)}{d\tau} = \dfrac{\cosh\tau\cosh\tau - \sinh\tau\sinh\tau}{\cosh^2\tau} = \dfrac{1}{\cosh^2\tau};$ $\dfrac{d(1/\cosh\tau)}{d\tau} = \dfrac{-\sinh\tau}{\cosh^2\tau}.$

Unter Hinweis auf Abschnitt Die Rigor Mortis-Reelle Metrik auf Seite 148, können wir die Eigenflächen-Metrik von Υ als $ds^2_\Upsilon = dr^2 + r^2 d\theta^2 + dz^2$ ausdrücken. Weil $r = v = \tanh\tau$, $d\lambda = \sqrt{1+v^2}.dl$ und $\cosh^2\tau - \sinh^2\tau = 1$, wird aus der vorhergehenden Gleichung:[10]

20.5.

Die Eigenmetrik des Einheitsschubmediums

$$ds^2_\Upsilon = d\tau^2 + d\lambda^2 + 2\tanh\tau\left(\frac{\tanh\tau - 1/\cosh\tau}{\sqrt{1+\tanh^2\tau}}\right)d\tau.d\lambda$$

Entscheidend ist, dass die reelle Metrik dieses homogen beschleunigenden Mediums einen gemischten Differential-Ausdruck mit einem *variablen Koeffizienten* enthält:

$$2\tanh\tau\left(\frac{\tanh\tau - 1/\cosh\tau}{\sqrt{1+\tanh^2\tau}}\right)d\tau.d\lambda.$$

Der unbeholfene gemischte Differentialkoeffizient

Es ist klar, dass die Einheitsschubeigenfläche Υ in geeigneter Weise alle vorstellbaren Bedingungen für das homogene Beschleunigungsmedium erfüllt. Ihre Metrik (20.5) ist daher definitiv <u>eine</u> Lösung für das Problem der homogenen Beschleunigungsexpansion. Befürworter der allgemeinen Gültigkeit der Minkowski-Metrik würden vielleicht argumentieren, dass <u>eine andere</u> tatsächliche Lösung in der pseudo-euklidischen Geometrie liegen sollte. Schließlich kann die reelle Metrik des Rigor Mortis-Falls in diesem Buch allein dadurch in eine Minkowski-Metrikgleichung transformiert werden, indem eine reelle Koordinate durch eine ‚äquivalente' imaginären Koordinate ersetzt wird.

Andere traditionelle Physiker würden evtl. anerkennen, dass die Eigenschaften unserer hemikoidalen Fläche durchaus eine *zufällige* Lösung widerspiegeln dürften. Jedoch würden sie vielleicht darauf bestehen, wie Synge[11,12] in seinem bekannten Klassiker aus dem Jahr 1956 behauptete, und im Kapitel *Prolog Abschnitt Eine à la carte Büchse der Pandora des vorliegenden Buches erwähnt wurde, dass es irgendeine metrische Gleichung „mit nichtsingulärer quadratischen Form" geben müsste, die „für Einsteins [Spezielle] Relativität geeignet ist", und dabei der Metrik (20.5) (falls korrekt), mathematisch äquivalent sein müsste, d.h. durch irgendeine Koordinatentransformation in die quadratische Form $ds^2 = d\tau^2 - d\lambda^2$ *reduzierbar* sein sollte.

---

[10] $ds^2_\Upsilon = \dfrac{d\tau^2}{\cosh^4\tau} +$

$\tanh^2\tau(d\tau^2 + dl^2 + 2d\tau.dl) +$

$\dfrac{\sinh^2}{\cosh^4\tau}d\tau^2 + dl^2 - \dfrac{2\sinh\tau}{\cosh^2\tau}d\tau dl$

$= \dfrac{1+\sinh^2\tau\cosh^2\tau+\sinh^2}{\cosh^4\tau}d\tau^2$

$+ (1 + \tanh^2\tau)dl^2 +$

$2(\tanh^2\tau - \dfrac{\sinh\tau}{\cosh^2\tau})d\tau.dl$

$= \dfrac{\cosh^2 +(\cosh^2\tau-1)\cosh^2\tau}{\cosh^4\tau}d\tau^2$

$+ d\lambda^2 +$

$\dfrac{2\tanh\tau(\tanh\tau-1/\cosh\tau)}{\sqrt{1+\tanh^2\tau}}d\tau.d\lambda.$

[11] Abschnitt 11, *The fundamental quadratic form*, Seite 17 Gleichung (20):

[12] John Lighton Synge. *Relativity: The Special Theory*. North-Holland, Amsterdam, 1956

In der Tat, gibt es jedoch keine Möglichkeit, dass der nichtkonstante gemischte $d\tau.d\lambda$-Koeffizient der Metrik (20.5) durch eine vorstellbare Transformation von Koordinaten aufgehoben werden könnte. Dieser von Null verschiedene variable Koeffizient ist *vollständig inkompatibel* mit dem Minkowski-Raumzeit-intervall $ds_{\mathfrak{M}}^2 = d\tau^2 - d\lambda^2$. Dementsprechend muss entweder die Einheitsschub-Eigenflächen-Metrik (20.5) oder Minkowskis verallgemeinerte Metrik falsch sein. Dennoch, wie in den *Results in Physics* 2016 und 2017 Aufsätzen des Autors diskutiert worden ist, wo man erwarten sollte, dass überzeugende Argumente für den verschleiernden Minkowski-Ansatz zu dem Thema des beschleunigenden ausgedehnten Mediums dargelegt werden könnten, sind keinerlei konsistenten Argumente entweder in Lehrbüchern oder Aufsätzen bis heute ersichtlich gewesen.

20.6.

ENTGEGEN DEM ALLGEMEINEN ‚VERSTÄNDNIS‘ UNTER PHYSIKERN IST DIE MINKOWSKI-RAUMZEIT FÜR EIN HOMOGEN BESCHLEUNIGENDES MEDIUM UNGÜLTIG. DEMENTSPRECHEND IST SIE, ABGESEHEN VOM RIGOR MORTIS-FALL UND BEI BESCHLEUNIGENDEN PUNKTOBJEKTEN, *ALLGEMEIN* UNPASSEND.

Um diese Tatsache *weiter* zu untermauern, zeigt das nächste Kapitel *Das Abbild der Heimrahmen-Weltfläche auf der Eigenfläche Υ, wie die Υ Eigenflächen-Trajektorien von Radarsignalen zwischen hinteren und vorderen Einheitsschubraketen den vorhergesagten Radarintervallwerten und ‚Surfen‘-Eigenschaften vollständig entsprechen.

21

*Das Abbild der Heimrahmen-Weltfläche auf der Eigenfläche Υ

„*Reguläre Flächen in $\mathbb{R}^3$ bieten eine natürliche Umgebung für zweidimensionale Berechnungen.*"
Manfredo do Carmo 1976

21.1 Radar-Photon-Trajektorien

[1] Abb. 21.1 ist ein Duplikat der Heimrahmen-Weltfläche des Einheitsschubmediums der früheren Abb. 16.1, welche hyperbolische *Heimrahmen*-Weltlinien (fest-l Inkrementkurven), vertikale Geraden von fest-t Heimzeitsimultanitäten, sowie ausgehende und zurückkehrende Radartrajektorien enthält. Abb. 21.2 zeigt eine eins-zu-eins-homöomorphe Abbildung dieser Kurven auf die Eigenfläche

$$\Upsilon(\tau, l) = \left[\tanh\tau \cos(\tau + l), \tanh\tau \sin(\tau + l), \frac{1}{\cosh\tau} + l \right]. \qquad (21.1)$$

[1] Manfredo Do Carmo. *Differential Geometry of Curves and Surfaces.* Prentice Hall N.J., Dover New York, 1976, 2016

Ausgehende Photonenpfade

Für die Radargleichung ρ [2] eines ausgehenden Photons wenden wir uns der Radartransitgleichung (16.2) für die Emissions-Eigenzeit $\hat{t}$ der Heckrakete für ein beliebiges Photon zu, und ersetzen l durch $-e^{-\tau} + e^{-\hat{t}}$ in (21.1):

$$\rho = \left[\tanh\tau \cos(\tau - e^{-\tau} + e^{-\hat{t}}), \tanh\tau \sin(\tau - e^{-\tau} + e^{-\hat{t}}), \frac{1}{\cosh\tau} - e^{-\tau} + e^{-\hat{t}} \right]. \qquad (21.2)$$

[2] ρ ist griechisch *rho*.

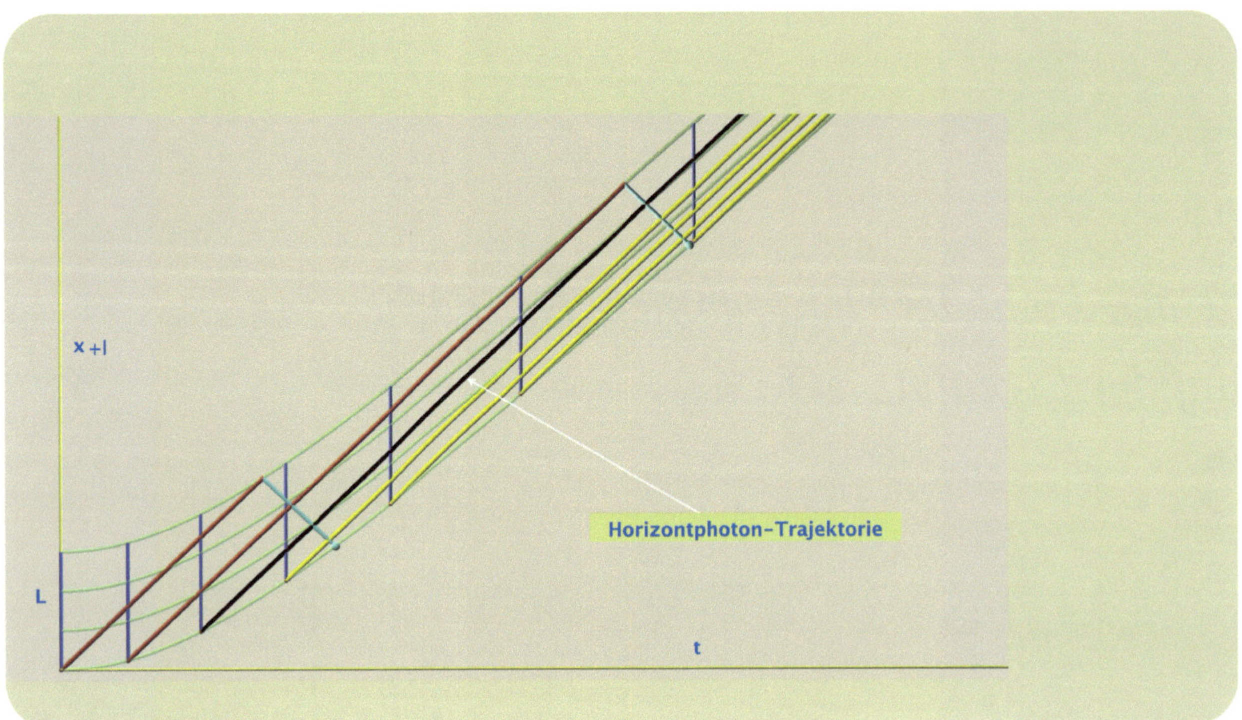

Abbildung 21.1: Heimrahmen-Weltfläche eines gleichmäßig beschleunigenden Mediums mit reflektierten und nicht reflektierten Radartrajektorien und Fest-Geschwindigkeitsbahnen

Für die gewählten Werte von $L = 0.5548$ und $\Delta\tau = \frac{3\pi}{32}$ werden nur die ersten beiden emittierten Photonen reflektiert. Ihre Radarbahnen sind rot dargestellt. Unter Hinweis auf die Photonenreflexionsgleichung (16.3)-i $e^{\hat{t}} = \frac{1}{e^{-\hat{t}}-L}$, gilt für ein Photon, dessen Emissionszeit $\hat{t} = \ln(1/L)$ ist, die Gleichung (16.4) $e^{-\hat{t}} = L$, d.h. $e^{\hat{t}} = \infty$. Wenn sich die Eigenzeit des Mediums τ an ∞ annähert, tendiert die Radarbahn des ‚Horizont-Photons' (in Schwarz) dazu, die Frontrakete zu ‚surfen', d.h. das Photon nähert sich der Rakete bei nahezu Null Geschwindigkeit, ohne sie jemals zu erreichen. Spätere Photonen (gelb gefärbt) surfen jeweils Zwischenmediuminkrementen.

21.3.

NICHT REFLEKTIERTEN PHOTONENPFADE EINES EINHEITSSCHUBMEDIUMS TENDIEREN INKREMENTKURVEN AUF DER EIGENFLÄCHE Υ ZU ‚SURFEN'.

Rückkehr-Photonenpfade

Die Gleichung für ein rückkehrendes Photon ergibt sich, indem in der Rücktransitgleichung (16.6) des Kapitels 16 l durch $L - e^{\tau} + 1/(e^{-\hat{t}} - L)$ ersetzt wird. Unter Hinweis auf Gleichung (16.8): $\check{\tau} - \hat{\tau} = \ln\left[L(e^{-\hat{t}} - L) + 1\right]$, für $e^{-\hat{t}}$ nahe an L, gilt dann $\check{\tau} - \hat{\tau} \approx \ln(1) = 0$. In einem solchen Fall würde,

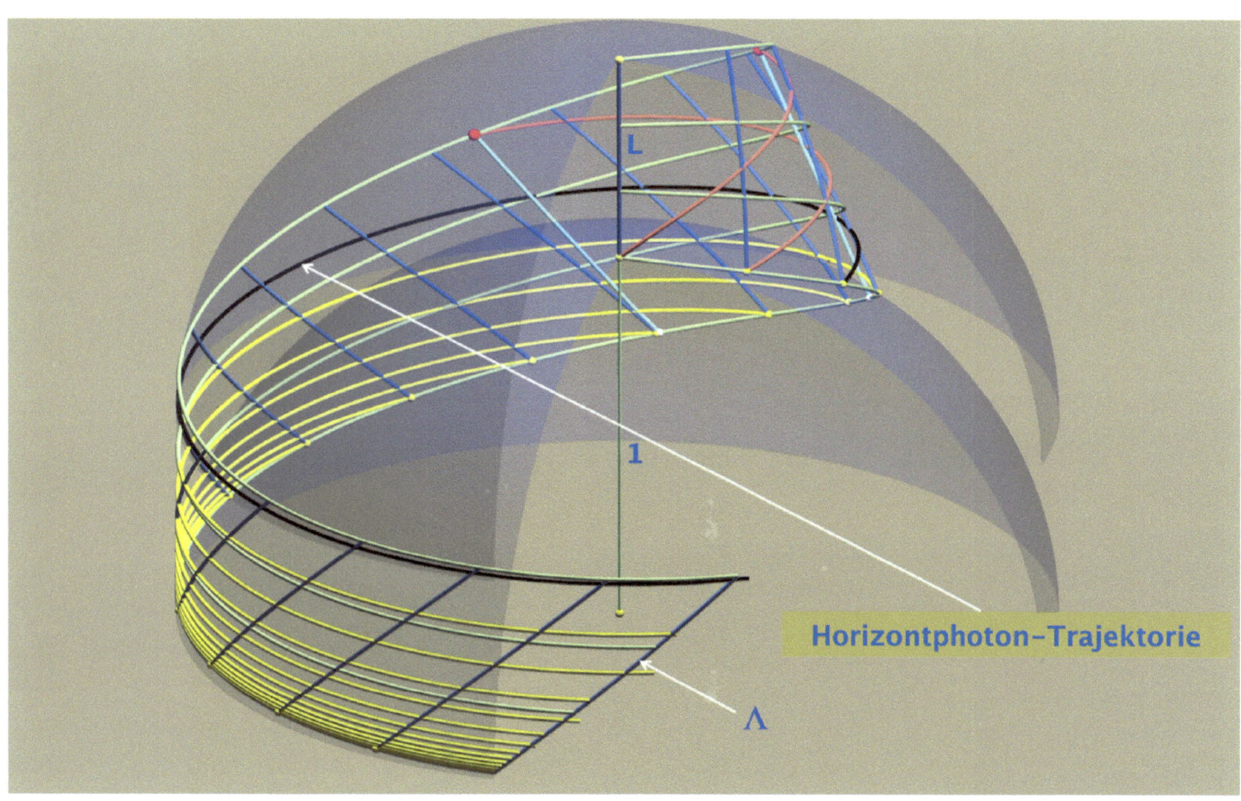

Abbildung 21.2: Eigenflächen-Inkrement und -Mediumkurven mit Radartrajektorien

während sich τ an ∞ annähert, ein *in Gegenrichtung* reflektiertes Photon das Medium mit einer praktisch unendlichen ‚Überquerungsrate' durchkreuzen.

21.4.

FÜR EINE EMISSIONSZEIT $\tilde{t}$ NAHE DEM HORIZONTWERT $\ln 1/L$ TENDIERT DIE PHOTONENRÜCKKEHRZEIT FÜR EIN EINHEITSSCHUBMEDIUM GEGEN NULL. EIN REFLEKTIERTES PHOTON WÜRDE DAZU NEIGEN, DAS GESAMTE MEDIUM MIT EINER ‚SUPRALUMINALEN' GESCHWINDIGKEIT ZU DURCHQUEREN.

Mit *'supraluminal'* meinen wir fast unendlich, im Gegensatz zu *'superluminal'*-schneller als Licht, aber *endlich*. Wir erinnern uns, dass der Begriff ‚Geschwindigkeit' sich hier *auf die Eigenlängenüberquerungsrate eines Mediums bezieht, die von einem vorgestellten dritten Beobachter beurteilt wird*, der die fortschreitenden Eigenzeitwerte von überquerten Mediuminkrementen aufzeichnet. Natürlich breiten sich sowohl die emittierten als auch die reflektierten Photonen immer mit einer skalierten Einheitsgrenzgeschwindigkeit im inertialen Heimrahmen sowie in allen anderen mitfahrenden Inertialrahmen aus.

21.2 *Geteilte Kreuzungswinkel und geodätische Krümmungen der Radarkurven*

Schließlich erforschen wir Radartrajektorien, die Mediumhelices überqueren. Das τ-Differential der Radarkurve (21.2) ergibt den ausgehenden Radar-Tangent-Vektor ρ_τ und seinen Betrag $|\rho_\tau|$:

$$\rho_\tau = [\frac{1}{\cosh^2 \tau} \cos(\tau - e^{-\tau} + e^{-t}) - \tanh \tau (1 + e^{-\tau}) \sin(\tau - e^{-\tau} + e^{-t}),$$

$$\frac{1}{\cosh^2 \tau} \sin(\tau - e^{-\tau} + e^{-t}) + \tanh \tau (1 + e^{-\tau}) \cos(\tau - e^{-\tau} + e^{-t}), \frac{-\sinh \tau}{\cosh^2 \tau} + e^{-\tau}].$$

$$(21.5)$$

$$|\rho_\tau|^2 = \frac{1}{\cosh^4 \tau} + \tanh^2 \tau.(1 + e^{-\tau})^2 + (\frac{-\sinh \tau}{\cosh^2 \tau} + e^{-\tau})^2. \tag{21.6}$$

Ersetzen wir l mit $-e^{-\tau} + e^{-t}$ in Tangenten-Vektorgleichungen (19.2) und (19.4) der Inkrement- und Mediumkurven, erhalten wir für ρ_l:

$$\rho_l = \left[-\tanh \tau \sin(\tau - e^{-\tau} + e^{-t}), \tanh \tau \cos(\tau - e^{-\tau} + e^{-t}), 1 \right]. \tag{21.7}$$

Laut (19.3) ist $|\Upsilon_\tau| = 1$ und mit (19.5) $|\Upsilon_l| = \sqrt{1 + \tanh^2 \tau}$. Daher folgt aus (21.5), (21.6) und (21.7):

21.8.

DIE EMISSIONSUNABHÄNGIGE KREUZUNGSKOSINUS DER RADARTRAJEKTORIEN UND MEDIUMKURVEN

$$\frac{\rho_\tau \cdot \Upsilon_l}{|\rho_\tau||\Upsilon_l|} = \frac{(1 + \tanh^2 \tau)e^{-\tau} + \tanh^2 \tau - \tanh \tau / \cosh \tau}{\sqrt{\frac{1}{\cosh^4 \tau} + \tanh^2 \tau.(1 + e^{-\tau})^2 + (\frac{-\sinh \tau}{\cosh^2 \tau} + e^{-\tau})^2}.\sqrt{1 + \tanh^2 \tau}}.$$

Der Ausdruck (21.8) reduziert sich auf $\frac{1}{\sqrt{2}}$ (Kosinus von 45 Grad) für $\tau = 0$ und ebenso wenn $\tau \to \infty$. Wie in Abb. 21.2 auch zu sehen ist, sind die Radartrajektorien daher anfänglich diagonal zu fest-τ Mediumkurven und fest-l Inkrementkurven, entsprechend der Einheitsgrenzgeschwindigkeit im anfänglich inertialen Raketenstartrahmen. Wie ebenfalls erwartet, ‚surfen' (überlappen) Photonentrajektorien schließlich Inkrementkurven, aber interessanterweise, wie beim Start, überqueren diese Mediumkurven bei 45 Grad bei $\tau \to \infty$.

Ein bemerkenswerter Parameter ist die *geodätische Krümmung* der Radarpfaden auf der Fläche Υ.[3,4] Die geodätische Krümmung ist gleich dem Skalarprodukt des *Einheitsnormalenvektors* von Υ, nämlich $\frac{\Upsilon_\tau \times \Upsilon_l}{|\Upsilon_\tau \times \Upsilon_l|}$, mit dem Kreuzprodukt des *Tangenten-Vektors* ρ_τ der Radartrajektorie und ihres ‚Beschleuni-

[3] $\Rightarrow$ Seite 169:
[4] Andrew Pressley. *Elementary differential geometry.* Springer, 2010

gungsvektors' $\rho_{\tau\tau}$ (nicht aufgeführt) dividiert durch den Kubus des Betrags des Tangenten-Vektors. Unter Bezugnahme auf die Gleichungen (21.5) – (21.7):

21.9.

EMISSIONSUNABHÄNGIGE GEODÄTISCHE KRÜMMUNG DER RADARPFADEN $\kappa_g = \dfrac{\Upsilon_\tau \times \Upsilon_l}{|\Upsilon_\tau \times \Upsilon_l|} \cdot \dfrac{\rho_\tau \times \rho_{\tau\tau}}{|\rho_\tau|^3}$

$$= \frac{(e^{12\tau} + 6e^{11\tau} + 2e^{9\tau} - 35e^{8\tau} + 12e^{7\tau} - 24e^{6\tau} + 4e^{5\tau} - 21e^{4\tau} - 18e^{3\tau} - 40e^{2\tau} - 6e^{\tau} - 9)e^{-\tau}}{8\cosh\tau\sqrt{\cosh^4\tau + 2\cosh^2\tau\sinh\tau - 2\sinh\tau}.(e^{6\tau} + 2e^{5\tau} - 4e^{3\tau} + 5e^{2\tau} + 2e^{\tau} + 2)^{\frac{3}{2}}}.$$

Eine ‚retrospektive' Einsicht

Die Radartrajektorien von Abb. 21.2 kreuzen fest-τ Mediumhelices sowohl anfänglich als auch schließlich bei 45 Grad, obwohl der Winkel sich dazwischen variiert. Auch, obwohl *geodätische Krümmungen* der Radartrajektorien im Limit zu Null neigen, da sie letztlich äquatoriale Inkrement-Eigenlinien ‚surfen', sind diese Krümmungen *ansonsten* nicht Null.

Aus den obigen mathematischen Kosinus- und geodätischen Krümmungsausdrücken kann eine sehr bedeutsame ‚retrospektive' *physikalische Einsicht* gezogen werden: Obwohl die Vektoren Υ_τ, Υ_l, ρ_τ und $\rho_{\tau\tau}$ jeweils Radaremissionszeitausdrücke $e^{-\tau}$ enthalten, verschwindet[5] dieser Ausdruck sowohl in der Winkelkosinusgleichung (21.8) als auch in der geodätischen Krümmungsgleichung (21.9).

[5] Gleiches gilt für die *Haupt- und Normalkrümmungen von* Radarkurven.

21.10.

AUFEINANDERFOLGENDE RADARTRAJEKTORIEN AUF EIGENFLÄCHE Υ ÜBERQUEREN GEMEINSAME EIGENZEITMEDIUMHELIXEN BEI JEWEILS GLEICHEN WINKELN UND MIT GLEICHEN GEODÄTISCHEN KRÜMMUNGEN, UNABHÄNGIG VON DEN UNTERSCHIEDLICHEN PHOTONEMISSIONSZEITEN.

Mediumkurven der Eigenfläche Υ hingegen weisen eine geodätische Krümmung ebenfalls ungleich Null auf.

21.3   *Validierungen der Eigenfläche Υ des Einheitsschubmediums*

- Ohne relativistischen Vorannahmen ergibt sich die einzigartige lateral expandierende $\lambda\,|\,\tau$ Reell-Metrik der Eigenfläche Υ *unabhängig*, allein aus den erwarteten Eigenschaften von *Uniformität*, *Monotonie* und *Regelmäßigkeit*.

Bei anfänglicher Kongruenz mit der Einheitsschub-Weltfläche des Heimrahmens von Abb. 21.1, ‚surfen' endgültig die auch anfänglich diagonal ausgehenden Radartrajektorien der Eigenfläche die Inkrement-Kurven, die ihrerseits schließlich (im Limit) in 45 Grad Neigung zu den Medium-Kurven liegen, wie in Abb. 21.2. Zurückkehrende gegengerichtete Radar-Trajektorien tendieren dazu, die fest-τ Mediumkurven schließlich ‚sofort' zu überqueren, d.h. bei nahezu unendlicher Überquerungsrate.

- Mit gemeinsamer Eigenzeit τ zeichnen sich die Helix-Medium-Kurven der Einheitsschubfläche Υ durch einige interessante Eigenschaften aus. Als Geodäten auf den ‚*Geschwindigkeitszylindern*' V_τ, die *nichtinertiale Rahmen* ‚verwahren', werden sie von ‚gleichzeitigen' Radarbahnen gleicher geodätischer Krümmung und mit gleichen Kreuzungswinkeln durchquert, *unabhängig von deren unterschiedlichen Radaremissionszeiten*. Auf der anderen Seite sind geodätische Krümmungen von Radartrajektorien, welche letztlich äquatoriale Inkrement-Eigenlinien ‚surfen', die in der Grenze gegen Null streben, ansonsten von Null verschieden.

- Schließlich, und vielleicht am allerwichtigsten, ergeben die Zwischen-Raketen-Radarintervalle bei $L = 0.5548$ und Intervall $\Delta\tau = \frac{3\pi}{32}$ in Abb. 21.1s Heimrahmen-Weltfläche, anhand der Radarintervallgleichung (16.11) für die Heckrakete:
$$\grave{\tau}_0 - \acute{\tau}_0 = \tfrac{3\pi}{32} \cdot 3.497 \text{ und } \grave{\tau}_1 - \acute{\tau}_1 = \tfrac{3\pi}{32} \cdot 4.977.$$
DIE GLEICHEN RAKETENRADARINTERVALLE SIND IN DER EIGENFLÄCHE Υ VON ABB. 21.2 <u>METRISCH EXAKT EVIDENT</u>.

Angesichts der Bedeutung der in Allgemeinen nicht anerkannten Begrenzungen des Minkowski-Raumzeit-Ansatzes, und der *korrekten* Lösung für das Bellsche Raumschiffparadoxon, scheint es angebracht, im letzten Epilog-Kapitel des Buches einige der Reaktionen von Herausgebern und Rezensenten von Physikjournalen zu zeigen, die dem Autor, bei seinen Bemühungen die obigen Einsichten vorzutragen, entgegneten.

22

Epilog

„…es war ihnen gelungen, ihn auf dem Irrgartenweg in eines ihrer akademischen Labyrinthe zu führen, wo ein Mann für die Ewigkeit wandern und sich in Spiegeln begegnen konnte. Nein, wiederholte er. Möglicherweise waren sie alle sehr nett, hochgesinnte, gewissenhafte Menschen mit nur einer beruflichen Tendenz zur Lästern und einer nervösen Gewohnheit der Selbstkorrektur, immer abändernd, entwerfend, ausradierend; aber er wollte es vermeiden mit dem Bazillus infiziert zu werden, der endemisch zu diesen efeuerten Plätzen zu sein schien.“
Die Haine der Wissenschaft
(Auszug vom jetzigen Autor übertragen.)

“…they had succeeded in leading him up the garden path into onem of their academic mazes, where a man could wander for eternity, meeting himself in mirrors. No, he repeated. Possibly they were all very nice, high-minded, scrupulous people with only an occupational tendency towards backbiting and a nervous habit of self-correction, always emending, penciling, erasing; but he did not care to catch the bug, which seemed to be endemic to these ivied haunts.”
Groves of Academe
Mary McCarthy 1951

22.1 *„Eine glorreiche Nichtigkeit“*

[1] „Eine Invasion der Mathematik in der Physik“ war die erste Reaktion von Einstein, der immer auf der Hut vor geheiligten, efeubewachsenen Geistern blieb,[2] auf die *pseudo-euklidische* ‚Minkowski Raum-Zeit‘. Doch scheinbar ist er später mit der imaginären Variablenmetrik seines früheren Züricher Professors *Hermann Minkowski* als Näherung zu einem Vergleich gelangt. Letzterer, der Einsteins scheinbar mangelnde Begeisterung für die Mathematik verunglimpft hatte (er lobte aber später die Relativität seines Ex-Schülers), verblüffte die Physik-Gemeinschaft bei einer legendären Vorlesung in Köln[3] im Jahr 1908, indem er eine enge Verbindung zwischen Raum und Zeit darlegte.[4]

[1] Mary McCarthy. *The Groves of Academe*. Harcourt, Brace, New York, 1951

[2] Wie in seinem 1933 zitierten Gedicht zitiert (und übersetzt) im *Prolog.

[3] Eigentlich zuerst im September 1907 bei einem kurzen Vortrag in Göttingen vorgestellt.

[4] Erklärt als ‚Chronosität‘ – distanzierte Disparität der Gleichzeitigkeit – im Kapitel Eine elegante Raumzeit-Unterlage.

Die damals eingeführte *Minkowski-Metrik-Gleichung* spielt in der Speziellen Relativitätstheorie immer noch eine geradezu unbezähmbare Rolle, wie in einer Abhandlung von 2006 dargestellt wurde: *„...die Geometrie der Minkowski-Raumzeit wurde in aller Strenge axiomatisiert.".*[5] Jedoch ist diese Aussage *falsch.* Was relativistische Beschleunigung betrifft, hat die Minkowski-Raumzeit, ein *nichtvisualisierbarer* akademischer Irrgarten, Gultigkeit <u>ausschließlich</u> für Punktobjekten (,*Partikeln'*) bzw. Gruppen von Objekten in *,starrem Bewegungsmodus'* (in diesem Buch als *,Rigor Mortis'-Beschleunigung* bezeichnet).[6]

Drehungen und Wendungen

In Anbetracht der unverantwortlichen weiten Verbreitung der Minkowski-Metrik auch in der *Allgemeinen Relativitätstheorie*, wurde in einem 2000 Lehrbuch[7] betont *„Raumzeit mit Schwerkraft gehorcht nicht den Gesetzen der Minkowski-Geometrie.".* Diese klare Aussage jedoch, die in der neueren Physikliteratur nicht mehr direkt bestritten wird, scheint nicht ins Bewußtsein der meisten Physikern eingedrungen zu sein, wenn man in den immer neu erscheinenden Allgemeine-Relativitätsbüchern nachsieht, die in der Regel beiläufig und kommentarlos Minkowskis 4-Vektor-Methode ohne weiteres in der traditionellen Art und Weise übernehmen. Dieses Buch befasst sich mit der (meistens auch falschen) Anwendung von Minkowskis Metrik im Zusammenhang mit der *Speziellen* Relativitätstheorie. Auch hier aber, hat nicht jeder geschwiegen.

Im Jahr 2004 erschien ein Aufsatz im *British Journal for the Philosophy of Science* mit dem Titel *„Minkowski-Raumzeit: Eine glorreiche Nichtigkeit".*[8] Etwas augenzwinkernd, schrieben die zwei Oxford-Physiker-Autoren: *„Es wird argumentiert, dass die Minkowski-Raumzeit nicht als die tiefe Struktur innerhalb einer ,konstruktiven' Version der Speziellen Relativitätstheorie dienen kann, im Gegensatz zur verbreiteten Meinung in der philosophischen Gemeinschaft.* Man möchte dabei aber die Frage stellen: wenn das wahr ist, *was könnten die Konsequenzen sein* ?

22.2   *Haine der Wissenschaft*

Ende 2008 wurde dem jetzigen Autor klar, dass das 2004 entdeckte Sphärische-Geometrie-Modell eines beschleunigenden Punktobjekts (beschrieben im Kapitel 14 Eine Odyssee durch die Raumzeit), die Basis für eine generierte (,helikoidisierte') Schraubenfläche ist, die die eigentliche Lösung des Rätsels des homogen beschleunigenden *ausgedehnten* Mediums perfekt geometrisch repräsentiert. Dieses physikalische Szenario, allgemein als *,Bellsches Raumschiffparadoxon'*[9] bezeichnet, galt seit 1959 in der Tat als ein bisher nicht korrekt gelöstes Enigma. Dennoch wurden erste Versuche des Autors, diese eigentlich einfache klare Lösung zu veröffentlichen, von Physikjournalrezensenten nicht akzeptiert (aus keinerlei nachvollziehbaren Gründen).

[5] Jürgen Ehlers and Claus Lämmerzahl. *Special Relativity - Will it Survive the Next 101 Years?* Springer, 2006

[6] Um Verwechslungen mit dem Begriff der *,starren Bewegung'* in der Differentialgeometrie zu vermeiden.

[7] J J Callahan. *The Geometry of Spacetime.* Springer, 2000

[8] H Brown and O Pooley. Minkowski space-time: a glorious non-entity. *British Journal for the Philosophy of Science*, 2004

[9] Bzw. *,Bell'sches Seilproblem'*

Das *American Journal of Physics* hat eine lange Tradition von Relativitäts-themen, die sich mit der Frage eines beschleunigten ausgedehnten Mediums befassen, nicht zuletzt ein Artikel von 1959, der das eigentliche Thema in den Vordergrund rückte. Nichtsdestoweniger, versteht sich dieses Journal formal nicht als ein ‚Forschungsjournal'. Dementsprechend, in Bezug auf eine 2010 Einreichung, erklärte der (damalige) Editor freundlich, dass *„. . . viele Aufsätze sollen von Forschungsjournalen ausgewertet werden, wenn sie signifikant neue Physik enthalten. Ich denke, das kann auch für Ihre Einreichung der Fall sein.".*[10]

In Bezug auf den später veröffentlichte 2016 Aufsatz des Autors, stellte das *European Journal of Physics* ähnlich fest: *„Der Abbau der Minkowski-Raumzeit sollte zumindest in mehr spezialisierten Kreisen beginnen, bevor er seinen Weg in die Mainstream-Literatur findet. Ich schlage vor, dass der Autor seine (hoffentlich) tiefen Einsichten einer Zeitschrift wie* Foundations of Physics *vorlegt."* Auf der anderen Seite erklärte der Editor des New Yorker *Journal of Mathematical Physics*, dass die Abhandlung für sein Journal nicht von Interesse sei, weil die Mathematik des Aufsatzes „nur" auf der Ebene der elementaren Infinitesimalrechnung liegt, und schrieb dazu: *„Einige der Diskussionen im Manuskript und die Argumente für eine neue Terminologie scheinen auf ein Journal zu verweisen, das den Grundlagen der Physik gewidmet ist."*

Eine niederländische Zugbrücke

Das weltweit beachtete *Foundation of Physics* Forschungsjournal in Utrecht ver-öffentlicht auf seiner Webseite eine lobenswerte, wenn auch etwas grandios befrachtete, Politik:[11]

> „Unsere Ansichten über die physische Welt ändern sich schnell. Die ständige Suche der Menschheit nach kohärenten Strukturen in Physik, Biologie und Kosmologie hat häufig zu Überraschungen und Verwirrung geführt. Neue Phänomene zu entdecken ist eine Sache, sie mit anderen Teilen des Wissens in Zusammenhang zu bringen und ihre fundamentalen Konsequenzen zu schließen ist etwas ganz anderes. Es gibt Kontroversen, Meinungsverschie-denheiten und manchmal sogar religiöse Gefühle, die ins Spiel kommen. Diese sollten offen diskutiert werden. Philosophische Themen, die nichttechnischer Natur sind, sollten auf den Meinungsseiten der Nachrichtenmedien behandelt wer-den, aber wenn die diskutierten Argumente dafür zu technisch werden, wenn ein Peer Review nötig ist, um die wirklich wertvollen Einsichtsstücke auszuwählen, ist ein renommiertes Wissenschaftsjournal die geeignete Form."

Diese *„Internationale Zeitschrift, die den konzeptuellen Grundlagen und fun-damentalen Theorien der modernen Physik gewidmet ist"*, hat bereits Ende 2013 einen verwandten Aufsatz veröffentlicht,[12] dessen Autors ebenfalls verwand-ter 2010 *European Journal of Physics*-Aufsatz in der Dezember 2013 Einreichung des jetzigen Autors teilweise befürwortet aber auch teilweise beanstandet wur-de.

[10] Email-Korrespondenz vom 6. Juni 2010 bezüglich des AJP-Manuskripts MS23122.

[11] Unterstreichungen durch den jetzigen Autor.

[12] Jerrold Franklin. Rigid Body Motion in Special Relativity. *Foundations of Physics*, 43:1489–1501, 2013

Die recht grob ablehnende Verweigerung des Foundations of Physics Journals, den Aufsatz einer Überprufungen überhaupt zu unterziehen, kam daher überraschend:[13]

> „Die Politik dieses Journals verkörpert eine strenge Zurückhaltung gegenüber Theorien, die gut verstanden und experimentell gut getestet sind,[14] wie zum Beispiel die Theorie der Speziellen Relativität. Bedauerlicherweise stellt diese Tatsache die aktuelle Einreichung als außerhalb des Zustandigkeitsbereichs des Foundation of Physics-Journals."

Derselber Aufsatz[15,16] sowie später ein Folgepapier – beide in dem (ebenfalls in den Niederlanden ansässigen) Elsevier *Results in Physics* Journal später veröffentlicht – , haben bisher mehrere tausend Downloads *allein in den USA* ausgelöst, und eine anteilige Zahl im FoP-Journals niederländischen Heimat.[17]

Die Ante Portas ‚Einladung'

[18] Das Montréal-basierte *Institut für Grundlagenforschung Hermann Minkowski*[19] erhielt eine Kopie des *Results in Physics* Januar 2016 Aufsatzes, mit einer Bitte um Stellungnahme. Zu den erklärten Zielen des Instituts gehört es, *„die gegenwärtige Situation in der Grundlagenphysik zu ändern und die Forschung zu den wichtigsten offenen Fragen zu leiten. Um eine kontinuierliche wissenschaftliche Bildung für die breite Öffentlichkeit zu gewährleisten, wird wissenschaftliche Kultur ein untrennbares Element der gemeinsamen Kultur jedes Einzelnen."* Ein Gründungsmitglied des Instituts[20] erwähnte zwar seinen „Mangel an Zeit", die zum Lesen des Aufsatzes erforderlich wäre, teilte aber mit, dass eine von diesem Institut gesponserte *„Vierte Internationale Konferenz über die Natur und Ontologie der Raumzeit"* Ende Mai 2016 in der Bulgarische Stadt *Varna* am Schwarzen Meer statttfinden wurde.

Daraufhin wurde eine Zusammenfassung eines vorläufigen Aufsatzes, mit dem provisorischen Titel *Bell's String-Paradox solved by real differential geometry*, und die die reale metrische Gleichung (20.5) dieses Buches explizit enthielt, dem Organisationskomitee vorgelegt. Gleichzeitig wurde aber betont, dass eine einfache *Plakatpäsentation* allein unangemessen wäre. Die Hoffnung bestand für einen halbstündigen Live-Dialog mit einem herausfordernden Publikum, eine interessante, vielleicht auch aufschlussreiche Perspektive, auch wenn es ein bisschen wäre, ‚in die Höhle des Löwen zu gehen'. Der zuvor mitgelieferte, bereits veröffentlichte Aufsatz trug den Titel *Minkowski-Raumzeit gilt nicht für ein homogen beschleunigtes Medium*, und ein eingeladener Gastredner war der gleiche Chefredakteur des *Foundation of Physics* Journals (nach dem ein Asteroid benannt worden ist), der abgelehnt hat, denselber frühere Aufsatz überhaupt einer Rezension unterziehen zu lassen.

---

[13] FOOP-D-13-00511 / FOOP-D-14-0048. Die zweite Vorlage beseitigte einen kleineren Makel in der früheren Vorlage.

[14] Genau das Gegenteil trifft hier zu. ⇒Ein Trugschluss-Domino-Effekt auf Seite 127.

[15] B.C. Minkowski spacetime does not apply to a homogeneously accelerating medium. *Results in Physics*, 6:31–38, January 2016

[16] http://dx.doi.org/10.1016/j.rinp.2016.01.001

[17] FoP hat auf eine diesbezügliche nachfolgende formelle Anfrage nach einem Kommentar, nicht geantwortet.

[18] ‚*Ante Portas*' bedeutet ‚*Vor den Toren*'.

[19] www.minkowskiinstitute.org

[20] Autor von *Beschleunigende RaumschiffspParadox und physikalische Bedeutung der Längenkontraktion*: https://arxiv.org/pdf/0903.5128v1.pdf

Enttäuschenderweise, kam eine Einladung zum viertausend Kilometer entfernten Konferenzort nur für ein ‚Ante Portas' (‚in den Flügeln wartend') *Plakatpräsentation*, eine im Einreichungsschreiben explizit ausgeschlossene Option. Ein erneuter Einspruch (der gemacht wurde, während mehrere Konferenzzeitfenster noch nicht besetzt waren) wurde nicht beantwortet. Auch ist kein Kommentar zu dem früher per Email mitgeteilten Januar 2016 Aufsatz erhalten. Der für diese Konferenz vorgesehene Folgeaufsatz[21] wurde im *Results in Physics* Journal in Juli 2017 veröffentlicht: http://dx.doi.org/10.1016/j.rinp.2017.07.013 .

[21] B.C. Bell's twin rockets non-inertial length enigma resolved by real geometry. *Results in Physics*, 7:2575–2581, July 2017

Festgetrampelte Irrtümer

Die leere Plattitüde eines führenden Journals und die ebenfalls Geschlossene-Tür-Politik des Minkowski-Instituts – beide jetzt aktenkundig – suggerieren dem jetzigen Autor, dass sie nicht nur die Angelegenheit der Minkowski-Raumzeit grob falsch eingeschätzt haben, sondern auch, ihren eigenen selbstverfassten Mandaten widersprechend, anderen Anomalien, die in der Speziellen Relativitätstheorie noch vorherrschen, dauerhaft völlig ausser Acht lassen.

Neben den fortwährend tolerierten Präsentismen[22] und dem Labyrinthe mathematischer Formalismen, die im *Desloge und Philpotts* 1987 AJP-Aufsatz[23] erfolglos bemängelt wurden, gehören dazu häufige Überbewertungen des (unnötig postulierten) Grenzgeschwindigkeitsprinzips[24] durch die Literatur, die überkomplizierte Ansätze zum Thema ‚Rigor Mortis'/Starrer Bewegung, und die unangemessen vorgetragenen Scheinlösungen für das Szenario eines homogen beschleunigten Mediums. Ein besonders belastendes Symptom dieser oligarchischen Selbstlähmungen in der Raumzeittheorie[25] stellt die unglaubliche *bisherige Abwesenheit* in Büchern und Abhandlungen der relevanten einfachen, aber natürlich ‚unbequemen' *variablen* Radarintervallformeln dar.

[22] ⇒Prelude zu einer 2005 Physikjournal-Veröffentlichung auf Seite 64.
[23] Zitiert am Anfang des Kapitels 19.
[24] Das zweite Postulat gilt nur für *inertiale* d.h. nichtbeschleunigte Raumzeitrahmen.

[25] ⇒Gleichungen, die nicht in der Nacht bellen auf Seite 9.

22.3 Zwei russische Ouvertüren

In einer 2009 Email-Korrespondenz über die Frage des Bellschen Raumschiffparadoxons, schlug der russische Physiker *Stanislav Podosenov*, zusammen mit drei Moskauer Kollegen, eine gemeinsame Zusammenarbeit vor. Überraschenderweise jedoch, blieb eine Zustimmung zu ihrem großzügigen Vorschlag unbeantwortet. In einem Artikel aus dem Jahr 2010[26] behaupteten die gleichen Physiker zutreffend: *„Die Standardlösung von Bell's altbekannten Problem … muss überarbeitet werden."*.

[26] S. A. Podosenov, J. Foukzon, and A. A. Potapov. A Study of the Motion of a Relativistic Continuous Medium. *Gravitation and Cosmology – Pleiades/Springer*, 16(4): 307–312, 2010

[27] S. A. Podosenov, A. A. Potapov, J. Foukzon, and A. A. Menkova. Geometry of Noninertial Bases in Relativistic Mechanics of Continua and Bell's Problem Solution. *International Journal of Recent advances in Physics (IJRAP)*, 3(1): 23–37, February 2014

[28] L stellt die skalierte Trennlänge der Raketen dar, und τ ist die skalierte Eigenzeit der Raketen.

Im Jahr 2014[27] schrieben sie gleichfalls zutreffend: *„Bells Paradox wird nur gelöst, wenn man den Minkowski-Raum [komplexe Variablen] zum Riemannischen Reell-Variablen-Raum verläßt*, und (auf Seite 24 jenes Aufsatzes) schlugen eine äquivalente Längenformel vor:[28]

$$\Lambda(\tau) = \ln(\cosh L + \sinh L \cosh \tau). \tag{22.1}$$

Dennoch behaupteten sie unangemessen, dass *„alle Autoren (außer [eigenen Aufsätzen] [3-5]) den String(Medium)-Bruch mit der (inversen) Lorentz-Kontraktion verbinden"*, ohne Bezug auf die 2009 kommunizierten *non-Präsentismus* Gleichung:

$$\Lambda(\tau) = L\sqrt{1 + \tanh^2 \tau} = L\sqrt{1 + v^2/c^2}. \tag{22.2}$$

[29] S. A. Podosenov, J. Foukzon, and A. A. Menkova. Structure Equations, Permitted Movement of Relativistic Continuum and Sagnac's, Erenfest's and Bell's Paradoxes. *Physical Science International Journal*, 13(2):1–18, January 2017a

[30] B.C. Relativity Acceleration's Cosmographicum and its Radar Photon Surfings—A Euclidean Diminishment of Minkowski Space-time, February 2012. URL http://www.dpg-verhandlungen.de/year/2012/conference/goettingen/part/gr/session/4/contribution/4

In einem Januar 2017 Aufsatz[29] erwähnten die Russischen Physiker die Formel (22.2), die im Web-Abstract der Vorlesung des Autors aus dem Jahr 2012 in Göttingen[30] erschien, nicht, und übersahen auch den einfachen Radaransatz zum Thema der Rigor Mortis-Beschleunigung, der im 2016 Aufsatz (*Minkowski-Raumzeit gilt nicht für ein homogen beschleunigtes Medium*) dargelegt wurde. Bezeichnenderweise hat ihr 2017 Aufsatz (Seite 16) ihre frühere Gleichung (22.1) eindeutig außer Kraft gesetzt: *„Obwohl die Formel ... sowohl für große als auch für niedrige Beschleunigungen korrekt ist, löst sie das Bell-Paradoxon prinzipiell nicht."*.

Stanislav Podosenov (der nur Russisch spricht) ist einer der wenigen anderen Physiker, die unaufhörlich ernsthaft gegen den düsteren ptolemäischen Status Quo der Thematik der beschleunigenden Raumzeit-Rahmen, wie er in der Relativitätsliteratur immer noch heute aufrechterhalten wird, argumentierten. Jetzt, gerade als dieses Buch ‚druckreif' geworden ist, hat er seinen anfänglichen 2009 (damals nicht weiterverfolgten) Vorschlag für eine gemeinsame Zusammenarbeit wiederholt, und freundlicherweise angedeutet, den 2017

[31] S. A. Podosenov, J. Foukzon, and E. Menkova. *Difficulties in the Interpretation of the Einstein's Relativity Theory*. Lampert Academic Publishing, 2017b

Aufsatz des jetzigen Autors in Zusammenhang mit seinem im April 2017 (zusammen mit anderen Autoren) verfassten Buch[31] bald diskutieren zu wollen.

Die zukünftige Website dieses Buches https://spacetimefundamentals.com ist vorgesehen für diese und andere solchen Dialoge.

22.4 *Des Kaisers Neuer ~~Geist~~ Kleider*

[32] Roger Penrose. *The Emperor's New Mind*. Vintage, 1989

[33] Ein bemerkenswertes anderes Beispiel ist:

[34] Gregory L Naber. *The Geometry of Minkowski Spacetime*. Springer, 1992, 2010

[32]Die modische Hingabe an die Minkowski-Raumzeit wird durch eine pauschale Aussage auf Seite 257 von *Roger Penroses* Bestseller *Des Kaisers neuer Geist (The Emperor's New Mind)* verkörpert:[33,34]

> *„...Es gibt jetzt eine enorme Menge an experimentellen Beweisen dafür."*

Vielleicht liegen die wahren Ursachen für diese endemischen Überverallgemeinerungen in den Beobachtungen die der ‚Vater der Atombombe', *Robert Oppenheimer*, an anruhrend empfänglichen Nachkriegsjapaner mitgeteilt hat. Wie auf Seite 649 eines Buches des englischen Philosophen *Ray Monk*[35] (zufällig unter Verwendung desselben Verlegers) berichtet wurde, kritisierte der amerikanische Physiker vehement eine bestimmte Physikelite als:[36]

> „…eine kleine Gesellschaft wegen ihres angeborenen Snobismus [dessen führende Elite] die zu denselben Colleges gehen, sich in den gleichen Clubs treffen, und sich gegenseitig besuchen. Sie lesen die gleichen Dinge, [ihre Philosophen] haben keinen Kontakt zur Wissenschaft, sie sind nicht mit der Politik in Kontakt, und sie sind nicht mit der Geschichte verbunden. Womit sie in Kontakt sind – das sind sie selbst."

Die reelle Metrik des Einheitsschubmediums wurde in den Kapiteln 19–21 als die einzige mögliche Lösung für das sechs Jahrzehnte lang umstrittene und bisher falsch interpretierte Bellsche Raumschiffparadoxon, auf vielfältiger Art und Weise gerechtfertigt. Dennoch werden offentsichtlich viele Physiker von einer unausweichlichen Konsequenz dieser Lösung tief beunruhigt:

Minkowskis pseudo-euklidische Metrik gilt im Allgemeinen nicht für ein ausgedehntes beschleunigendes Medium, auch nicht in der Speziellen Relativitätstheorie.

Trotz (oder vielleicht gerade *wegen*) der relativen Einfachheit der in den 2016 und 2017 Veröffentlichungen behandelten Themen, sind Aufforderungen zu Kommentaren bzw. Kritik von etablierten Autoren wie Penrose und Naber oder Verfassern ähnlicher Mainstream-Büchern wie [37,38], leider auf taube Ohren gestoßen – ein allgegenwärtiges Phänomen, das in [39] prägnant dokumentiert wird. (http://www.bookpump.com/upb/pdf-b/9429934b.pdf). Hoffentlich wird die gewidmete Website dieses Buches

https://spacetimefundamentals.com

als eine geeignete Plattform dienen, um Diskussionen über die verschiedenen in diesem Buch aufgeworfenen Fragen, sowohl allgemeine wie auch kontroverse, auf einem breiteren Forum zu ermöglichen.

[35] Ray Monk. *Inside the Centre - The Life of J. Robert Oppenheimer.* Vintage, 2013

[36] *‚An Nachmittag mit Professor Oppenheimer '* - unveröffentlichtes Gespräch 1960 mit der Tokyo *Gesellschaft der Wissenschaft und des Menschen.*

[37] Ta-Pei Cheng. *Relativity, Gravitation and Cosmology.* Oxford Universtiy Press, 2005, 2010

[38] Matthias Bartelmann et alia. *Theoretische Physik.* Springer, 2015

[39] Martín López Corredoira and Carlos Castro Perelman, editor. *Against the Tide: A Critical Review by Scientists of How Physics and Astronomy Get Done.* Universal Publishers, Boca Raton, Florida, 2008

Glossar

Apokalyptische Gleichungen Beschleunigungsidentitäten in der Relativität die Kernzusammenhänge zwischen relativistischen Kräften offenbaren.

Chronosität Eine Disparität der Gleichzeitigkeit für zwei räumlich getrennte Ereignisse, die gleichzeitig in einem anderen Inertialrahmen stattfinden.

Eigenfläche Die Metrik-Fläche eines ausgedehnten Mediums die fest-l Inkrementkurven und fest-τ Mediumkurven beherbergen.

Eigenlinie Eine Trajektorie auf einer Eigenfläche eines i.a. beschleunigenden Mediums, die die Geschichte eines Inkrements eines ausgedehnten Objekts darstellt.

Eigenzeit Die 'Uhrzeit' eines Punktobjekts.

Heimrahmen-Weltfläche Eine inertialer Einzelbezugsrahmen-Fläche, die durch Wann-Linien und Wo-Linien eines ausgedehnten Mediums gebildet wird.

inertiale Eigenlänge Eine nicht beschleunigende oder 'Rigor Mortis'-Mediums Länge in mitfahrenden Inertialrahmen.

mediumzeit-getakte Überquerungsrate eines Photons Eine dritte Partei beobachtet die Rate eines Photons bei der Durchquerung einer 'nichtinertialen Länge', bewertet durch (vorgestellte) Inkrement-Eigenzeit-Uhren.

nichtinertiale Eigenlänge Länge eines homogen beschleunigenden ausgedehnten Objekts in einem *nichtinertialen Proxy-Bezugsrahmen*.

nichtinertialer Proxy-Rahmen Der Bezugsrahmen eines homogen beschleunigenden ausgedehnten Objekts.

räumlicher Impuls Masse multipliziert mit der Distanzgeschwindigkeit eines Beobachters im Beobachter-Rahmen, beurteilt nach Objekteigenzeit.

retrospektive Trennung Der momentane Abstand der beschleunigenden Heckrakete in dem (nicht momentan geteilten) Inertialrahmen der Frontrakete.

Signalantwort-Verhältnis Das Verhältnis von zwei aufeinanderfolgenden Signalantwortintervallen.

Wann-Linie Eine Linie der Gleichzeitigkeit in einem Rahmen einer Einzel- bzw. Dual-Bezugsrahmen-Karte.

Weltlinie Eine Trajektorie auf einer Einzel- bzw. Dual-Bezugsrahmen-Karte die die Geschichte eines Punktobjekts oder eines 'Inkrements' eines ausgedehnten Objekts in einem inertialen Bezugsrahmen darstellt.

Wo-Linie Eine gerade Weltlinie in einem einer Einzel- bzw. Dual-Bezugsrahmen-Karte, die eine feste Position in einem inertialen Rahmen darstellt.

zeitlicher Impuls Masse multipliziert mit der Uhrzeitänderungsrate eines Beobachters beurteilt nach Objekteigenzeit.

Literaturverzeichnis

B.C. A dual first-postulate basis for special relativity. *European Journal of Physics*, 24:301–313, May 2003.

B.C. An elementary first-postulate measurement of the cosmic limit speed. *European Journal of Physics*, 25:L31–L32, 2004.

B.C. Special relativity dynamics without a priori momentum conservation. *European Journal of Physics*, 26:647–650, 2005.

B.C. A five-fold equivalence in special relativity one-dimensional dynamics. *European Journal of Physics*, 27:983–984, 2006.

B.C. Relativity Acceleration's Cosmographicum and its Radar Photon Surfings—A Euclidean Diminishment of Minkowski Spacetime, February 2012. URL `http://www.dpg-verhandlungen.de/year/2012/conference/goettingen/part/gr/session/4/contribution/4`.

B.C. Orbiting Particles' Analytic Time Dilations Correlated with the Sagnac Formula. *Vixra.org*, May 2015. http://vixra.org/pdf/1505.0041v8.pdf.

B.C. Minkowski spacetime does not apply to a homogeneously accelerating medium. *Results in Physics*, 6:31–38, January 2016.

B.C. Bell's twin rockets non-inertial length enigma resolved by real geometry. *Results in Physics*, 7:2575–2581, July 2017.

John Bell. *Speakable and Unspeakable in Quantum Mechanics*, chapter How to teach special relativity (1976), pages 67–68. Cambridge University Press, 1987.

George Berkeley. *De motu: Sive; de motu principio et natura, et de causa communicationis motuum*. Berkeley's Philosophical Writings, New York: Collier (1974), 1721.

Ambrose Bierce. *The Devil's Dictionary*. Neale, New York, 1911.

David Bohm. *The Special Theory of Relativity*. Routledge, 1965, 1996.

Max Born. Die Theorie des starren Elektrons in der Kinematik des Relativitäts-prinzips (The theory of the rigid electron in the kinematics of the relativity principle). *Annalen der Physik*, 30(1-56), 1909.

H Brown and O Pooley. Minkowski space-time: a glorious non-entity. *British Journal for the Philosophy of Science*, 2004.

J J Callahan. *The Geometry of Spacetime*. Springer, 2000.

Manfredo Do Carmo. *Differential Geometry of Curves and Surfaces*. Prentice Hall N.J., Dover New York, 1976, 2016.

Ta-Pei Cheng. *Relativity, Gravitation and Cosmology*. Oxford Universtiy Press, 2005, 2010.

Brian Coleman. *Spacetime Fundamentals Intelligibly (Re)Learnt*. BCS, 2017.

James Cushing. *Philosophical Concepts in Physics*. Cambridge University Press, 1998.

Olivier Darrigol. James MacCullagh's ether: An optical route to Maxwell's equations? *The European Physics Journal H*, 35:133–172, 2010.

T. S. Davies. On the equations of loci traced upon the surface of the sphere, as expressed by spherical co-ordinates. *Transactions of the Royal Society of Edinburgh*, XII:259–362, 379–428, 1834.

D A Desloge and R J Philpott. Uniformly accelerated reference frames in special relativity. *American Journal of Physics*, 55:252–261, 1987.

E Dewan and M Beran. Note on stress effects due to relativistic contraction. *American Journal of Physics*, 27:517–8, 1959.

Lewis Carrol (Charles Lutwidge Dodson). *Through the Looking-Glass, and What Alice Found There*. Macmillan London, 1871.

Conan Doyle. *The Memoirs of Sherlock Holmes*. George Newnes, 1894.

Denis Weaire (Editor). *George Francis FitzGerald*. Living Edition Austria, 2009.

Jürgen Ehlers and Claus Lämmerzahl. *Special Relativity - Will it Survive the Next 101 Years?* Springer, 2006.

Albert Einstein. *Dokumente eines Lebenswegs/Documents of a life's pathway*. WILEY-VCH, 2005.

Louis Essen. *The Special Theory of Relativity: A Critical analysis*. Clarendon Press Oxford, 1971.

Matthias Bartelmann et alia. *Theoretische Physik*. Springer, 2015.

Richard Feynman. *Six Not So Easy Pieces - Einstein's Relativity, Symmetry, and Space-Time*. Addison-Wesley, 1997.

George FitzGerald. The Ether and the Earth's Atmosphere. *Science*, 13(328): 390, 1889.

Jerrold Franklin. Lorentz contraction, Bell's spaceships and rigid body motion in special relativity. *Eur. J. Phys.*, 31:291–298, 2010.

Jerrold Franklin. Rigid Body Motion in Special Relativity. *Foundations of Physics*, 43:1489–1501, 2013.

A.P. French. *Special Relativity*. Chapman and Hall, 1968.

Hans Freudenthal. Lie groups in the foundations of geometry. *Advances in Mathematics*, 1:145–190, 1965.

Galileo. *Le Opere di Galileo Galilei*, volume XI. Firenze, Tip. di G. Barbera, 1900.

Georg Galeczki and Peter Marquardt. *Requiem für die Spezielle Relativität*. Haag and Herchen Frankfurt, 1997.

R H Good. Behind the event horizon. *European Journal of Physics*, 8(3):174–175, 1987.

Christoph Gudermann. *Theorie der Potential- oder Cyklisch-Hyperbolsichen Funktionen*. Crelle's Journal der Mathematik 6, 7, 8, 9, 1833.

Martin Heidegger. *Sein und Zeit*. Max Niemeyer Verlag Tübingen, 1927.

Bruce Hunt. *The Maxwellians*. Ithaca: Cornell University Press, 1991.

Vladimir Von Ignatowski. Das Relativitätsprinzip. *Arch. Math. Phys.*, 17/18: 1/17, 1910.

Michel Janssen. The Trouton Experiment and E = mc2.

Arthur Koestler. *The Sleepwalkers*. Hutchinson / Penguin, 1959.

Arthur Koestler. *Die Nachtwandler - Die Entstehungsgeschichte unserer Welterkenntnis*. Suhrkamp, 1988.

John B. Kogut. *Introduction to Relativity: For Physicists and Astronomers*. Harcourt, 2001.

Marc Lange. *An Introduction to the Philosophy of Physics*. Blackwell, 2002.

Joseph Larmor. *Aether and Matter, Adams Essay*. Cambridge University Press, 1898/1900.

Joseph Larmor. *The Scientific Writings of the Late George Francis FitzGerald*. Hodges Figgis Dublin, 1902.

Enrique Palumbo Loedel. Aberración y Relatividad. *Anales de la Sociedad Científica Argentina*, 145:3, 1948.

Martín López Corredoira and Carlos Castro Perelman, editor. *Against the Tide: A Critical Review by Scientists of How Physics and Astronomy Get Done*. Universal Publishers, Boca Raton, Florida, 2008.

Wesley Mathews. Relativistic velocity and acceleration transformations from thought experiments. *American Journal of Physics*, 73:45–51, 2004.

Mary McCarthy. *The Groves of Academe*. Harcourt, Brace, New York, 1951.

W.D. McComb. *Dynamics and Relativity*. Oxford U.P., 1999.

David Mermin. Relativity Without Light. *American Journal of Physics*, 52:119–124, 1984.

Ray Monk. *Inside the Centre - The Life of J. Robert Oppenheimer*. Vintage, 2013.

T.A. Moore. *A Traveler's Guide to Spacetime: An Introduction to the Special Theory of Relativity*. McGraw-Hill, 1995.

Regiomontanus / Johannes Müller. *De Triangulis Omnimodis - On Triangles of All Kinds*. Published in Nuremberg, 1464/1533.

Gregory L Naber. *The Geometry of Minkowski Spacetime*. Springer, 1992, 2010.

Gary Oas. On the Use of Relativistic Mass in Various Published Works, 2008.

Lev Okun. The mass versus relativistic and rest masses. URL `http://isites.harvard.edu/fs/docs/icb.topic1214842.files/11lev-okun-on-mass.pdf`.

Lev Okun. *Energy and Mass in Relativity Theory*. World Scientific, 2009.

Lev B Okun. The concept of Mass in the Einstein Year. pages 31–36, June 2005.

Roger Penrose. *The Emperor's New Mind*. Vintage, 1989.

S. A. Podosenov, J. Foukzon, and A. A. Potapov. A Study of the Motion of a Relativistic Continuous Medium. *Gravitation and Cosmology – Pleiades/Springer*, 16(4):307–312, 2010.

S. A. Podosenov, A. A. Potapov, J. Foukzon, and A. A. Menkova. Geometry of Noninertial Bases in Relativistic Mechanics of Continua and Bell's Problem Solution. *International Journal of Recent advances in Physics (IJRAP)*, 3(1):23–37, February 2014.

S. A. Podosenov, J. Foukzon, and A. A. Menkova. Structure Equations, Permitted Movement of Relativistic Continuum and Sagnac's, Erenfest's and Bell's Paradoxes. *Physical Science International Journal*, 13(2):1–18, January 2017a.

S. A. Podosenov, J. Foukzon, and E. Menkova. *Difficulties in the Interpretation of the Einstein's Relativity Theory*. Lampert Academic Publishing, 2017b.

Henri Poincaré. *La Science et l'hypothèse*. Flammarion, Paris, 1902.

Henri Poincaré. *Wissenschaft und Hypothese*. Xenomoi Verlag, Berlin, 1902/1904.

Henri Poincaré. Sur la dynamique de l'électron. Académie des sciences, Paris, 1905.

Andrew Pressley. *Elementary differential geometry*. Springer, 2010.

Edmund Purcell. *Electricity and Magnetism*, volume 2. McGraw-Hill, 1985.

Dragan Redžic. Note on Dewan&Beran Bell's spaceship problem. *Eur.J.Phys.*, 29:N11–9, 2008.

Dragan Redžic. Relativistic Length Agony Continued. *Serb. Astron. J.*, 188:55 – 65, 2014.

Hans Reichenbach. *Philosophie der Raum-Zeit-Lehre*. De Gruyter Berlin, 1928.

Wolfgang Rindler. *Introduction to Special Relativity*. Oxford Universtiy Press, 1982, 1991.

Wolfgang Rindler. *Relativity, Special, General and Cosmological*. Oxford Universtiy Press, 2001, 2006.

Thomas Ryckman. *The Reign of Relativity*. Oxford Universtity Press, 2005.

Leo Sartori. *Understanding Relativity*. Univ. of California Press, 1996.

Bernard Schulz. *Gravity from the ground up*. Cambridge University Press, 2003.

Peter Schuster. *Weltbewegend – unbekannt: Leben und Werk des Physikers Christian Doppler und die Welt danach*. Living Edition Pöllauberg Österreich, 2003.

F Sears and R Brehme. *Introduction to Special Relativity*. Addison Wesley, 1968.

Albert Shadowitz. *Special Relativity*. Dover, 1988.

James H Smith. *Introduction to Special Relativity*. Dover, 1965, 1996.

Aleksander Solzhenitsyn. *Der Archipel Gulag*. Scherz Verlag, Bern, 1973/1974.

Arnold Sommerfeld. Über die Zusammensetzung der Geschwindigkeiten in der Relativitätstheorie (On the composition of velocities in relativity theory). *Physikalische Zeitschrift*, 10:826–829, 1909.

Hans Stephani. *An Introduction to Special and General Relativity*. Cambridge U.P. Cambridge U.P., 3rd edition, 2004.

Georg Süssmann. Begründung der Lorentz-Gruppe allein mit Symmetrie- und Relativitäts-Annahmen. *Z. Naturforscher*, 24a:495–498, 1969.

John Lighton Synge. *Relativity: The Special Theory*. North-Holland, Amsterdam, 1956.

Rudolf Tomaschek. Über das Verhalten des Lichtes ausserirdischer Lichtquellen. *Annalen der Physik*, 378(1-2):105–126, 1924.

Lewis Carrol / Helene Scheu-Riesz (Übersetzerin). *Alice im Spiegelland*. Sesam-Verlag, 1923.

Scott Walter. Minkowski, Mathematicians, and the Mathematical Theory of Relativity. *Einstein Studies*, 7:45–86, 1999.

Nicholas Whyte. *Science, Colonialism and Ireland*. Cork University Press, 1999.

Nicholas Woodhouse. *Special Relativity*. Springer London, 2003.

Robert C. Yates. *A Handbook on Curves and their Properties*. J. W. Edwards - Ann Arbor, 1947.

Index